新乡市土种志

武志斌 田 芳 宋小顺 主编

河南省高校科技创新团队支持计划（21IIRTSTHN023）

U0271889

中国农业科学技术出版社

图书在版编目（CIP）数据

新乡市土种志／武志斌，田芳，宋小顺主编. —北京：中国农业科学技术出版社，2021.9

ISBN 978-7-5116-5500-4

Ⅰ.①新…　Ⅱ.①武…②田…③宋…　Ⅲ.①土壤分类—新乡　Ⅳ.①S155.926.14

中国版本图书馆 CIP 数据核字（2021）第 190392 号

责任编辑　申　艳　姚　欢
责任校对　李向荣
责任印制　姜义伟　王思文

出　版　者　中国农业科学技术出版社
　　　　　　北京市中关村南大街 12 号　邮编：100081
电　　　话　（010）82106636（编辑室）　（010）82109702（发行部）
　　　　　　（010）82109709（读者服务部）
传　　　真　（010）82106636
网　　　址　http://www.castp.cn
经　销　者　新华书店北京发行所
印　刷　者　北京建宏印刷有限公司
开　　　本　185 mm×260 mm　1/16
印　　　张　15
字　　　数　355 千字
版　　　次　2021 年 9 月第 1 版　2021 年 9 月第 1 次印刷
定　　　价　68.00 元

《新乡市土种志》
编委会

主　　　编	武志斌	田　芳	宋小顺
副　主　编	张志勇	王向前	黄　卫	李豫惠
	张宝光	吕　铭	李琰滨
其他参编人员	郑新娣	张艳平	王　彬	郭　静
	宋双全	朱盛安	王俊涛	王　珂
	宋春丽	刘冬云	郭会芳	李晓雯
	许　伟	陈烨华	毛国富	文　涛
	孙跃强	沈超峰	李银行	祝　宁
	冯　艳			

前　言

  《新乡市土种志》是新乡市第二次土壤普查和测土配方施肥阶段性工作的重要成果之一。新乡市的土壤普查外业勘察工作在1979—1989年基本完成，测土配方施肥工作从2005年开始，至今仍在持续开展。土种志的编写是土壤普查为农业生产服务的具体体现，资料来源以新乡市各县（市、区）土壤普查中所取得的外业调查和土样化验结果为基本依据，进行数理统计分析，并对有些土种做了必要的补充调查。在编撰过程中，通过系统地评土比土，归纳总结，并与全省土壤分类系统进行了对照核查，力求完整可靠。

  新乡市地处黄河以北，京广铁路纵贯其中。从北部太行山区到南部黄淮海平原，境内生物、气候、地形、地貌、母质和水文等条件复杂，形成多种多样的土壤类型。根据《第二次全国土地调查技术规程》和《中国土壤系统分类》，新乡市土种定为154个土种，分别归属于不同的土类、亚类和土属。凡属主要土种的，均编入本书，就其环境条件、分布范围及数量、剖面性态、理化性状、生产性能和开发利用等进行了较为详细的论述，为合理利用土壤资源、调整农业结构提供了科学依据，对指导农业生产、因土耕作、因土种植、因土施肥、因土改良具有很大的参考价值。

  《新乡市土种志》起稿时间较早，原新乡市土壤普查资料汇总编委会老一代土肥工作者，如郭青峰、郭镇静、郭永光、徐宝贵、李福新等前期做了大量工作。同时，本书也得到了河南省、新乡市有关领导及众多专家的指点和帮助，在此一并表示感谢！

  时至2021年，新乡市土壤肥料工作站组织人员根据河南省土种对照表，并结合2005—2020年配方施肥项目成果，重新对全书进行了补充、调查和修改。

  由于本书编写时间跨度大，人员变化多，土壤条件也发生了很大变化，加之部分土种资料不足，在编写过程中难免存有疏漏，恳请读者斧正！

《新乡市土种志》编委会

2021年3月

目　　录

新乡市土壤分类系统

土类	亚类	土属	土种（新乡市）	土种（2007年河南省）
棕壤 02	棕壤性土 02c	黄土棕壤性土 02c01	薄有机质厚层黄土棕壤性土	厚层黄土质棕壤性土
		砂泥质棕壤性土 02c05	1. 薄有机质中层砂泥质棕壤性土	中层砂泥质棕壤性土
			2. 多砾质厚层砂泥质棕壤性土	厚层砂泥质棕壤性土
			3. 少砾质厚层砂泥质棕壤性土	厚层砂泥质棕壤性土
		钙质棕壤性土 02c06	1. 薄有机质薄层钙质棕壤性土	钙质石质土
			2. 多砾质薄层钙质棕壤性土	钙质石质土
			3. 多砾质中层钙质棕壤性土	中层钙质棕壤性土
			4. 少砾质中层钙质棕壤性土	中层钙质棕壤性土
褐土 03	褐土 03a	黄土质褐土 02a01	1. 黄土质褐土	黄土质褐土
			2. 浅位少量砂姜黄土质褐土	
			3. 少量砂姜黄土质褐土	浅位少量砂姜黄土质褐土
			4. 浅位多量砂姜黄土质褐土	浅位多量砂姜黄土质褐土
	淋溶褐土 03b	黄土质淋溶褐土 03b01	1. 薄层黄土质淋溶褐土	同新乡市
			2. 厚层黄土质淋溶褐土	同新乡市
		洪积淋溶褐土 03b02	1. 壤质洪积淋溶褐土	同新乡市
			2. 黏质洪积淋溶褐土	同新乡市
	石灰性褐土 03c	洪积石灰性褐土 03c02	洪积石灰性褐土	壤质洪积石灰性褐土
		砾质石灰性褐土 03c05	砂砾底洪积石灰性褐土	
		钙质石灰性褐土 03c07	少量砂姜钙质石灰性褐土	中层钙质石灰性褐土
	潮褐土 03d	洪积潮褐土 03d01	1. 壤质洪积潮褐土	壤质潮褐土
			2. 深位中层砂姜壤质洪积潮褐土	深位钙盘潮褐土
			3. 浅位厚层砂姜壤质洪积潮褐土	浅位钙盘潮褐土
			4. 黏质洪积潮褐土	黏质潮褐土

土类	亚类	土属	土种（新乡市）	土种（2007年河南省）
褐土 03	褐土性土 03e	洪积褐土性土 03e02	1. 中层洪积褐土性褐土	中层洪积褐土性土
			2. 厚层洪积褐土性褐土	厚层洪积褐土性土
			3. 夹砾洪积褐土性褐土	砾质洪积褐土性土
			4. 砾质洪积褐土性褐土	砾质洪积褐土性土
		堆垫褐土性土 03e04	厚层堆垫褐土性褐土	厚层堆垫褐土性土
红黏土 05	红黏土 05a	红黏土 05a01	1. 中性红黏土	红黏土
			2. 浅位淀积层红黏土	红黏土
			3. 深位薄淀积层红黏土	红黏土
新积土 06	石灰性新积土 06b	冲积石灰性新积土 06b01	砂质冲积石灰性新积土	砂质石灰性新积土
风沙土 07	流动风沙土 07a	流动风沙土 07a01	1. 平铺砂地流动风沙土	流动草甸风沙土
			2. 流动砂丘风沙土	流动草甸风沙土
	半固定风沙土 07b	半固定风沙土 07b01	半固定砂丘风沙土	半固定草甸风沙土
	固定风沙土 07c07c	固定风沙土 07c01	固定砂丘风沙土	固定草甸风沙土
石质土 08	钙质石质土 08b	钙质石质土 08b01	1. 钙质石质土	钙质石质土
			2. 薄层钙质粗骨土	钙质石质土
粗骨土 09	硅质粗骨土 09a	硅质粗骨土 09a04	1. 薄层硅质粗骨土	薄层硅质岩粗骨土
			2. 中层硅质粗骨土	中层硅质粗骨土
			3. 厚层硅质粗骨土	厚层硅质岩粗骨土
	钙质粗骨土 09b	钙质粗骨土 09b01	1. 中层钙质粗骨土	中层钙质粗骨土
			2. 薄层石碴钙质粗骨土	
			3. 中层石碴钙质粗骨土	中层钙质粗骨土
	中性粗骨土 09c	泥质中性粗骨土 09c04	多砾质薄层砂泥质棕壤性土	薄层泥质中性粗骨土
沼泽土 10	草甸沼泽土 10a	洪积草甸沼泽土 10a02	黏质深位厚层洪积草甸沼泽土	
潮土 11	潮土 11a	砂质潮土 11a01	1. 细砂质潮土	砂质潮土
			2. 腰壤砂质潮土	浅位壤砂质潮土
			3. 腰黏砂质潮土	浅位黏砂质潮土
			4. 体壤砂质潮土	浅位壤砂潮土

土类	亚类	土属	土种（新乡市）	土种（2007年河南省）
潮土 11	潮土 11a	砂质潮土 11a01	5. 体黏砂质潮土	
			6. 底黏砂质潮土	同新乡市
			7. 砂壤质潮土	砂壤土
			8. 腰黏砂壤质潮土	浅位黏砂壤土
			9. 腰壤砂壤质潮土	
			10. 体壤砂壤质潮土	浅位壤砂质壤土
			11. 底壤砂壤质潮土	底壤砂壤土
			12. 体黏砂壤质潮土	浅位黏砂壤土
			13. 底黏砂壤质潮土	底黏砂壤土
		壤质潮土 11a02	1. 轻壤质潮土	小两合土
			2. 腰黏轻壤质潮土	浅位黏小两合土
			3. 体砂轻壤质潮土	浅位后砂小两合土
			4. 体黏轻壤质潮土	浅位厚粉小两合土
			5. 底砂轻壤质潮土	底砂小两合土
			6. 底黏轻壤质潮土	底粉小两合土
			7. 壤质潮土	两合土
			8. 体砂壤质潮土	浅位厚粉两合土
			9. 底砂壤质潮土	底砂两合土
			10. 体黏壤质潮土	
			11. 底黏壤质潮土	
			12. 腰砂壤质潮土	浅位砂两合土
		黏质潮土 11a03	1. 黏质潮土	淤土
			2. 腰砂黏质潮土	浅位砂淤土
			3. 体砂黏质潮土	浅位厚砂淤土
			4. 底砂黏质潮土	底砂淤土
			5. 腰壤黏质潮土	浅位壤淤土
			6. 底壤黏质潮土	底壤淤土
			7. 体壤黏质潮土	浅位厚砂淤土
		洪积潮土 11a04	1. 夹黑壤质洪积潮土	浅位黑土层壤质洪积潮土
			2. 夹黑黏质洪积潮土	浅位黑土层黏质洪积潮土

（续表）

土类	亚类	土属	土种（新乡市）	土种（2007年河南省）
潮土 11	灌淤潮土 11c	黏质灌淤潮土 11c01	1. 黏质薄层灌淤潮土	薄层黏质灌淤潮土
			2. 黏质厚层灌淤潮土	厚层黏质灌淤潮土
	湿潮土 11d	冲积湿潮土 11d01	1. 砂质冲积湿潮土	砂质冲积湿潮土
			2. 壤质冲积湿潮土	壤质冲积湿潮土
			3. 黏质冲积湿潮土	黏质冲积湿潮土
	脱潮土 11e	砂质脱潮土 11e01	1. 砂质脱潮土	砂质脱潮土
			2. 砂壤质脱潮土	砂壤质砂质脱潮土
			3. 夹黏砂壤质脱潮土	浅位黏砂壤质砂质脱潮土
			4. 底黏砂壤质脱潮土	底黏砂壤质砂质脱潮土
		壤质脱潮土 11e02	1. 轻壤质脱潮土	脱潮小两合土
			2. 腰黏轻壤质脱潮土	脱潮浅位黏小两合土
			3. 体黏轻壤质脱潮土	脱潮浅位厚粉小两合土
			4. 底黏轻壤质脱潮土	脱潮底粉小两合土
			5. 底砂轻壤质脱潮土	脱潮底砂小两合土
			6. 壤质脱潮土	脱潮两合土
			7. 腰砂壤质脱潮土	脱潮浅位砂两合土
			8. 体砂壤质脱潮土	脱潮浅位厚砂两合土
			9. 底砂壤质脱潮土	脱潮底砂两合土
			10. 腰黏壤质脱潮土	脱潮浅位粉两合土
			11. 体黏壤质脱潮土	脱潮浅位厚粉两合土
			12. 底黏壤质脱潮土	脱潮底黏两合土
		黏质脱潮土 11e03	1. 黏质脱潮土	脱潮淤土
			2. 底砂黏质脱潮土	脱潮底砂淤土
			3. 底壤黏质脱潮土	脱潮底壤淤土
	盐化潮土 11f	氯化物盐化潮土 11f01	1. 砂壤质轻度氯化物盐化潮土	
			2. 砂壤质体黏轻度氯化物盐化潮土	
			3. 砂壤质底黏轻度氯化物盐化潮土	
			4. 砂壤质重度氯化物盐化潮土	氯化物重度盐化潮土
			5. 砂壤质体壤重度氯化物盐化潮土	氯化物重度盐化潮土
			6. 砂壤质底黏重度氯化物盐化潮土	氯化物重度盐化潮土

（续表）

土类	亚类	土属	土种（新乡市）	土种（2007年河南省）
潮土 11	盐化潮土 11f	氯化物盐化潮土 11f01	7. 壤质轻度氯化物盐化潮土	氯化物轻盐化潮土
			8. 壤质体砂轻度氯化物盐化潮土	氯化物轻盐化潮土
			9. 壤质底砂轻度氯化物盐化潮土	氯化物轻盐化潮土
			10. 壤质腰黏轻度氯化物盐化潮土	氯化物轻盐化潮土
			11. 壤质体黏轻度氯化物盐化潮土	氯化物轻盐化潮土
			12. 壤质底黏轻度氯化物盐化潮土	氯化物轻盐化潮土
			13. 壤质体砂中度氯化物盐化潮土	氯化物中盐化潮土
			14. 壤质底黏中度氯化物盐化潮土	氯化物中盐化潮土
			15. 壤质体黏重度氯化物盐化潮土	氯化物重度盐化潮土
			16. 壤质腰黏重度氯化物盐化潮土	氯化物重度盐化潮土
			17. 壤质底黏重度氯化物盐化潮土	氯化物重度盐化潮土
			18. 黏质轻度氯化物盐化潮土	氯化物轻盐化潮土
			19. 黏质体壤轻度氯化物盐化潮土	氯化物轻盐化潮土
		硫酸盐盐化潮土 11f02	1. 砂壤质轻度硫酸盐盐化潮土	硫酸盐轻盐化潮土
			2. 砂壤质腰黏轻度硫酸盐盐化潮土	硫酸盐轻盐化潮土
			3. 砂壤质中度硫酸盐盐化潮土	硫酸盐中盐化潮土
			4. 砂壤质底黏中度硫酸盐盐化潮土	硫酸盐中盐化潮土
			5. 砂壤质重度硫酸盐盐化潮土	硫酸盐重盐化潮土
			6. 壤质腰砂轻度硫酸盐盐化潮土	硫酸盐轻盐化潮土
			7. 壤质体砂轻度硫酸盐盐化潮土	硫酸盐轻盐化潮土
			8. 壤质底砂轻度硫酸盐盐化潮土	硫酸盐轻盐化潮土
			9. 壤质腰黏轻度硫酸盐盐化潮土	硫酸盐轻盐化潮土
			10. 壤质体黏轻度硫酸盐盐化潮土	硫酸盐轻盐化潮土
			11. 壤质底黏轻度硫酸盐盐化潮土	硫酸盐轻盐化潮土
			12. 壤质中度硫酸盐盐化潮土	硫酸盐中盐化潮土
			13. 壤质腰砂中度硫酸盐盐化潮土	硫酸盐中盐化潮土
			14. 壤质体砂中度硫酸盐盐化潮土	硫酸盐中盐化潮土
			15. 壤质底黏中度硫酸盐盐化潮土	硫酸盐中盐化潮土
			16. 壤质腰黏重度硫酸盐盐化潮土	硫酸盐重盐化潮土
			17. 壤质体黏重度硫酸盐盐化潮土	硫酸盐重盐化潮土

（续表）

土类	亚类	土属	土种（新乡市）	土种（2007年河南省）
潮土 11	盐化潮土 11f	硫酸盐盐化潮土 11f02	18. 壤质底砂重度硫酸盐盐化潮土	硫酸盐重盐化潮土
			19. 黏质底壤轻度硫酸盐盐化潮土	硫酸盐轻盐化潮土
			20. 黏质中度硫酸盐盐化潮土	硫酸盐中盐化潮土
			21. 黏质体砂重度硫酸盐盐化潮土	硫酸盐重盐化潮土
			22. 黏质腰壤重度硫酸盐盐化潮土	硫酸盐重盐化潮土
砂姜黑土 12	石灰性砂姜黑土 12b	洪积石灰性砂姜黑土 12b04	1. 浅位洪积壤质石灰性砂姜黑土	壤盖洪积石灰性砂姜黑土
			2. 深位洪积壤质石灰性砂姜黑土	壤盖洪积石灰性砂姜黑土
			3. 深位洪积黏质石灰性砂姜黑土	壤盖洪积石灰性砂姜黑土
盐土 14	草甸盐土 14a	硫酸盐草甸盐土 14a02	1. 壤质硫酸盐草甸盐土	硫酸盐草甸盐土
			2. 黏质硫酸盐草甸盐土	硫酸盐草甸盐土
水稻土 15	淹育型水稻土 15a	潮土性淹育型水稻土 15a04	壤质潮土性淹育型水稻土	潮壤土田
	潜育型水稻土 15c	潮土性潜育型水稻土 15c03	1. 浅位厚层潮土性潜育型水稻土	潮青泥田
			2. 深位薄层潮土性潜育型水稻土	潮青泥田
			3. 深位厚层潮土性潜育型水稻土	潮青泥田

第一章　棕壤土类

棕壤土类在新乡市只有 1 个棕壤性土亚类。包括黄土棕壤性土、砂泥质棕壤性土和钙质棕壤性土 3 个土属。

一、黄土棕壤性土土属

黄土棕壤性土土属在新乡市只有 1 个土种。

薄有机质厚层黄土棕壤性土

代号：02c01-1

1. 归属及分布

薄有机质厚层黄土棕壤性土，属棕壤土类、棕壤性土亚类、黄土棕壤性土土属。分布在海拔 1 200 m 以上，相对高差 300~500 m 的深山区山腰或山沟的平缓地段。新乡市有 11 323.88 亩（1 亩≈667 m²），占全市土壤总面积的 0.115%。现在多是生长荒草和灌木丛的自然土壤。分布在辉县北部三郊口等乡。

2. 理化性状

（1）剖面性态特征　该土种发育在黄土母质上。剖面发生型为 A-B-C 型。主要特征：有机质层小于 20 cm，土层厚度在 1 m 以上。土体中不含石砾，质地较细，表层多为重壤。土色从上到下由褐色到红棕色，逐渐变红。通体无石灰反应。中下部有铁锰胶膜出现。表土层 pH 8.0 左右，有机质含量 2.5% 以上。

（2）表层养分状况　据分析：有机质含量 2.639%，全氮含量 0.171%，碳氮比 8.96（表1-1）。

表1-1　薄有机质厚层黄土棕壤性土表层养分状况①

项目	有机质（%）	全氮（%）	碱解氮（mg/kg）	有效磷（mg/kg）	速效钾（mg/kg）	碳氮比	全磷（%）
样本数							
含　量	2.639	0.171				8.96	0.025

3. 典型剖面

以采自辉县三郊口乡孙石窑村 2-11 号剖面为例：母质是黄土，植被是黄白草和灌木丛。采样日期：1984 年 12 月 3 日。

剖面性态特征如下。

---

① 经核实数据源，部分数据缺失，为保持全书的统一性，保留空白项。全书同。

表土层（A）：0～17 cm，褐色，重壤，碎块状结构，土体较松，植物根系多，无石灰反应，pH 8.0。

淀积层（B）：17～70 cm，红褐色，重壤，块状结构，土体紧实，根系较少，无石灰反应，有铁锰胶膜，pH 8.0。

母质层（C）：70～100 cm，棕褐色，重壤，块状结构，土体紧实，无根系，无石灰反应，有明显的铁锰胶膜，pH 8.0。

剖面理化性质详见表1-2。

表1-2　薄有机质厚层黄土棕壤性土剖面理化性质

层次	深度（cm）	pH	CaCO₃（%）	有机质（%）	全氮（%）	碱解氮（mg/kg）	全磷（%）	有效磷（mg/kg）	全钾（%）	速效钾（mg/kg）	代换量（me/100g 土）	容重（g/cm³）
A	0～37	8.0	2.38	2.639	0.171		0.025				21.7	
B	37～70	8.0	0.11	2.459	0.159		0.075				20.9	
C	70～100	8.0	0.10	1.367	0.101		0.060				24.0	

层次	深度（cm）	机械组成（卡庆斯基制,%）							质地
		0.25～1 mm	0.05～0.25 mm	0.01～0.05 mm	0.005～0.01 mm	0.001～0.005 mm	<0.001 mm	<0.01 mm	
A	0～37	8		38	10	20	24	54	重壤
B	37～70	6		42	12	20	20	52	重壤
C	70～100	6		36	13	18	27	58	重壤

4. 土壤生产性能

新乡市的薄有机质厚层黄土棕壤性土，土层较厚，质地细致，无石砾。表土层较松，有机质含量较高，有利于植物的生长。可是，其分布地段高寒，分解熟化程度差，熟土层薄，土性寒，土壤肥力较低，不宜种作物，现在多为自然土壤。可以栽树、种草，保持水土，发展林牧业。

二、砂泥质棕壤性土土属

砂泥质棕壤性土土属在新乡市有薄有机质中层砂泥质棕壤性土、多砾质厚层砂泥质棕壤性土、少砾质厚层砂泥质棕壤性土 3 个土种。

（一）薄有机质中层砂泥质棕壤性土

代号：02c05-1

1. 归属及分布

薄有机质中层砂泥质棕壤性土，属棕壤土类、棕壤性土亚类、砂泥质棕壤性土土属。分布在海拔 1 200 m 以上，相对高差 300～500 m 深山区山腰或山沟的平缓地段。新乡市有 12 909.22 亩，占全市土壤总面积的 0.131%。分布在辉县北部三郊口等乡。耕地很少，基本上是自然土壤类型。

2. 理化性状

（1）剖面性态特征　该土种发育在砂岩风化物母质上。剖面发生型为 A-B-C-R 型。主要特征：风化物较粗，并含有一定量的砾石。有机质层小于 20 cm，土层厚度为

30~80 cm。土体颜色，表层为灰黑色，下层为棕红色。通体无石灰反应。表层较松，有机质含量在 2% 以上，pH 8.0 左右。

（2）表层养分状况　据分析：有机质含量 2.119%，全氮含量 0.135%，碳氮比 9.17（表 1-3）。

表 1-3　薄有机质中层砂泥质棕壤性土表层养分状况

项目	有机质（%）	全氮（%）	碱解氮（mg/kg）	有效磷（mg/kg）	速效钾（mg/kg）	碳氮比	全磷（%）
样本数							
含　量	2.119	0.135				9.17	0.085

3. 典型剖面

以采自辉县三郊口乡凤凰村 2-56 号剖面为例：母质是砂岩风化物，植被是黄白草和灌木丛。采样日期：1984 年 12 月 7 日。

剖面性态特征如下。

表土层（A）：0~20 cm，灰黑色，中壤，粒状结构，土体松散，有枯枝落叶，植物根系多，含石砾 10%，无石灰反应，pH 8.1。

淀积层（B）：20~29 cm，灰白色，重壤，块状结构，土体较紧，根系多，有蚯蚓粪，无石灰反应，pH 8.0。

母质层（C₁）：29~43 cm，棕红色，重壤，块状结构，土体紧实，根系少，无石灰反应，pH 8.0。

母质层（C₂）：43~70 cm，棕红色，中黏，块状结构，土体极紧，无根系，无石灰反应，pH 8.0。

基岩层（R）：70 cm 以下为母岩。

剖面理化性质详见表 1-4。

表 1-4　薄有机质中层砂泥质棕壤性土剖面理化性质

层次	深度（cm）	pH	CaCO₃（%）	有机质（%）	全氮（%）	碱解氮（mg/kg）	全磷（%）	有效磷（mg/kg）	全钾（%）	速效钾（mg/kg）	代换量（me/100g 土）	容重（g/cm³）
A	0~20	8.1	1.50	2.119	0.135		0.085				13.2	
B	20~29	8.0	0.85	1.543	0.105		0.085				18.9	
C₁	29~43	8.0	7.31	1.139	0.075		0.080				25.7	
C₂	43~70	8.0	1.13	0.959	0.062		0.075				31.5	
R	>70	母岩										

层次	深度（cm）	机械组成（卡庆斯基制，%）							质地
		0.25~1 mm	0.05~0.25 mm	0.01~0.05 mm	0.005~0.01 mm	0.001~0.005 mm	<0.001 mm	<0.01 mm	
A	0~20	20		38	12	17	13	42	中壤
B	20~29	18		36	11	16	19	46	重壤
C₁	29~43	18		26	6	15	35	56	重壤
C₂	43~70	8		14	6	18	54	78	中黏
R	>70	母岩							

4. 土壤生产性能

新乡市的薄有机质中层砂泥质棕壤性土，发育在砂岩风化物母质上，表层质地较粗，水土流失严重，土层较薄，又分布在高寒地段，分解熟化程度差，土壤肥力不高，目前很少耕种。

但其表土层较松，可以栽树、种草，保持水土，发展林牧业。

（二）多砾质厚层砂泥质棕壤性土

代号：02c05-2

1. 归属及分布

多砾质厚层砂泥质棕壤性土，属棕壤土类，棕壤性土亚类、砂泥质棕壤性土土属。分布在海拔 1 200 m 以上，相对高差 300~500 m 深山区山腰或山沟里的平缓地段。新乡市有 6 341.37 亩，占全市土壤总面积的 0.066%。分布在辉县北部的三郊口等乡，是新乡市分布部位较高的土种之一。

2. 理化性状

（1）剖面性态特征　该土种发育在砂岩风化物上，剖面发生型为 A-B-（C）-R 型。主要特征：土层厚度大于 80 cm，土体石砾含量较多，母质是砂岩风化物的坡积物。土体以棕色为主，随着深度的增加，土色也随之加深。通体无石灰反应，下部有胶膜。表土层含石砾较多，土体较松，有机质含量 1.4% 左右，pH 8.0。

（2）表层养分状况　据分析：有机质含量 1.414%，全氮含量 0.093%，碳氮比 8.97（表 1-5）。

表 1-5　多砾质厚层砂泥质棕壤性土表层养分状况

项目	有机质（%）	全氮（%）	碱解氮（mg/kg）	有效磷（mg/kg）	速效钾（mg/kg）	碳氮比	全磷（%）
样本数							
含　量	1.414	0.093				8.97	0.115

3. 典型剖面

以采自辉县沙窑乡南坪村 3-32 号剖面为例：母质为砂岩风化物的坡积物，植被是黄白草等荒草。采样日期：1984 年 12 月 3 日。

剖面性态特征如下。

表土层（A）：0~20 cm，暗棕色，重壤，块状结构，土体较紧，植物根系多，石砾占 20%，无石灰反应，pH 8.0。

淀积层（B）：20~80 cm，灰棕色，重壤，块状结构，土体紧实，根系少，有铁锰胶膜，无石灰反应，pH 8.1。

基岩层（R）：80 cm 以下为母岩。

剖面理化性质详见表 1-6。

表 1-6　多砾质厚层砂泥质棕壤性土剖面理化性质

层次	深度（cm）	pH	CaCO₃（%）	有机质（%）	全氮（%）	碱解氮（mg/kg）	全磷（%）	有效磷（mg/kg）	全钾（%）	速效钾（mg/kg）	代换量（me/100g 土）	容重（g/cm³）
A	0~20	8.0	0.32	1.414	0.093		0.115				21.2	
B	20~80	8.1	18.00	0.960	0.056		0.095				18.6	
R	>80	母岩										

层次	深度（cm）	机械组成（卡庆斯基制,%）							质地
		0.25~1 mm	0.05~0.25 mm	0.01~0.05 mm	0.005~0.01 mm	0.001~0.005 mm	<0.001 mm	<0.01 mm	
A	0~20	32		22	8	12	26	46	重壤
B	20~80	10		34	6	24	15	56	重壤
R	>80	母岩							

4. 土壤生产性能

新乡市的多砾质厚层砂泥质棕壤性土面积较小，只分布在辉县北部沙窑乡。土层厚，地形平缓，但地势高，气候寒，分解熟化程度差，熟土层薄，土壤肥力很低，不宜种农作物，可以栽树、种草，保持水土，发展林牧业。

（三）少砾质厚层砂泥质棕壤性土

代号：02c05-3

1. 归属及分布

少砾质厚层砂泥质棕壤性土，属棕壤土类、棕壤性土亚类、砂泥质棕壤性土土属。分布在海拔 1 200 m 以上，相对高差 300~500 m 深山区山腰或山沟的缓坡地段下部。新乡市有 2 038.30 亩，占全市土壤总面积的 0.028%。分布在辉县西北边境的黄水乡一带，尚为自然土壤。

2. 理化性状

（1）剖面性态特征　该土种发育在砂岩风化物的坡积物上。剖面发生型为 A-B-（C）-R 型。这一土种剖面的主要特征和多砾质厚层砂泥质棕壤性土相似。土层厚度大于 80 cm，通体无石灰反应。区别是该土种土体中石砾少，土层更厚些，可达 1 m 左右。

（2）表层养分状况　据分析：有机质含量 3.438%，全氮含量 0.223%，碳氮比 8.94（表 1-7）。

表 1-7　少砾质厚层砂泥质棕壤性土表层养分状况

项目	有机质（%）	全氮（%）	碱解氮（mg/kg）	有效磷（mg/kg）	速效钾（mg/kg）	碳氮比	全磷（%）
样本数							
含量	3.438	0.223				8.94	0.180

3. 典型剖面

以采自辉县黄水乡土堤村 11-113 号剖面为例：母质为砂岩风化物的坡积物，植被是黄白草和灌木丛。采样日期：1984 年 11 月 28 日。

剖面性态特征如下。

表土层（A_1）：0~20 cm，黄褐色，中壤，碎屑状结构，土体疏松，植物根系很多，石砾少于 10%。无石灰反应，pH 8.0。

表土层（A_2）：20~47 cm，棕色，中壤，碎块状结构，土体较紧，根系中等，有少量石块，无石灰反应，pH 8.0。

淀积层（B）：47~100 cm，褐棕色，中壤，碎块状结构，土体紧实，根系少，有少量石块，无石灰反应，有铁锰胶膜，pH 8.0。

基岩层（R）：100 cm 以下为母岩。

剖面理化性质详见表 1-8。

表 1-8　少砾质厚层砂泥质棕壤性土剖面理化性质

层次	深度（cm）	pH	CaCO₃（%）	有机质（%）	全氮（%）	碱解氮（mg/kg）	全磷（%）	有效磷（mg/kg）	全钾（%）	速效钾（mg/kg）	代换量（me/100g 土）	容重（g/cm³）
A_1	0~20	8.0	1.45	3.438	0.223		0.180				10.3	
A_2	20~47	8.0	0.63	1.557	0.109		0.150				12.1	
B	47~100	8.0	0.38	1.457	0.099		0.130				18.5	
R	>100	母岩										

层次	深度（cm）	机械组成（卡庆斯基制,%）							质地
		0.25~1 mm	0.05~0.25 mm	0.01~0.05 mm	0.005~0.01 mm	0.001~0.005 mm	<0.001 mm	<0.01 mm	
A_1	0~20	26		32	10	18	14	42	中壤
A_2	20~47	42		24	8	12	14	34	中壤
B	47~100	38		24	11	13	14	38	中壤
R	>100	母岩							

4. 土壤生产性能

新乡市的少砾质厚层砂泥质棕壤性土的生产性能和多砾质厚层砂泥质棕壤性土基本相同。土层厚，地形平缓；不同的是该土种的生产性能优于后者。但是，两者都因高寒，熟化程度差，土壤肥力低，尚未耕种。可以栽树、种草，保持水土，发展林牧业。

三、钙质棕壤性土土属

钙质棕壤性土土属在新乡市有薄有机质薄层钙质棕壤性土、多砾质薄层钙质棕壤性土、多砾质中层钙质棕壤性土、少砾质中层钙质棕壤性土 4 个土种。

（一）薄有机质薄层钙质棕壤性土

代号：02c06-1

1. 归属及分布

薄有机质薄层钙质棕壤性土属棕壤土类、棕壤性土亚类、钙质棕壤性土土属。分布在海拔 1 200 m 以上，相对高差 300~500 m 深山区山腰或山沟里平缓地段。新乡市分布面积 48 919.15 亩，占全市土壤总面积的 0.498%。分布在辉县北部上八里乡，是新乡市分布部位较高的一个土种，属自然土壤。

2. 理化性状

（1）剖面性态特征 该土种发育在石灰岩、大理石、白云石等钙质岩石风化物上。剖面发生型为 A-B-R 型。主要特征：土层较薄，厚度小于 30 cm，有机质层小于 20 cm。质地较细，土体中有一定量的石砾，通体无石灰反应。剖面下部有铁锰胶膜。表土层枯枝落叶较多，土体较松，有机质含量较高，可达 6.437%，是新乡市有机质含量较高的土种，pH 8.0 左右。

（2）表层养分状况 据分析：有机质含量 6.437%，全氮含量 4.377%，碳氮比很低，只有 0.85（表 1-9）。

表 1-9　薄有机质薄层钙质棕壤性土表层养分状况

项目	有机质（%）	全氮（%）	碱解氮（mg/kg）	有效磷（mg/kg）	速效钾（mg/kg）	碳氮比	全磷（%）
样本数							
含量	6.437	4.377				0.85	

3. 典型剖面

以采自辉县薄壁乡谭头村 15-20 号剖面为例：母质为石灰岩风化物，植被为黄白草等。采样日期：1984 年 11 月 30 日。

剖面性态特征如下。

表土层（A）：0~15 cm，灰褐色，重壤，碎块状结构，土体较松，孔隙多，落叶和植物根系很多，无石灰反应，有石砾，pH 8.0。

淀积层（B）：15~25 cm，暗棕色，重壤，块状结构，土体紧实，根系较多，无石灰反应，有铁锰胶膜，pH 8.0。

基岩层（R）：25 cm 以下为母岩。

剖面理化性质详见表 1-10。

表 1-10　薄有机质薄层钙质棕壤性土剖面理化性质

层次	深度（cm）	pH	CaCO₃（%）	有机质（%）	全氮（%）	碱解氮（mg/kg）	全磷（%）	有效磷（mg/kg）	全钾（%）	速效钾（mg/kg）	代换量（me/100g 土）	容重（g/cm³）
A	0~15	8.0	0.13	6.437	4.377		0.148				20.7	1.14
B	15~25	8.0	0.10	2.719	0.198		0.105				20.5	
R	>25	母岩										

层次	深度（cm）	机械组成（卡庆斯基制,%）							质地
		0.25~1 mm	0.05~0.25 mm	0.01~0.05 mm	0.005~0.01 mm	0.001~0.005 mm	<0.001 mm	<0.01 mm	
A	0~15	20		32	12	19	17	48	重壤
B	15~25	40		16	10	18	16	44	重壤
R	>25	母岩							

4. 土壤生产性能

新乡市的薄有机质薄层钙质棕壤性土分布地势较高，气候寒冷，土层很薄，有机质含量虽然很高，但分解熟化程度差，土壤肥力低，现在难以种植作物。可以栽种灌木和牧草，保持水土，发展林牧业。

（二）多砾质薄层钙质棕壤性土

代号：02c06-2

1. 归属及分类

多砾质薄层钙质棕壤性土，属棕壤土类、棕壤性土亚类、钙质棕壤性土土属。分布在海拔 1 200 m 以上，相对高差 300~500 m 深山区山腰或山沟里平缓地段的上部。新乡市有 7 247.28 亩，占全市土壤总面积的 0.074%，分布在辉县北部西边的三郊口、沙窑、后庄等乡，是新乡市面积较小的土种。在农业上尚未利用，属自然土壤。

2. 理化性状

（1）剖面性态特征　该土种发育在石灰岩风化物上，剖面发生型为 A-（B）-R 型。主要特征：土层薄、砾石多，石砾含量在 20% 以上。发生层次界线不明显，B 层不显著。通体无石灰反应，有不明显的铁锰胶膜。表土层较松，有机质含量在 2% 以上，pH 8.0 左右。

（2）表层养分状况　据分析：有机质含量 2.110%，全氮含量 0.163%，碳氮比7.50（表 1-11）。

表 1-11　多砾质薄层钙质棕壤性土表层养分状况

项目	有机质（%）	全氮（%）	碱解氮（mg/kg）	有效磷（mg/kg）	速效钾（mg/kg）	碳氮比	全磷（%）
样本数							
含量	2.110	0.163				7.50	0.125

3. 典型剖面

以采自辉县沙窑乡南窑村 3-19 号剖面为例：母质为石灰风化物，植被是黄白草等。采样日期：1984 年 12 月 4 日。

剖面性态特征如下。

表土层（A）：0~30 cm，灰棕色，重壤，块状结构，土体较松，植物根系多，含石砾 20% 以上，无石灰反应，有不明显的铁锰胶膜，pH 8.2。

基岩层（R）：30 cm 以下为母岩。

剖面理化性质详见表 1-12。

表 1-12　多砾质薄层钙质棕壤性土剖面理化性质

层次	深度（cm）	pH	CaCO₃（%）	有机质（%）	全氮（%）	碱解氮（mg/kg）	全磷（%）	有效磷（mg/kg）	全钾（%）	速效钾（mg/kg）	代换量（me/100g 土）	容重（g/cm³）
A	0~30	8.2	0.42	2.110	0.163		0.125				18.2	
R	>30	母岩										

（续表）

层次	深度（cm）	机械组成（卡庆斯基制,%）							质地
		0.25~1 mm	0.05~0.25 mm	0.01~0.05 mm	0.005~0.01 mm	0.001~0.005 mm	<0.001 mm	<0.01 mm	
A	0~30	26		28	10	16	20	46	重壤
R	>30	母岩							

4. 土壤生产性能

新乡市的多砾质薄层钙质棕壤性土分布在深山高寒地段，土层薄，砾石多，分解熟化程度差，土壤肥力低，不宜种作物，可以栽种灌木和牧草，保持水土，发展林牧业。

（三）多砾质中层钙质棕壤性土

代号：02c06-3

1. 归属及分类

多砾质中层钙质棕壤性土，属棕壤土类、棕壤性土亚类、钙质棕壤性土土属。分布在海拔1 200 m以上，相对高差300~500 m深山区山腰或山沟的平缓地段。新乡市分布面积7 694.33亩，占全市土壤总面积的0.069%。分布在辉县北部三郊口乡，面积较小，多为荒坡。

2. 理化性状

（1）剖面性态特征　该土种发育在石灰岩风化物母质上。剖面发生型为A-（B）-C-R型，主要特征：土层厚度为30~80 cm，含石砾10%~30%，发育层次不明显。土体色泽从上到下由灰褐色变为红棕色。通体无石灰反应，下部有不明显的铁锰胶膜。表层较松，pH 8.0左右，有机质含量1%左右。

（2）表层养分状况　据分析：有机质含量1.017%，全氮含量0.070%，碳氮比8.43（表1-13）。

表1-13　多砾质中层钙质棕壤性土表层养分状况

项目	有机质（%）	全氮（%）	碱解氮（mg/kg）	有效磷（mg/kg）	速效钾（mg/kg）	碳氮比	全磷（%）
样本数							
含量	1.017	0.070				8.43	0.070

3. 典型剖面

以采自辉县三郊口乡凤凰山2-52号剖面为例：母质为石灰岩风化物，植被是黄白草等。采样日期：1984年12月4日。

剖面性态特征如下。

表土层（A）：0~39 cm，灰褐色，中壤，碎块状结构，土体较松，植物根系多，无石灰反应，含石砾15%左右，pH 8.0。

淀积层（B）：39~56 cm，红褐色，中壤，块状结构，土体较紧，根系少，石砾占

20%，无石灰反应，有不明显的铁锰胶膜，pH 8.0。

母质层（C）：56~67 cm，红棕色，中壤，块状结构，土体较紧，无根系，含石砾20%，无石灰反应，pH 8.2，有微弱的铁锰胶膜。

基岩层（R）：67 cm 以下为母岩。

剖面理化性质详见表1-14。

表1-14 多砾质中层钙质棕壤性土剖面理化性质

层次	深度（cm）	pH	CaCO₃（%）	有机质（%）	全氮（%）	碱解氮（mg/kg）	全磷（%）	有效磷（mg/kg）	全钾（%）	速效钾（mg/kg）	代换量（me/100g土）	容重（g/cm³）
A	0~39	8.0	0.20	1.017	0.070		0.075				11.5	
B	39~56	8.0	0.56	0.901	0.064		0.070				12.6	
C	56~67	8.2	0.44	0.300	0.050		0.070				11.1	
R	>67	母岩										

层次	深度（cm）	机械组成（卡庆斯基制,%）							质地
		0.25~1 mm	0.05~0.25 mm	0.01~0.05 mm	0.005~0.01 mm	0.001~0.005 mm	<0.001 mm	<0.01 mm	
A	0~39	34		32	10	12	12	34	中壤
B	39~56	31		33	10	12	14	36	中壤
C	56~67	38		28	10	8	16	34	中壤
R	>67	母岩							

4. 土壤生产性能

多砾质中层钙质棕壤性土，分布地势高，气候寒冷，土层不厚，砾石较多，质地较粗，水土流失严重，土壤肥力低，不宜种农作物。可以栽树、种草，保持水土，发展林牧业。

（四）少砾质中层钙质棕壤性土

代号：02c06-4

1. 归属及分布

少砾质中层钙质棕壤性土，属棕壤土类、棕壤性土亚类、钙质棕壤性土土属。分布在海拔1 200 m以上，相对高差300~500 m深山区山腰或山沟里平缓地段。新乡市有38 954.14亩，占全市土壤总面积的0.397%。分布在辉县西北部的黄水、上八里等乡，属尚未耕种的土壤类型。

2. 理化性状

（1）剖面性态特征 该土种发育在石灰岩风化物母质上。它的特征和多砾质中层钙质棕壤性土相似。土层厚度30~80 cm，通体无石灰反应，中下部有铁锰胶膜。两者区别在于该土种土体中的砾石较少，后者较多。

（2）表层养分状况 据分析：有机质含量2.099%，全氮含量0.140%，碳氮比8.70（表1-15）。

表1-15 少砾质中层钙质棕壤性土表层养分状况

项目	有机质（%）	全氮（%）	碱解氮（mg/kg）	有效磷（mg/kg）	速效钾（mg/kg）	碳氮比	全磷（%）
样本数							
含量	2.099	0.140				8.70	0.095

3. 典型剖面

以采自辉县上八里乡回龙村12-150号剖面为例：母质为石灰岩风化物，植被为黄白草等。采样日期：1984年11月27日。

剖面性态特征如下。

表土层（A）：0~20 cm，黄褐色，重壤，碎块状结构，土体较松，植物根系多，石砾含量小于10%，无石灰反应，pH 8.0。

淀积层（B）：20~45 cm，黄棕色，重壤，块状结构，土体紧实，根系少，无石灰反应，有不明显的铁锰胶膜，pH 8.0。

母质层（C）：45~78 cm，棕红色，重壤，棱块状结构，土体极紧，根系少，无石灰反应，pH 8.0。

基岩层（R）：78 cm以下为母岩。

剖面理化性质详见表1-16。

表1-16 少砾质中层钙质棕壤性土剖面理化性质

层次	深度（cm）	pH	CaCO₃（%）	有机质（%）	全氮（%）	碱解氮（mg/kg）	全磷（%）	有效磷（mg/kg）	全钾（%）	速效钾（mg/kg）	代换量（me/100g 土）	容重（g/cm³）
A	0~20	8.0	0.35	2.099	0.140		0.095				18.2	
B	20~45	8.0	0.10	1.219	0.036		0.095				20.0	
C	45~78	8.0	0.54	1.175	0.076		0.075				32.0	
R	>78	母岩										

层次	深度（cm）	机械组成（卡庆斯基制,%）							质地
		0.25~1 mm	0.05~0.25 mm	0.01~0.05 mm	0.005~0.01 mm	0.001~0.005 mm	<0.001 mm	<0.01 mm	
A	0~20	12		42	14	18	14	46	重壤
B	20~45	8		42	12	16	22	50	重壤
C	45~78	8		42	6	16	28	50	中黏
R	>78	母岩							

4. 土壤生产性能

新乡市的少砾质中层钙质棕壤性土的生产性能和多砾质中层钙质棕壤性土相似。因为前者土体中石砾含量少，所以其生产性能优于后者，但仍未耕种。

第二章　褐土土类

褐土土类在新乡市有褐土、淋溶褐土、石灰性褐土、潮褐土和褐土性土5个亚类。

第一节　褐土亚类

褐土亚类在新乡市只有1个黄土质褐土土属，包括4个土种。

（一）黄土质褐土

代号：03a01-1

1. 归属及分布

黄土质褐土属褐土土类、褐土亚类、黄土质褐土土属中的一个代替性土种。多分布在海拔200~400 m，相对高差80~150 m的缓坡丘陵及残塬阶地上。新乡市分布面积为325 579.09亩，占全市土壤总面积的3.316%。主要分布在辉县东北部的常村、张村、高庄等乡124 109.80亩；汲县京广铁路以北的唐庄、太公泉、安都等乡170 505.78亩；新乡市北站区中部30 965.34亩。黄土质褐土是新乡市太行山东南麓的主要耕作土壤。

2. 理化性状

（1）剖面性态特征　黄土质褐土发育在富含石灰的黄土母质上。剖面发生型为A-B-C型。主要特征：土层深厚，都在1 m以上，有的厚达数米。表层质地多为中壤，也有轻壤和重壤的类型。由于淋洗作用，都有黏化层，上虚下实，发育层次比较明显。土体结构：表层是碎块状或粒状，黏化淀积层是块状结构或棱块状结构。在自然剖面中，垂直裂隙把土体分割成明显的柱状结构。有的下部有砂姜，表土层较松，淀积层较紧，有较厚的熟化层。土体颜色由上到下从黄褐色、棕褐色至灰褐色。通体有石灰反应，淀积层有碳酸钙新生体假菌丝出现。

（2）耕层养分状况　据农化样点统计分析：有机质含量平均值1.747%，标准差0.828%，变异系数47.38%；全氮含量平均值0.079%，标准差0.021%，变异系数26.08%；碱解氮含量平均值81.62 mg/kg，标准差27.82 mg/kg，变异系数34.08%；有效磷含量平均值7.2 mg/kg，标准差4.1 mg/kg，变异系数57.83%；速效钾含量平均值145 mg/kg，标准差67 mg/kg，变异系数45.98%；碳氮比12.89。在这些养分中，有效磷变化幅度大（表2-1）。

3. 典型剖面

以采自汲县安都乡大双村5-117号剖面为例：母质为黄土，植被为农作物。采样日期：1983年11月20日。

表 2-1　黄土质褐土耕层养分状况

项目	有机质（%）	全氮（%）	碱解氮（mg/kg）	有效磷（mg/kg）	速效钾（mg/kg）	碳氮比	全磷（%）
样本数	196	105	187	192	187		
平均值	1.747	0.079	81.62	7.2	145	12.89	
标准差	0.828	0.021	27.82	4.1	67		
变异系数（%）	47.38	26.08	34.08	57.83	45.98		

剖面性态特征如下。

表土层（A）：0~30 cm，黄褐色，中壤，碎块状结构，土体疏松，植物根系多，石灰反应强烈，pH 8.20。

淀积层（B）：30~74 cm，暗褐色，重壤，块状结构，土体紧实，根系少，有大量假菌丝，石灰反应中等，pH 8.05。

母质层（C）：74~100 cm，暗褐色，中壤，块状结构，土体紧实，根系极少，石灰反应强烈，pH 7.95。

剖面理化性质详见表 2-2。

表 2-2　黄土质褐土剖面理化性质

层次	深度（cm）	pH	CaCO₃（%）	有机质（%）	全氮（%）	碱解氮（mg/kg）	全磷（%）	有效磷（mg/kg）	全钾（%）	速效钾（mg/kg）	代换量（me/100g 土）	容重（g/cm³）
A	0~30	8.20		0.967	0.055		0.110				12.84	1.41
B	30~74	8.05		0.875	0.056		0.108				15.70	1.66
C	74~100	7.95		0.607	0.038		0.095				13.42	

层次	深度（cm）	机械组成（卡庆斯基制,%）							质地
		0.25~1 mm	0.05~0.25 mm	0.01~0.05 mm	0.005~0.01 mm	0.001~0.005 mm	<0.001 mm	<0.01 mm	
A	0~30	10.1		45.1	24.5	18.9	1.4	44.8	中壤
B	30~74	5.5		37.0	12.6	33.4	11.5	57.5	重壤
C	74~100	8.0		37.6	11.3	29.7	13.4	54.4	中壤

4. 土壤生产性能

新乡市的黄土质褐土面积较大，是褐土土类中最有代表性的土种。由于淋洗作用，表层质地比其下面土层的质地轻。一般表层质地为中壤，其下为重壤。土体表层多为粒状结构，土体较松。黏化层出现在 30~70 cm 的深处，构成上虚下实的状态，有利于耕作、保水保肥和作物根系的发展。该土种是新乡市种植历史悠久、肥力较高的土种。适种作物广泛，小麦、玉米、棉花、谷子、豆类、甘薯等都能很好地生长。缺点是易受干旱威胁。应积极兴建水库，发展灌溉，采取充分接纳雨雪并提高利用率的措施，防止水土流失，是提高产量的重要手段。

（二）浅位少量砂姜黄土质褐土

代号：03a01-2

1. 归属及分布

浅位少量砂姜黄土质褐土，属褐土土类、褐土亚类、黄土质褐土土属。多分布在海拔 100~300 m，相对高差 80~150 m 的缓坡丘陵及残塬阶地的中上部。新乡市分布面积 9 877.49 亩，占全市土壤总面积的 0.101%，其中耕地面积 7 389.18 亩，占该土种面积 74.481%。主要分布在汲县中北部的太公泉、安都等乡，面积 7 165.07 亩，其次是新乡市北站区北部，面积 2 712.42 亩。

2. 理化性状

（1）剖面性态特征　该土种发育在黄土母质上。主要特征：土层较厚，含有砂姜的土层距地面接近，出现在 25~50 cm 深处。其他性状同黄土质褐土（前面已叙）。

（2）耕层养分状况　据农化样点统计分析：有机质平均含量 1.141%，标准差 0.368%，变异系数 23.86%；全氮含量平均值 0.087%，标准差 0.042%，变异系数 8.70%；碱解氮平均含量 80.30 mg/kg，标准差 20.36 mg/kg，变异系数 28.90%；有效磷含量平均值 3.0 mg/kg，标准差 1.5 mg/kg，变异系数 36.47%；速效钾含量平均值 106 mg/kg，标准差 34 mg/kg，变异系数 23.27%；碳氮比 10.27（表2-3）。

表 2-3　浅位少量砂姜黄土质褐土耕层养分状况

项目	有机质（%）	全氮（%）	碱解氮（mg/kg）	有效磷（mg/kg）	速效钾（mg/kg）	碳氮比	全磷（%）
样本数	4	2	4	2	3		
平均值	1.141	0.087	80.30	3.0	106	10.27	
标准差	0.368	0.042	20.36	1.5	34		
变异系数（%）	23.86	8.70	28.90	36.47	23.27		

3. 典型剖面

以采自汲县安都乡杨井村 5-37 号剖面为例：母质为黄土状物质，植被为农作物。采样日期：1983 年 11 月 20 日。

剖面性态特征如下。

表土层（A）：0~18 cm，黄褐色，砂壤，碎块状结构，土体疏松，植物根系多，石灰反应中等，pH 8.75。

淀积层（B）：18~35 cm，灰褐色，中壤，碎块状结构，有砂姜，石灰反应中等，植物根系少，pH 8.0。

母质层（C）：35~120 cm，灰褐色，重壤，块状结构，植物根系极少，石灰反应强烈，pH 7.78。

剖面理化性质详见表 2-4。

表2-4 浅位少量砂姜黄土质褐土剖面理化性质

层次	深度（cm）	pH	CaCO₃（%）	有机质（%）	全氮（%）	碱解氮（mg/kg）	全磷（%）	有效磷（mg/kg）	全钾（%）	速效钾（mg/kg）	代换量（me/100g 土）	容重（g/cm³）
A	0~18	8.75		1.045	0.062		0.090				12.27	
B	18~35	8.00		0.696	0.044		0.098				12.02	1.56
C	35~120	7.78		0.476	0.040		0.064				10.41	

层次	深度（cm）	机械组成（卡庆斯基制,%）							质地
		0.25~1 mm	0.05~0.25 mm	0.01~0.05 mm	0.005~0.01 mm	0.001~0.005 mm	<0.001 mm	<0.01 mm	
A	0~18	9.6		66.0	11.0	3.0	10.4	24.4	砂壤
B	18~35	14.8		38.6	26.4	7.1	13.1	46.6	中壤
C	35~120	18.0		27.5	21.3	23.4	9.8	54.5	重壤

4. 土壤生产性能

浅位少量砂姜黄土质褐土的生产性能和黄土质褐土相似，差异是该土种剖面50 cm以上含有10%以下的砂姜，说明土壤淋溶较强，农业生产性能略有降低。

（三）少量砂姜黄土质褐土

代号：03a01-3

1. 归属及分布

少量砂姜黄土质褐土，属褐土土类、褐土亚类、黄土质褐土土属。多分布在海拔100~300 m，相对高差80~150 m的缓坡丘陵及残塬阶地的中上部。新乡市分布面积58 076.86亩，占全市土壤总面积的0.591%，其中耕地面积44 343.95亩，占该土种面积的76.354%。分布在辉县东北部拍石头等乡16 306.38亩，汲县西北部太公泉等乡35 713.29亩。

2. 理化性状

（1）剖面性态特征 少量砂姜黄土质褐土发育在富含石灰质的黄土母质上，剖面发生型为A-B-C型。主要特征：土层深厚，土体中含有少量砂姜，表层质地多为中壤，也有轻壤和重壤的类型。由于淋洗作用，都有黏化层，上虚下实，发育层次比较明显。土体结构：表层是碎块状或粒状，黏化淀积层是块状或棱块状结构。表土层较松，淀积层较紧，有较厚的熟化层。淀积层有碳酸钙新生体假菌丝的出现。土体颜色从上到下由灰黄色逐渐加深为暗褐色，通体有石灰反应。

（2）耕层养分状况 据农化样点统计分析：有机质平均值1.308%，标准差0.353%，变异系数0.27%；全氮平均值0.089%，标准差0.016%，变异系数17.58%；碱解氮平均值81.25 mg/kg，标准差24.76 mg/kg，变异系数30.47%；有效磷平均值6.7 mg/kg，标准差7.0 mg/kg，变异系数1.04%；速效钾平均值175 mg/kg，标准差70 mg/kg，变异系数39.85%；耕层碳氮比8.52（表2-5）。

3. 典型剖面

以采自辉县拍石头乡北窑村10-114号剖面为例：黄土母质，植被是小麦。采样日期为1984年11月26日。

表 2-5　少量砂姜黄土质褐土耕层养分状况

项目	有机质（%）	全氮（%）	碱解氮（mg/kg）	有效磷（mg/kg）	速效钾（mg/kg）	碳氮比	全磷（%）
样本数	29	27	28	27	29		
平均值	1.308	0.089	81.25	6.7	175	8.52	
标准差	0.353	0.016	24.76	7.0	70		
变异系数（%）	0.27	17.58	30.47	1.04	39.85		

剖面性态特征如下。

表土层（A_1）：0～20 cm，灰黄色，中壤，碎块状结构，土体疏松，孔隙和植物根系多，有少量石块和砂姜，石灰反应强烈，pH 8.2。

表土层（A_2）：20～35 cm，灰黄色，中壤，块状结构，土体较松，根系多，孔隙少，石灰反应强烈。有蚯蚓粪，有少量砂姜，pH 8.4。

淀积层（B）：35～44 cm，棕褐色，重壤，块状及棱块状结构。土体紧实、根系少、孔隙少，石灰反应中等，有少量假菌丝和砂姜，pH 8.2。

母质层（C）：44～100 cm，暗褐色，重壤，棱柱状结构，土体紧实，孔隙及根系极少，石灰反应中等，有大量假菌丝和少量砂姜，pH 8.3。

剖面理化性质详见表 2-6。

表 2-6　少量砂姜黄土质褐土剖面理化性质

层次	深度（cm）	pH	CaCO₃（%）	有机质（%）	全氮（%）	碱解氮（mg/kg）	全磷（%）	有效磷（mg/kg）	全钾（%）	速效钾（mg/kg）	代换量（me/100g 土）	容重（g/cm³）
A_1	0～20	8.2	11.63	1.696	0.116		0.120				16.9	1.30
A_2	20～35	8.4	12.50	1.536	0.105		0.110				19.1	1.39
B	35～44	8.2	3.50	1.257	0.078		0.093				20.8	
C	44～100	8.3	2.38	1.097	0.691		0.030				23.2	

层次	深度（cm）	机械组成（卡庆斯基制,%）							质地
		0.25～1 mm	0.05～0.25 mm	0.01～0.05 mm	0.005～0.01 mm	0.001～0.005 mm	<0.001 mm	<0.01 mm	
A_1	0～20	12		44	10	18	16	44	中壤
A_2	20～35	14		41	11	18	16	45	中壤
B	35～44	10		44	10	14	22	46	重壤
C	44～100	8		34	12	16	30	58	重壤

4. 土壤生产性能

新乡市的少量砂姜黄土质褐土，由于淋洗作用，表层质地比其下边的土层质地轻。一般表层质地为中壤，其下为重壤。土体表层多为粒状或碎块状结构，土体较松。黏化层多出现在 30～70 cm 的深处，土体较紧，多为重壤，构成上虚下实的状态，有利于耕作、保水保肥和作物根系的发展。因为土体中有少量砂姜，降低了生产性能，不利于耕作和作物的生长，其生产性能略低于黄土质褐土。适种作物广泛，小麦、玉米、棉花、谷子、豆类、甘薯等都能很好地生长。缺点是有砂姜，易受干旱威胁。应积极兴建水库，发展灌溉，采取措施接纳雨雪，防止水土流失等，这些措施是提高产量的重要手段。

（四）浅位多量砂姜黄土质褐土

代号：03a01-4

1. 归属及分布

浅位多量砂姜黄土质褐土，属褐土土类、褐土亚类、黄土质褐土土属。多分布在海拔 100~300 m，相对高差 80~150 m 的浅山丘陵区。新乡市分布有 1 789.81 亩，面积较小，占全市土壤总面积的 0.018%，其中耕地面积 1 303.68 亩，占该土种面积的 72.839%，分布在新乡市北站区北部。

2. 理化性状

（1）剖面性态特征　该土种的剖面性态特征和少量砂姜黄土质褐土很相似。差别在于该土种的剖面上部 50 cm 以内砂姜含量大于 30%。

（2）耕层养分状况　据分析：有机质含量 1.458%，全氮含量 0.095%，碱解氮含量 73.80 mg/kg，有效磷含量 6.2 mg/kg，速效钾含量 132 mg/kg，碳氮比 8.90（表 2-7）。

表 2-7　浅位多量砂姜黄土质褐土耕层养分状况

项目	有机质（%）	全氮（%）	碱解氮（mg/kg）	有效磷（mg/kg）	速效钾（mg/kg）	碳氮比	全磷（%）
样本数							
含　量	1.458	0.095	73.80	6.2	132	8.90	

3. 典型剖面

以采自新乡市北站区 1-37 号剖面为例：黄土母质，植被是农作物。采样日期：1985 年 5 月 2 日。

剖面性态特征如下。

表土层（A）：0~18 cm，浅黄色，重壤，块状结构，土体紧实，根系多，石灰反应强烈，pH 8.35。

淀积层（B）：18~40 cm，棕黄色，重壤，块状结构、土体紧实，根系多，含有 5% 砂姜和大量假菌丝，石灰反应强烈，pH 8.35。

母质层（C）：40~100 cm，红棕色，轻黏，柱状结构，土体极紧，含砂姜 30% 以上，根系极少，石灰反应强烈，pH 8.30。

剖面理化性质详见表 2-8。

表 2-8 浅位多量砂姜黄土质褐土剖面理化性质

层次	深度 （cm）	pH	CaCO₃ （%）	有机质 （%）	全氮 （%）	碱解氮 （mg/kg）	全磷 （%）	有效磷 （mg/kg）	全钾 （%）	速效钾 （mg/kg）	代换量 （me/100g 土）	容重 （g/cm³）
A	0~18	8.35		1.181	0.088		0.101				14.02	1.23
B	18~40	8.35		0.741	0.041		0.095				14.87	1.22
C	40~100	8.30		0.503	0.029		0.066				19.09	

层次	深度 （cm）	机械组成（卡庆斯基制,%）							质地
		0.25~1 mm	0.05~0.25 mm	0.01~0.05 mm	0.005~0.01 mm	0.001~0.005 mm	<0.001 mm	<0.01 mm	
A	0~18	1.7		40.8	16.3	26.4	14.9	57.6	重壤
B	18~40	1.6		36.7	17.9	28.6	15.2	61.7	重壤
C	40~100	1.6		29.3	13.6	37.7	17.8	69.1	轻黏

4. 土壤生产性能

新乡市的浅位多量砂姜黄土质褐土的生产性能基本上与少量砂姜黄土质褐土相同。不同的是该土种土体上部 50 cm 以内出现了含砂姜大于 30% 的土层，并且此土层很厚，妨碍植物根系下扎，大大降低了农业生产性能。

第二节　淋溶褐土亚类

淋溶褐土亚类，在新乡市有黄土质淋溶褐土和洪积淋溶褐土 2 个土属。

一、黄土质淋溶褐土土属

黄土质淋溶褐土土属在新乡市有 2 个土种。

（一）薄层黄土质淋溶褐土

代号：03b01-1

1. 归属及分布

薄层黄土质淋溶褐土，属褐土土类、淋溶褐土亚类、黄土质淋溶褐土土属，分布在海拔 800~1 200 m，相对高差 200~300 m 的深山区。新乡市分布面积 83 126.43 亩，占全市土壤总面积的 0.847%。分布在辉县北部南寨等乡 74 058.16 亩，汲县北部拴马等乡 9 068.27 亩，基本都是自然土壤。

2. 理化性状

（1）剖面性态特征　该土种发育在黄土母质上。在土体中含有少量石砾，土层较薄，通常小于 30 cm，20 cm 以下有铁锰胶膜。通体无石灰反应，发育层次不明显。

（2）表层养分状况　据农化样点统计分析：有机质含量平均值 2.927%，标准差 1.143%，变异系数 39.07%；全氮含量平均值 0.178%，标准差 0.068%，变异系数 38.14%；碱解氮含量平均值 125.41 mg/kg，标准差 33.28 mg/kg，变异系数 26.54%；有效磷含量平均值 4.8 mg/kg，标准差 1.5 mg/kg，变异系数 31.26%；速效钾含量平均值 230 mg/kg，标准差 53 mg/kg，变异系数 23.08%；碳氮比 9.53（表 2-9）。

表 2-9　薄层黄土质淋溶褐土表层养分状况

项目	有机质 （%）	全氮 （%）	碱解氮 （mg/kg）	有效磷 （mg/kg）	速效钾 （mg/kg）	碳氮比	全磷 （%）
样本数	3	2	3	2	2		
平均值	2.927	0.178	125.41	4.8	230	9.53	
标准差	1.143	0.068	33.28	1.5	53		
变异系数（%）	39.07	38.14	26.54	31.26	23.08		

3. 典型剖面

以采自辉县薄壁乡老西凹村 15-43 号剖面为例：母质黄土，植被是黄白草等。采样日期：1984 年 11 月 27 日。

剖面性态特征如下。

表土层（A）：0~30 cm，红黄色，中壤，碎块状结构，土体较松，植物根系多，无石灰反应，有砾石，20 cm 以下出现不明显的铁锰胶膜，pH 7.5。

基岩层（R）：30 cm 以下为母岩。

剖面理化性质详见表 2-10。

表 2-10　薄层黄土质淋溶褐土剖面理化性质

层次	深度 （cm）	pH	CaCO₃ （%）	有机质 （%）	全氮 （%）	碱解氮 （mg/kg）	全磷 （%）	有效磷 （mg/kg）	全钾 （%）	速效钾 （mg/kg）	代换量 （me/100g 土）	容重 （g/cm³）
A	0~30	7.5		2.150	0.140		0.135				12.9	
R	>30	母岩										

层次	深度 （cm）	机械组成（卡庆斯基制,%）							质地
		0.25~1 mm	0.05~0.25 mm	0.01~0.05 mm	0.005~0.01 mm	0.001~0.005 mm	<0.001 mm	<0.01 mm	
A	0~30	42		20	5	11	22	38	中壤
R	>30	母岩							

4. 土壤生产性能

新乡市的薄层黄土质淋溶褐土，土体中含有不同数量的砾石，土层很薄，分布地形部位较高，水土流失严重，保水保肥性差，农业生产很难利用。可以栽树、种草，保持水土，发展林牧业。

（二）厚层黄土质淋溶褐土

代号：03b01-2

1. 归属及分布

厚层黄土质淋溶褐土，属褐土土类、淋溶褐土亚类、黄土质淋溶褐土土属。分布在海拔 800~1 200 m，相对高差 200~300 m 的深山区，面积 18 797.64 亩，占全市土壤总面积的 0.191%，其中耕地 15 706.21 亩，占该土种面积的 83.554%，分布在辉县北部三郊口、上八里等乡。

2. 理化性状

（1）剖面性态特征　该土种发育在黄土母质上，剖面发生型为 A-B-C（型）。土层厚度大于 80 cm，质地黏重，细密少孔，通透性差，土性寒。块状结构，在结构面上可看到铁锰胶膜或斑点。通体无石灰反应，土体中含有砾石，土色从上到下逐渐加红，由黄褐色变为黄红色。

（2）表层养分状况　据分析：有机质含量 2.026%，全氮含量为 0.132%，碱解氮含量 112.80 mg/kg，有效磷含量 3.3 mg/kg，速效钾含量 241 mg/kg，碳氮比 8.90（表2-11）。

表 2-11　厚层黄土质淋溶褐土表层养分状况

项目	有机质（%）	全氮（%）	碱解氮（mg/kg）	有效磷（mg/kg）	速效钾（mg/kg）	碳氮比	全磷（%）
样本数							
含　量	2.026	0.132	112.80	3.3	241	8.90	

3. 典型剖面

以采自辉县上八里乡松树村西南地 12-79 号剖面为例：母质为黄土，植被为黄白草等。采样日期：1984 年 11 月 22 日。

剖面性态特征如下。

表土层（A）：0~15 cm，黄褐色，重壤，碎块状结构，土体较紧，小孔隙多，植物根系多，无石灰反应，有少量石砾，pH 8.2。

淀积层（B）：15~30 cm，红褐色，重壤，棱块状结构，土体紧实，根系少，无石灰反应，有铁锰胶膜，有虫洞，pH 8.1。

母质层（C_1）：30~60 cm，红褐色，重壤，块状结构，土体紧实，根系少，无石灰反应，有铁锰胶膜，pH 8.2。

母质层（C_2）：60~100 cm，黄红色，重壤，块状结构，土体极紧，无根系，小孔隙很少，无石灰反应，有铁锰胶膜和斑纹，pH 8.2。

剖面理化性质详见表2-12。

4. 土壤生产性能

新乡市的厚层黄土质淋溶褐土分布地势较高，气候寒冷，质地黏重，通透性差，土性寒，耕性差，土层厚度虽大于 80 cm，但分解熟化程度低，熟土层薄，生产性能差，但其优于薄层和中层黄土质淋溶褐土。除栽树、种草外，条件好的地段可以种植耐寒、耐旱作物，如小麦和谷子等。

表 2-12 厚层黄土质淋溶褐土剖面理化性质

层次	深度 (cm)	pH	CaCO₃ (%)	有机质 (%)	全氮 (%)	碱解氮 (mg/kg)	全磷 (%)	有效磷 (mg/kg)	全钾 (%)	速效钾 (mg/kg)	代换量 (me/100g 土)	容重 (g/cm³)
A	0~15	8.2		1.776	0.122		0.089				21.7	
B	15~30	8.1		1.269	0.082		0.095				20.9	
C₁	30~60	8.2		1.028	0.070		0.095				19.3	
C₂	60~100	8.2		0.872	0.054		0.085				21.5	

层次	深度 (cm)	机械组成（卡庆斯基制,%）							质地
		0.25~1 mm	0.05~0.25 mm	0.01~0.05 mm	0.005~0.01 mm	0.001~0.005 mm	<0.001 mm	<0.01 mm	
A	0~15	9		38	12	18	23	53	重壤
B	15~30	9		38	12	16	25	53	重壤
C₁	30~60	10		39	12	16	23	51	重壤
C₂	60~100	9		38	14	18	21	53	重壤

二、洪积淋溶褐土土属

洪积淋溶褐土土属在新乡市有 2 个土种。

（一）壤质洪积淋溶褐土

代号：03b02-1

1. 归属及分布

壤质洪积淋溶褐土，属褐土土类、淋溶褐土亚类、洪积淋溶褐土土属。分布在海拔 800~1 000 m，相对高差 200~300 m 的山区。新乡市有 19 250.59 亩，占全市土壤总面积的 0.196%，其中耕地 15 706.21 亩，占该土种面积的 81.588%，分布在辉县北部南村盆地的西平罗等乡。

2. 理化性状

（1）剖面性态特征　壤质洪积淋溶褐土发育在洪积物母质上。表层质地为中壤，通体无石灰反应。在淀积层的结构面上可看到不明显的暗棕色铁锰胶膜。

（2）耕层养分状况　据农化样点统计分析：有机质含量平均值 1.597%，标准差 0.170%，变异系数 0.67%；碱解氮含量平均值 100.17 mg/kg，标准差 15.21 mg/kg，变异系数 15.11%；有效磷含量平均值 3.4 mg/kg，标准差是 1.9 mg/kg，变异系数 56.11%；速效钾含量平均值 134 mg/kg，标准差 32 mg/kg，变异系数 24.08%；碳氮比 7.78（表 2-13）。

表 2-13 壤质洪积淋溶褐土耕层养分状况

项目	有机质 (%)	全氮 (%)	碱解氮 (mg/kg)	有效磷 (mg/kg)	速效钾 (mg/kg)	碳氮比	全磷 (%)
样本数	4	1	4	4	4		
平均值	1.597	0.119	100.17	3.4	134	7.78	
标准差	0.170		15.21	1.9	32		
变异系数（%）	0.67		15.11	56.11	24.08		

3. 土壤生产性能

壤质洪积淋溶褐土表层质地为中壤，通透性良好，土性暖，适耕期较长，容易整地。既发小苗又发老苗，适种作物广泛，是较为理想的土壤类型，缺点是易遭干旱袭击。应注意中耕耙糖保墒，发展水利灌溉，才能提高生产水平。

（二）黏质洪积淋溶褐土

代号：03b02-2

1. 归属及分布

黏质洪积淋溶褐土，属褐土土类、淋溶褐土亚类、洪积淋溶褐土土属。分布在海拔800 m 左右，相对高差 200~300 m 的山区。新乡市有 48 239.72 亩，占全市土壤总面积的 0.491%，其中耕地 38 900.26 亩，占该土种面积的 80.639%，分布在辉县北部南寨、南村等乡。

2. 理化性状

（1）剖面性态特征　黏质洪积淋溶褐土发育在洪积物母质上，剖面发生型为 A-B-C 型。主要特征：土体中有少量砾石，质地黏重，土层较厚，通体无石灰反应。中下部有铁锰胶膜出现，土体紧实，表层稍松。

（2）耕层养分状况　据农化样点统计分析：有机质含量平均值 1.330%，标准差 0.335%，变异系数 25.19；全氮含量平均值 0.088%，标准差 0.024%，变异系数 26.80%；碱解氮含量平均值 86.07 mg/kg，标准差 18.12 mg/kg，变异系数 21.05%；有效磷含量平均值为 5.4 mg/kg，标准差 4.0 mg/kg，变异系数 74.26%；速效钾含量平均值 142 mg/kg，标准差 31 mg/kg，变异系数 21.56；碳氮比 8.76（表 2-14）。

表 2-14　黏质洪积淋溶褐土耕层养分状况

项目	有机质（%）	全氮（%）	碱解氮（mg/kg）	有效磷（mg/kg）	速效钾（mg/kg）	碳氮比	全磷（%）
样本数	17	9	17	17	17		
平均值	1.330	0.088	86.07	5.4	142	8.76	
标准差	0.335	0.024	18.12	4.0	31		
变异系数（%）	25.19	26.80	21.05	74.26	21.56		

3. 典型剖面

以采自辉县南寨村 1-3 号剖面为例：母质为洪积物，植被为农作物。采样日期：1984 年 11 月 29 日。

剖面性态特征如下。

表土层（A）：0~20 cm，棕黄色，重壤，碎块状结构，土体较松，小孔隙多，有大量植物根系，无石灰反应，有石砾和瓦片，pH 8.3。

淀积层（B）：20~50 cm，棕褐色，重壤，棱块状结构，土体紧实，根系较多，孔隙少，无石灰反应，有少量褐色铁锰胶膜，有虫粪，pH 8.2。

母质层（C₁）：50~85 cm，棕褐色，重壤，块状结构，土体紧实，根系少，无石灰反应，有少量褐色铁锰胶膜，pH 8.2。

母质层（C₂）：85~100 cm，灰褐色，重壤，大块状结构，土体极紧，无根系，无石灰反应，有明显的铁锰胶膜，pH 8.2。

剖面理化性质详见表2-15。

表2-15 黏质洪积淋溶褐土剖面理化性质

层次	深度（cm）	pH	CaCO₃（%）	有机质（%）	全氮（%）	碱解氮（mg/kg）	全磷（%）	有效磷（mg/kg）	全钾（%）	速效钾（mg/kg）	代换量（me/100g 土）	容重（g/cm³）
A	0~20	8.3		1.616	0.114		0.153				19.4	1.67
B	20~50	8.2		1.237	0.082		0.145				18.5	1.42
C₁	50~85	8.2		1.017	0.067		0.145				20.5	
C₂	85~100	8.2		0.858	0.058		0.145				22.5	

层次	深度（cm）	机械组成（卡庆斯基制，%）							质地
		0.25~1 mm	0.05~0.25 mm	0.01~0.05 mm	0.005~0.01 mm	0.001~0.005 mm	<0.001 mm	<0.01 mm	
A	0~20	10		44	10	24	12	46	重壤
R	20~50	6		48	8	23	15	46	重壤
C₁	50~85	6		42	10	15	27	52	重壤
C₂	85~100	4		42	10	13	31	54	重壤

4. 土壤生产性能

黏质洪积淋溶褐土，质地黏重，通透性差，适耕期短，耕性差，土性寒，有机质丰富，不发小苗，发老苗，拔籽。在有水利条件的地方或雨水充足的年份产量较高。适于种植小麦、玉米、棉花、谷子等。在农业生产上应注意掌握好适耕期，增施粗肥，提高整地质量，因地制宜地种植，争取更好的收成。

第三节 石灰性褐土亚类

石灰性褐土亚类在新乡市有洪积石灰性褐土、砾质石灰性褐土、钙质石灰性褐土3个土属。

一、洪积石灰性褐土土属

洪积石灰性褐土土属在新乡市只有1个土种。

洪积石灰性褐土

代号：03c02-1

1. 归属及分布

洪积石灰性褐土，属褐土土类、石灰性褐土亚类、洪积石灰性褐土土属。分布在山前洪积扇的中下部。新乡市分布有51 949.62亩，占全市土壤总面积的0.529%，其中耕地面积有43 585.47亩，占该土种面积的83.88%。分布在辉县高庄、梁村等乡

49 598.58 亩，汲县西北部唐庄乡 2 351.03 亩。

2. 理化性状

（1）剖面性态特征　洪积石灰性褐土发育在洪积物母质上，剖面发生型为 A-B-C 型。主要特征：质地通体重壤以上，土体紧实，黏化层不如黄土质褐土的明显，剖面下部可以看到假菌丝，通体有石灰反应，土层较厚，土色较深，通体棕褐色。

（2）耕层养分状况　据农化样点统计分析：有机质含量平均值 1.361%，标准差 0.302%，变异系数 22.29%；全氮含量平均值 0.092%，标准差 0.019%，变异系数 20.48%；碱解氮含量平均值 76.93 mg/kg，标准差 27.14 mg/kg，变异系数 35.20%；有效磷含量平均值 4.1 mg/kg，标准差 4.1 mg/kg，变异系数 98.60%；速效钾含量平均值 148 mg/kg，标准差 17 mg/kg，变异系数 22.36%；碳氮比 8.58（表 2-16）。

表 2-16　洪积石灰性褐土耕层养分状况

项目	有机质（%）	全氮（%）	碱解氮（mg/kg）	有效磷（mg/kg）	速效钾（mg/kg）	碳氮比	全磷（%）
样本数	25	12	25	25	25		
平均值	1.361	0.092	76.93	4.1	148	8.58	
标准差	0.302	0.019	27.14	4.1	17		
变异系数（%）	22.29	20.48	35.20	98.60	22.36		

3. 典型剖面

以采自辉县高庄乡高庄村 9-92 号剖面为例：母质为洪积冲积物，植被是小麦。采样日期：1984 年 12 月 26 日。

剖面性态特征如下。

表土层（A）：0~17 cm，灰褐色，重壤，碎块状结构，土体较松，石灰反应中等，孔隙和植物根系多，有少量砾石和蚯蚓粪，pH 8.3。

淀积层（B）：17~33 cm，暗棕褐色，重壤，块状结构和棱柱状结构，土体紧实，根系少，有蚯蚓粪，石灰反应弱，有少量假菌丝，pH 8.2。

母质层（C）：33~100 cm，棕色，重壤，柱状结构，土体紧实，根系少，有少量假菌丝，石灰反应弱，pH 8.3。

剖面理化性质详见表 2-17。

4. 土壤生产性能

新乡市的洪积石灰性褐土，大部分是农业土壤。土壤质地黏重，土体紧实，吸水时膨胀明显，失水时土体干缩裂缝。耕性差，适耕期短。群众称它是"湿时是黏蛋，干时是铁蛋，不干不湿是肉蛋"的三蛋土，又称它是"上午黏，中午硬，到了下午弄不动"的紧三响地。整地困难，土性寒，发老苗，不发小苗。但是，它土质细致，代换量大，供肥能力强，各种养分含量丰富，保水保肥，土壤肥力高，作物生长后期不易脱肥，攻籽饱满，增产潜力很大，是丰产土壤类型。在辉县梁村乡很早就形成了千斤粮万斤菜的丰产地带。适种作物广泛，小麦、玉米、棉花、谷子、豆类、蔬菜等都能很好地生长。在农业生产上应注意适时耕作或采用其他措施把地整好，增施有机肥，不断改善土壤耕性，适时早播，才能不断提高产量水平。

表 2-17 洪积石灰性褐土剖面理化性质

层次	深度（cm）	pH	CaCO₃（%）	有机质（%）	全氮（%）	碱解氮（mg/kg）	全磷（%）	有效磷（mg/kg）	全钾（%）	速效钾（mg/kg）	代换量（me/100g 土）	容重（g/cm³）
A	0~17	8.3		1.700	0.118		0.115				19.4	1.42
B	17~33	8.2		1.317	0.089		0.085				18.6	1.70
C	33~100	8.3		0.991	0.061		0.080				17.8	

层次	深度（cm）	机械组成（卡庆斯基制,%）							质地
		0.25~1 mm	0.05~0.25 mm	0.01~0.05 mm	0.005~0.01 mm	0.001~0.005 mm	<0.001 mm	<0.01 mm	
A	0~17	7		45	10	18	20	48	重壤
B	17~33	8		44	10	14	24	48	重壤
C	33~100	8		46	8	14	24	46	重壤

二、砾质石灰性褐土土属

砾质石灰性褐土土属在新乡市只有 1 个土种。

砂砾底洪积石灰性褐土

代号：03c05-1

1. 归属及分布

砂砾底洪积石灰性褐土，属褐土土类、石灰性褐土亚类、砾质石灰性褐土土属。分布在山前洪积扇的上部。新乡市有 3 498.84 亩，占全市土壤总面积的 0.036%，分布在辉县中部百泉等乡 2 491.25 亩，汲县西北部唐庄乡 1 007.59 亩，在农业上尚未利用。

2. 理化性状

（1）剖面性态特征　砂砾底洪积石灰性褐土发育在洪积物黄土母质上，剖面发生型为 A-B-C 型。主要特征：在剖面 60 cm 以下出现砂砾层，剖面上部具备熟化层和黏化层，表层多为中壤，土体较松。由于淋洗作用，表层下边的质地稍有加重，通体有石灰反应，有钙质淀积新生体假菌丝出现。

（2）表层养分状况　据农化样点统计分析：有机质含量平均值 1.880%，标准差 0.363%，变异系数 19.28%；全氮含量平均值 0.109%，标准差 0.004%，变异系数 3.25%；碱解氮含量平均值 90.57 mg/kg，标准差 2.75 mg/kg，变异系数 3.08%；有效磷含量平均值 16.4 mg/kg，标准差 0.1 mg/kg，变异系数 0.44%；速效钾含量平均值 125 mg/kg，标准差 32 mg/kg，变异系数 25.98%；碳氮比 10.01（表 2-18）。

表 2-18 砂砾底洪积石灰性褐土表层养分状况

项目	有机质（%）	全氮（%）	碱解氮（mg/kg）	有效磷（mg/kg）	速效钾（mg/kg）	碳氮比	全磷（%）
样本数	2	2	2	2	2		
平均值	1.880	0.109	90.57	16.4	125	10.01	
标准差	0.363	0.004	2.75	0.1	32		
变异系数（%）	19.28	3.25	3.08	0.44	25.98		

3. 典型剖面

以采自辉县拍石头乡北圪道村 10-111 号剖面为例：母质是洪积物黄土性母质，植被是荒草。采样日期：1984 年 12 月 10 日。

剖面性态特征如下。

表土层（A）：0~20 cm，灰黄色，中壤，碎块状结构，土体疏松，植物根系和孔隙多，石灰反应强烈，有石砾，pH 8.2。

淀积层（B_1）：20~34 cm，棕黄色，中壤，块状结构，土体较松，根系和孔隙多，石灰反应中等，有蚯蚓粪和少许假菌丝，pH 8.2。

淀积层（B_2）：34~59 cm，棕褐色，重壤，块状结构，土体紧实，根系和孔隙少，石灰反应中等，有大量假菌丝，pH 8.1。

淀积层（B_3）：59~83 cm，棕色，重壤，棱柱状结构，土体紧实，根系少，石灰反应弱，有大量假菌丝，pH 8.2。

母质层（C）：83~100 cm，黄褐色，重壤，块状结构，土体紧实，根系少，含卵石 70%以上，石灰反应中等，pH 8.3。

剖面理化性质详见表 2-19。

表 2-19　砂砾底洪积石灰性褐土剖面理化性质

层次	深度（cm）	pH	CaCO₃（%）	有机质（%）	全氮（%）	碱解氮（mg/kg）	全磷（%）	有效磷（mg/kg）	全钾（%）	速效钾（mg/kg）	代换量（me/100g 土）	容重（g/cm³）
A	0~20	8.2	4.38	1.795	0.115		0.105				14.0	1.54
B_1	20~34	8.2	3.75	1.293	0.095		0.095				13.8	1.59
B_2	34~59	8.1	2.10	1.125	0.079		0.080				18.7	
B_3	59~83	8.2	1.52	1.042	0.073		0.080				21.8	
C	83~100	8.3	19.00	1.039	0.072		0.079				19.2	

层次	深度（cm）	机械组成（卡庆斯基制，%）							质地
		0.25~1 mm	0.05~0.25 mm	0.01~0.05 mm	0.005~0.01 mm	0.001~0.005 mm	<0.001 mm	<0.01 mm	
A	0~20	11		49	3	19	18	40	中壤
B_1	20~34	12		48	6	12	22	40	中壤
B_2	34~59	8		46	8	12	26	46	重壤
B_3	59~83	10		46	8	14	22	44	重壤
C	83~100	8		35	7	18	32	57	重壤

4. 土壤生产性能

新乡市的砂砾底洪积石灰性褐土，表层疏松，土层有 60 cm，但漏水、漏肥严重，作物产量很低，现在种作物的不多。由于通透性良好，适于果树生长，应大力发展果树生产。

三、钙质石灰性褐土土属

钙质石灰性褐土土属在新乡市只有 1 个土种。

少量砂姜钙质石灰性褐土

代号：03c07-1

1. 归属及分布

少量砂姜钙质石灰性褐土，属褐土土类、石灰性褐土亚类、钙质石灰性褐土土属。分布在山区小范围内的相对洼地。新乡市分布面积 4 277.781 亩，占全市土壤总面积的 0.050%，其中耕地面积 3 322.83 亩，占该土种面积的 67.501%，分布在辉县东部常村等乡 2 038.30 亩，汲县北部拴马等乡 2 239.08 亩。

2. 理化性状

（1）剖面性态特征　少量砂姜钙质石灰性褐土，发育在石灰岩风化物的洪积物母质上，剖面发生型为 A-B-R 型。主要特征：通体红色，质地黏重，土层较厚，土体发育层次不明显，剖面含有少量砂姜。

（2）耕层养分状况　据农化样点统计分析：有机质含量平均值 1.325%，标准差 0.051%，变异系数 3.84；全氮含量平均值是 0.105%，标准差 0.016%，变异系数 14.82；碱解氮含量平均值 113.50 mg/kg，标准差 67.18 mg/kg，变异系数 59.19%；有效磷含量平均值 7.5 mg/kg，标准差 3.2 mg/kg，变异系数 43.37%；速效钾含量平均值是 228 mg/kg，标准差 31 mg/kg，变异系数 13.45%；碳氮比 7.30（表 2-20）。

表 2-20　少量砂姜钙质石灰性褐土耕层养分状况

项目	有机质（%）	全氮（%）	碱解氮（mg/kg）	有效磷（mg/kg）	速效钾（mg/kg）	碳氮比	全磷（%）
样本数	2	2	2	2	2		
平均值	1.325	0.105	113.50	7.5	228	7.30	
标准差	0.051	0.016	67.18	3.2	31		
变异系数（%）	3.84	14.82	59.19	43.37	13.45		

3. 典型剖面

以采自汲县拴马乡寺东坡村 1-11 号剖面为例：母质为石灰岩风化物的洪积物，植被是农作物。采样日期：1984 年 11 月 25 日。

剖面性态特征如下。

表土层（A）：0~20 cm，红褐色，重壤，块状结构，土体较松，植物根系较少，有少量砂姜，石灰反应中等，pH 7.85。

淀积层（B）：20~60 cm，棕红色，中黏，块状结构，土体紧实，根系少，有少量砂姜，石灰反应中等，pH 7.95。

基岩层（R）：60 cm 以下为母岩。

剖面理化性质详见表 2-21。

表 2-21　少量砂姜钙质石灰性褐土剖面理化性质

层次	深度（cm）	pH	CaCO₃（%）	有机质（%）	全氮（%）	碱解氮（mg/kg）	全磷（%）	有效磷（mg/kg）	全钾（%）	速效钾（mg/kg）	代换量（me/100g 土）	容重（g/cm³）
A	0~20	7.85		3.057	0.194		0.042				34.82	0.91
B	20~60	7.95		1.280	0.086		0.026				42.25	
R	>60					母岩						

层次	深度（cm）	机械组成（卡庆斯基制,%）							质地
		0.25~1 mm	0.05~0.25 mm	0.01~0.05 mm	0.005~0.01 mm	0.001~0.005 mm	<0.001 mm	<0.01 mm	
A	0~20	2.8		31.2	14.6	44.7	6.7	66	重壤
B	20~60	2.6		16.5	13.9	60.8	6.2	80.9	中黏
R	>60	母岩							

4. 土壤生产性能

新乡市的少量砂姜钙质石灰性褐土质地黏重，通透性差，耕性差，适耕期短，有机质含量不均，熟化程度低，养分含量少，土壤肥力低，易干旱，易板结。虽适种作物广泛，但产量低。在农业生产上应注意增施有机肥和适期耕作，防板结。

第四节　潮褐土亚类

潮褐土亚类在新乡市只有 1 个洪积潮褐土土属，包括 4 个土种。

（一）壤质洪积潮褐土

代号：03d01-1

1. 归属及分布

壤质洪积潮褐土，属褐土土类、潮褐土亚类、洪积潮褐土土属。分布在山前洪积扇倾斜平原下部的平缓地段。新乡市分布面积 105 407.32 亩，占全市土壤总面积的 1.073%，其中耕地面积 83 342.13 亩，占该土种面积的 79.08%。分布在辉县中部百泉、高庄等乡 58 204.73 亩，汲县北中部城郊、顿坊店等乡 43 120.25 亩，新乡县西北部大块等乡 4 082.34 亩。

2. 理化性状

（1）剖面性态特征　壤质洪积潮褐土发育在洪积物母质上，剖面发生型为 A-B-C 型。主要特征：表土层质地为壤质，黄褐色，比较疏松，粒状结构，石灰反应中等。表层以下有一定的黏化现象，可看到假菌丝，土色较暗，多为灰褐色或暗棕褐色，还可以看到暗灰色胶膜，具有褐土和潮土两方面的特征。

（2）耕层养分状况　据农化样点统计分析：有机质含量平均值 1.460%，标准差 0.420%，变异系数 28.72%；全氮含量平均值 0.074%，标准差 0.020%，变异系数 27.07%；碱解氮含量平均值 76.27 mg/kg，标准差 19.54 mg/kg，变异系数 25.63%；有效磷含量平均值 7.2 mg/kg，标准差 5.6 mg/kg，变异系数 78.01%；速效钾含量平均值

141 mg/kg，标准差 49 mg/kg，变异系数 34.90%；碳氮比 11.44（表 2-22）。

表 2-22 壤质洪积潮褐土耕层养分状况

项目	有机质（%）	全氮（%）	碱解氮（mg/kg）	有效磷（mg/kg）	速效钾（mg/kg）	碳氮比	全磷（%）
样本数	56	33	54	55	56		
平均值	1.460	0.074	76.27	7.2	141	11.44	
标准差	0.420	0.020	19.54	5.6	49		
变异系数（%）	28.72	27.07	25.63	78.01	34.90		

3. 典型剖面

以采自汲县顿坊店乡清水河村 6-116 号剖面为例：母质为洪积物，植被是小麦。采样日期：1983 年 11 月 27 日。

剖面性态特征如下。

表土层（A）：0~25 cm，浅褐色，轻壤，粒状结构，土体疏松，根系多，石灰反应强烈，pH 7.33。

淀积层（B₁）：25~60 cm，褐色，轻壤，块状结构，土体较紧，根系多，石灰反应强烈，pH 8.30。

淀积层（B₂）：60~88 cm，褐色，中壤，块状结构，土体较紧，根系少，石灰反应中等，pH 8.10。

母质层（C）：88~100 m，灰褐色，中壤，块状结构，土体紧实，根系少，石灰反应中等。

剖面理化性质详见表 2-23。

表 2-23 壤质洪积潮褐土剖面理化性质

层次	深度（cm）	pH	CaCO₃（%）	有机质（%）	全氮（%）	碱解氮（mg/kg）	全磷（%）	有效磷（mg/kg）	全钾（%）	速效钾（mg/kg）	代换量（me/100g 土）	容重（g/cm³）
A	0~25	7.33		1.020	0.060		0.164				7.33	1.61
B₁	25~60	8.30		0.628	0.039		0.140				9.23	1.48
B₂	60~88	8.10		0.607	0.037		0.122				10.44	
C	88~100						母岩					

层次	深度（cm）	机械组成（卡庆斯基制,%）							质地
		0.25~1 mm	0.05~0.25 mm	0.01~0.05 mm	0.005~0.01 mm	0.001~0.005 mm	<0.001 mm	<0.01 mm	
A	0~25	11.1		50.4	14.1	23.4	1.0	38.5	轻壤
B₁	25~60	10.5		47.3	17.1	24.1	1.0	42.2	轻壤
B₂	60~88	15.4		49.9	18.4	16.3	0	34.7	中壤
C	88~100					母岩			

4. 土壤生产性能

新乡市的壤质洪积潮褐土，地处倾斜平原的下部，地势较低，地下水位较高，水资源丰富。表土层为壤质，较疏松，粒状结构，熟化程度高，耕性良好，适耕期较长，土性暖，肥力中等。适种作物广泛，生产水平较高。种植小麦、玉米、棉花、谷子、豆类等作物都能获得较好收成，是褐土区中较为理想的土种。施足肥料，发展井灌，可以达到高产稳产。

（二）深位中层砂姜壤质洪积潮褐土

代号：03d01-2

1. 归属及分布

深位中层砂姜壤质洪积潮褐土，属褐土土类、潮褐土亚类、洪积潮褐土土属。分布在洪积扇的中下部。新乡市分布有 3 918.39 亩，占全市土壤总面积的 0.030%，其中耕地有 2 938.54 亩，占该土种面积的 74.994%，分布在汲县顿坊店、城郊等乡。

2. 理化性状

（1）剖面性态特征 该土种发育在洪积物母质上，剖面发生型为 A-B-C 型。其主要特征与壤质洪积潮褐土基本相同，表层壤质，土体疏松，粒状结构，石灰反应中等。表层以下有黏化层，有假菌丝，下部有暗褐色胶膜。该土种与壤质洪积潮褐土的差异是该土种在剖面 50 cm 以下出现 30~50 cm 的砂姜层。

（2）耕层养分状况 据农化样点统计分析：有机质含量平均值 1.200%，标准差 0.384%，变异系数 32.10%；全氮含量平均值 0.028%，标准差 0.040%，变异系数 50.76%；碱解氮含量平均值 83.50 mg/kg，标准差 11.31 mg/kg，变异系数 13.55%；有效磷含量平均值 12.9 mg/kg，标准差 7.8 mg/kg，变异系数 60.86%；速效钾含量平均值 168 mg/kg，标准差 46 mg/kg，变异系数 27.48%；碳氮比 24.85（表2-24）。

表 2-24 深位中层砂姜壤质洪积潮褐土耕层养分状况

项目	有机质（%）	全氮（%）	碱解氮（mg/kg）	有效磷（mg/kg）	速效钾（mg/kg）	碳氮比	全磷（%）
样本数	5	2	5	5	3		
平均值	1.200	0.028	83.50	12.9	168	24.85	
标准差	0.384	0.040	11.31	7.8	46		
变异系数（%）	32.10	50.76	13.55	60.86	27.48		

3. 典型剖面

以采自汲县顿坊店乡军营村 6-194 号剖面为例：母质为洪积物，植被为农作物。采样日期：1983 年 11 月 12 日。

剖面性态特征如下。

表土层（A）：0~25 cm，浅褐色，中壤，粒状结构，土体疏松，植物根系多，石灰反应强烈。

淀积层（B）：25~50 cm，褐色，重壤，块状结构，土体紧实，根系少，有少量砂姜，石灰反应强烈。

母质层（C）：50～100 m，深褐色，重壤，块状结构，土体极紧，根系极少，呈砂姜层，石灰反应强烈。

剖面理化性质详见表2-25。

表2-25 深位中层砂姜壤质洪积潮褐土剖面理化性质

层次	深度（cm）	pH	CaCO₃（%）	有机质（%）	全氮（%）	碱解氮（mg/kg）	全磷（%）	有效磷（mg/kg）	全钾（%）	速效钾（mg/kg）	代换量（me/100g 土）	容重（g/cm³）
A	0～25											
B	25～50											
C	50～100											

层次	深度（cm）	机械组成（卡庆斯基制，%）							质地
		0.25～1 mm	0.05～0.25 mm	0.01～0.05 mm	0.005～0.01 mm	0.001～0.005 mm	<0.001 mm	<0.01 mm	
A	0～25								中壤
B	25～50								重壤
C	50～100								重壤

4. 土壤生产性能

深位中层砂姜壤质洪积潮褐土的生产性能和壤质洪积潮褐土基本相同。地处洪积扇倾斜平原的下部，地势较低，地下水位较高，水资源丰富。表层为壤质，土体较松，粒状结构，熟化程度高，耕性良好，适耕期较长，土性暖，肥力中等。适种作物广泛，适种小麦、玉米、棉花、谷子、豆类等作物。不同的是，该土种在剖面50 cm 以下出现30～50 cm 的砂姜层，妨碍植物根系的下扎，降低了生产性能，产量下降。应选种浅根系作物，争取高产。

（三）浅位厚层砂姜壤质洪积潮褐土

代号：03d01-3

1. 归属及分布

浅位厚层砂姜壤质洪积潮褐土，属褐土土类、潮褐土亚类、洪积潮褐土土属。分布在山前洪积扇倾斜平原的中上部。新乡市有 2 015.17 亩，占全市土壤总面积的0.021%，其中耕地1 511.24 亩，占该土种面积的74.993%，是新乡市面积较少的土种，分布在汲县北部顿坊店等乡。

2. 理化性状

该土种发育在洪积物母质上，剖面发生型为 A-B-C 型。主要特征：在剖面20～50 cm 出现大于50 cm 的砂姜层。表土层为壤质，浅褐色，粒状结构，较疏松，石灰反应强烈。表层以下有黏化现象，可看到假菌丝，土色发白，有砂姜层，剖面底部有胶膜和铁锈斑纹，具有褐土和潮土的特征。

3. 典型剖面

以采自汲县顿坊店乡黄土岗村 6-218 号剖面为例：母质为洪积物，植被为高粱。采样日期：1983 年 11 月 24 日。

剖面性态特征如下。

表土层（A）：0~25 cm，浅褐色，轻壤，粒状结构，土体疏松，植物根系多，含砂姜25%左右，石灰反应强烈。

淀积层（B）：25~95 cm，灰白色，中壤，块状结构，土体紧实，根系少，有大量假菌丝，含砂姜90%左右，石灰反应强烈。

母质层（C）：95~100 cm，浅褐色，中壤，块状结构，土体紧实，结构面上有铁锰胶膜，无根系，石灰反应强烈。

4. 土壤生产性能

新乡市的浅位厚层砂姜壤质洪积潮褐土，地处洪积扇倾斜平原的中部，地势较低，地下水位上升。表土层为壤质，粒状结构，通透性好，适耕期较长，耕性良好，土性暖，适种作物广泛。但由于砂姜层出现的位置浅，并且厚，使土层无法加厚，还漏水、漏肥，故土壤肥力较低。应选用耐旱、耐瘠薄的作物，发展灌溉，施肥浇水要多次少量，才能获得较高的经济效益。

（四）黏质洪积潮褐土

代号：03d01-4

1. 归属及分布

黏质洪积潮褐土，属褐土土类、潮褐土亚类、洪积潮褐土土属。分布在山前洪积扇倾斜平原的下部交接洼地。新乡市分布面积80 254.54亩，占全市土壤总面积的0.817%，其中耕地面积59 781.23亩，占该土种面积的74.49%。分布在汲县中北部城郊、顿坊店、倪湾等乡57 768.21亩，新乡市郊区（以下简称新郊）北部8 269.29亩，新乡市北站区南部14 217.04亩。

2. 理化性状

（1）剖面性态特征 黏质洪积潮褐土发育在洪积冲积物母质上，剖面发生型为A-B-C型。主要特征：表土层质地黏重，红褐色，土体较紧，块状结构。土层深厚，通体有石灰反应，有黏化现象。在剖面内有时可看到不明显的假菌丝和铁锈斑纹，具有褐土和潮土的特征，但不明显，pH 8.4左右。

（2）耕层养分状况 据农化样点统计分析：有机质含量平均值1.836%，标准差0.465%，变异系数25.30%；全氮含量平均值0.101%，标准差0.018%，变异系数15.99%；碱解氮含量平均值95.51 mg/kg，标准差29.29 mg/kg，变异系数34.26%；有效磷含量平均值8.8 mg/kg，标准差7.1 mg/kg，变异系数81.33%；速效钾含量平均值156 mg/kg，标准差54 mg/kg，变异系数34.76%；碳氮比10.54（表2-26）。

表2-26 黏质洪积潮褐土耕层养分状况

项目	有机质（%）	全氮（%）	碱解氮（mg/kg）	有效磷（mg/kg）	速效钾（mg/kg）	碳氮比	全磷（%）
样本数	39	24	35	39	23		
平均值	1.836	0.101	95.51	8.8	156	10.54	
标准差	0.465	0.018	29.29	7.1	54		
变异系数（%）	25.30	15.99	34.26	81.33	34.76		

3. 典型剖面

以采自新乡市北站区 2-64 号剖面为例：母质为洪积冲积物，植被为小麦。采样日期：1986 年 4 月 20 日。

剖面性态特征如下。

表土层（A）：0~25 cm，红褐色，轻黏，碎块状结构，土体较紧，植物根系多，石灰反应强烈，pH 8.40。

淀积层（B）：25~67 cm，红褐色，中黏，块状结构，土体紧实，根系较少，石灰反应中等，pH 8.45。

母质层（C）：67~100 cm，红褐色，轻黏，块状结构，土体极紧，根系极少，石灰反应中等，pH 8.45。

剖面理化性质详见表 2-27。

表 2-27 黏质洪积潮褐土剖面理化性质

层次	深度（cm）	pH	CaCO₃（%）	有机质（%）	全氮（%）	碱解氮（mg/kg）	全磷（%）	有效磷（mg/kg）	全钾（%）	速效钾（mg/kg）	代换量（me/100g 土）	容重（g/cm³）
A	0~25	8.40		3.468	0.094		0.135				13.95	1.426
B	25~67	8.45		1.171	0.067		0.106				22.23	1.597
C	67~100	8.45		0.726	0.092		0.109				18.12	

层次	深度（cm）	机械组成（卡庆斯基制,%）							质地
		0.25~1 mm	0.05~0.25 mm	0.01~0.05 mm	0.005~0.01 mm	0.001~0.005 mm	<0.001 mm	<0.01 mm	
A	0~25	1.5		28.0	14.0	34.9	21.6	70.5	轻黏
B	25~67	0.3		20.8	16.4	35.0	27.5	78.9	中黏
C	67~100			30.8	14.2	31.3	23.7	69.2	轻黏

4. 土壤生产性能

黏质洪积潮褐土通体物理性黏粒含量较高。表层质地黏重，土性寒，耕性差，适耕期短，发老苗不发小苗，易板结干裂，起坷垃。但有机质含量高，保水保肥能力强，供肥性能好，作物后期不脱肥，攻籽饱满。地势低洼，灌水方便，产量水平较高。适种作物广泛，小麦、玉米、棉花、高粱、大豆等均能获得较好收成。关键在于抢时机、整好地、施足肥、适时早播、及时破板结。但是，还有一个缺点：易积水受淹，因此，必须做好防备。

第五节 褐土性土亚类

褐土性土亚类在新乡市有洪积褐土性土和堆垫褐土性土 2 个土属。

一、洪积褐土性土土属

洪积褐土性土土属在新乡市有 4 个土种。

（一）中层洪积褐土性褐土

代号：03e02-1

1. 归属及分布

中层洪积褐土性褐土，属褐土土类、褐土性土亚类、洪积褐土性土土属。多分布在山地丘陵区岭坡中下部。新乡市分布面积 25 752.52 亩，占全市土壤总面积的 0.262%，全部是自然土壤。分布在辉县北部西平罗、常村、上八里、平甸等乡 15 626.95 亩，汲县西北部池山、拴马、石包头等乡 10 075.85 亩，新乡市北站区北部 49.72 亩。

2. 理化性状

（1）剖面性态特征　中层洪积褐土性褐土发育在洪积物母质上，剖面发生型为 A-B-R 型。主要特征：发育层不明显，土层厚度 30～80 cm，土体含有石砾，土色较杂，石灰反应因母质不同而不同。母岩为石灰岩的有石灰反应，反之则无。

（2）耕层养分状况　据农化样点统计分析：有机质含量平均值 1.735%，标准差 0.578%，变异系数 33.29%；全氮含量平均值 0.124%，标准差 0.046%，变异系数 37.12%；碱解氮含量平均值 95.29 mg/kg，标准差 23.90 mg/kg，变异系数 25.08%；有效磷含量平均值 6.4 mg/kg，标准差 4.7 mg/kg，变异系数 73.93%；速效钾含量平均值 155 mg/kg，标准差 41 mg/kg，变异系数 26.60%；碳氮比 8.11（表 2-28）。

表 2-28　中层洪积褐土性褐土耕层养分状况

项目	有机质（%）	全氮（%）	碱解氮（mg/kg）	有效磷（mg/kg）	速效钾（mg/kg）	碳氮比	全磷（%）
样本数	13	10	12	12	13		
平均值	1.735	0.124	95.29	6.4	155	8.11	
标准差	0.578	0.046	23.90	4.7	41		
变异系数（%）	33.29	37.12	25.08	73.93	26.60		

3. 典型剖面

以采自辉县平甸乡平甸村 15-4 号剖面为例：母质为石灰岩风化物的洪积物，植被为荒草。采样日期：1984 年 11 月 21 日。

剖面性态特征如下。

表土层（A）：0～20 cm，灰褐色，中壤，碎块状结构，土体较松，孔隙和植物根系多，石灰反应中等，有少量石砾，pH 8.0。

淀积层（B）：20～50 cm，黄褐色，重壤，块状结构，土体较紧，石灰反应中等，有少量石砾和虫粪，pH 8.0。

基岩层（R）：50 cm 以下为母岩。

剖面理化性质详见表 2-29。

4. 土壤生产性能

新乡市的中层洪积褐土性褐土土层仅 30～80 cm，并且内含石砾，地处岭坡，水土流失严重，保水保肥能力差，易遭干旱威胁，不宜种农作物。可以栽树、种草，保持水土，发展林牧业。

表2-29 中层洪积褐土性褐土剖面理化性质

层次	深度 (cm)	pH	CaCO₃ (%)	有机质 (%)	全氮 (%)	碱解氮 (mg/kg)	全磷 (%)	有效磷 (mg/kg)	全钾 (%)	速效钾 (mg/kg)	代换量 (me/100g 土)	容重 (g/cm³)
A	0~20	8.0		2.341	0.154		0.133				18.0	
B	20~50	8.0		1.707	0.108		0.098				20.0	
C	>50						母岩					

层次	深度 (cm)	机械组成 (卡庆斯基制,%)							质地
		0.25~1 mm	0.05~0.25 mm	0.01~0.05 mm	0.005~0.01 mm	0.001~0.005 mm	<0.001 mm	<0.01 mm	
A	0~20	16		40	11	13	20	44	中壤
B	20~50	18		34	8	16	24	48	重壤
C	>50					母岩			

（二）厚层洪积褐土性褐土

代号：03e02-2

1. 归属及分布

厚层洪积褐土性褐土，属褐土土类、褐土性土亚类、洪积褐土性土土属。多分布在山地丘陵区岭坡下部。新乡市分布面积278 067.93亩，占全市土壤总面积的2.832%，其中耕地面积222 412.44亩，占该土种面积的79.985%，是新乡市面积较大的土种。主要分布在辉县东北部南寨、三郊口、西平罗、常村、张村等十多个乡200 162.85亩，汲县西北部石包头、池山、拴马、太公泉等乡18 248.49亩，新乡市北站区11 600.04亩。

2. 理化性状

（1）剖面性态特征　厚层洪积褐土性褐土发育在洪积物母质上，剖面发生型为A-B-C型。主要特征：发育层次不明显，土层80 cm以上，有的可达1 m以上。土体中石砾很少，土色较杂，石灰反应因母质不同而不同，母质为石灰岩的有石灰反应，反之则无。

（2）耕层养分状况　据农化样点统计分析：有机质含量平均值1.939%，标准差1.190%，变异系数61.36%；全氮含量平均值0.110%，标准差0.038%，变异系数34.76%；碱解氮含量平均值52.20 mg/kg，标准差45.55 mg/kg，变异系数87.23%；有效磷含量平均值7.7 mg/kg，标准差5.9 mg/kg，变异系数76.30%；速效钾含量平均值144 mg/kg，标准差61 mg/kg，变异系数42.22%；碳氮比10.22（表2-30）。

表2-30 厚层洪积褐土性褐土耕层养分状况

项目	有机质 (%)	全氮 (%)	碱解氮 (mg/kg)	有效磷 (mg/kg)	速效钾 (mg/kg)	碳氮比	全磷 (%)
样本数	108	60	183	107	107		
平均值	1.939	0.110	52.20	7.7	144	10.22	
标准差	1.190	0.038	45.55	5.9	61		
变异系数（%）	61.36	34.76	87.23	76.30	42.22		

3. 典型剖面

以采自汲县石包头乡方山前 3-15 号剖面为例：母质为洪积物，植被为小麦。采样日期：1983 年 11 月 25 日。

剖面性态特征如下。

表土层（A）：0～20 cm，黄褐色，中壤，碎块状结构，土体疏松，植物根系多，石灰反应强烈，pH 8.05。

淀积层（B）：20～63 cm，棕褐色，重壤，块状结构，土体紧实，根系少，石灰反应强烈，pH 7.95。

母质层（C）：63～100 cm，灰褐色，重壤，块状结构，土体紧实，根系少，石灰反应强烈，pH 7.98。

剖面理化性质详见表 2-31。

表 2-31 厚层洪积褐土性褐土剖面理化性质

层次	深度（cm）	pH	CaCO$_3$（%）	有机质（%）	全氮（%）	碱解氮（mg/kg）	全磷（%）	有效磷（mg/kg）	全钾（%）	速效钾（mg/kg）	代换量（me/100g 土）	容重（g/cm^3）
A	0～20	8.05		1.476	0.096		0.137				16.91	1.49
B	20～63	7.95		0.954	0.062		0.139				6.42	1.55
C	63～100	7.98		1.031	0.067		0.168				16.86	

层次	深度（cm）	机械组成（卡庆斯基制,%）							质地
		0.25～1 mm	0.05～0.25 mm	0.01～0.05 mm	0.005～0.01 mm	0.001～0.005 mm	<0.001 mm	<0.01 mm	
A	0～20	17.5		37.9	35.8	8.2	0.6	44.6	中壤
B	20～63	15.1		39.5	26.5	18.3	0.6	45.4	重壤
C	63～100	12.0		40.6	20.4	27.0	0.0	47.4	重壤

4. 土壤生产性能

厚层洪积褐土性褐土土层大于 80 cm，有的可达 1 m 以上。土体石砾含量很少，地处岭坡下部，水土流失较轻，保水保肥能力增强，生产能力提高，大部分开垦为耕地。表土层壤质，土性暖，易耕作，适耕期长，适种作物广泛，小麦、玉米、棉花、谷子等都能获得较好收成。易遭干旱袭击，水土易流失，产量水平尚需提高。在农业生产上应注意修地埂，整梯田，蓄水保墒，减少水土流失，发展灌溉，才能提高产量。

（三）夹砾洪积褐土性褐土

代号：03e02-3

1. 归属及分布

夹砾洪积褐土性褐土，属褐土土类、褐土性土亚类、洪积褐土性土土属。分布在山地丘陵区洪积扇中上部。新乡市分布面积 123 941.31 亩，占全市土壤总面积的 1.262%，尚未耕作。分布在辉县中西部薄壁到常村乡一带 119 127.29 亩，汲县中北部唐庄乡到顿坊店一带 4 814.02 亩。

2. 理化性状

（1）剖面性态特征　夹砾洪积褐土性褐土发育在洪积物上，剖面发生型为 A-B-C

型。主要特征：在剖面中出现大于 10 cm 厚度的砂砾层，表层质地较轻，土体疏松，一般多为砂壤和轻壤。

（2）表层养分状况 据农化样点统计分析：有机质含量平均值 1.533%，标准差 0.443%，变异系数 28.88%；全氮含量平均值 0.096%，标准差 0.035%，变异系数为 36.49%；碱解氮量平均值 73.43 mg/kg，标准差 24.44 mg/kg，变异系数 33.28%；有效磷含量平均值 6.2 mg/kg，标准差 3.1 mg/kg，变异系数 49.86%；速效钾含量平均值 134 mg/kg，标准差 81 mg/kg，变异系数 60.21%；碳氮比 9.26（表 2-32）。

表 2-32 夹砾洪积褐土性褐土表层养分状况

项目	有机质（%）	全氮（%）	碱解氮（mg/kg）	有效磷（mg/kg）	速效钾（mg/kg）	碳氮比	全磷（%）
样本数	30	18	30	30	30		
平均值	1.533	0.096	73.43	6.2	134	9.26	
标准差	0.443	0.035	24.44	3.1	81		
变异系数（%）	28.88	36.49	33.28	49.86	60.21		

3. 典型剖面

以采自辉县孟庄乡四里庙村 23-6 号剖面为例：母质为洪积物，植被为农作物。采样日期：1984 年 11 月 6 日。

剖面性态特征如下。

表土层（A）：0~18 cm，浅褐色，砂壤，粒状结构，土体松散，植物根系多，石灰反应弱，pH 8.2。

淀积层（B）：18~42 cm，浅褐色，砂壤，粒状结构，土体松散，植物根系较多，石灰反应弱，pH 8.0。

母质层（C）：42~100 cm，砂砾层，无根系。

剖面理化性质详见表 2-33。

表 2-33 夹砾洪积褐土性褐土剖面理化性质

层次	深度（cm）	pH	CaCO₃（%）	有机质（%）	全氮（%）	碱解氮（mg/kg）	全磷（%）	有效磷（mg/kg）	全钾（%）	速效钾（mg/kg）	代换量（me/100g 土）	容重（g/cm³）
A	0~18	8.2		0.877	0.052		0.135				6.5	1.56
B	18~42	8.0		0.087	0.050		0.120				6.3	1.50
C	42~100					砂砾层						

层次	深度（cm）	机械组成（卡庆斯基制,%）							质地
		0.25~1 mm	0.05~0.25 mm	0.01~0.05 mm	0.005~0.01 mm	0.001~0.005 mm	<0.001 mm	<0.01 mm	
A	0~18	66		15	4	2	13	19	砂壤
B	18~42	66		15	3	3	13	19	砂壤
C	42~100	砂砾层							

4. 土壤生产性能

夹砾洪积褐土性褐土，表层一般为砂壤或轻壤，土体疏松，通透性好，土性熟，有利于植物根系的下扎和发展。但因土体中 42 cm 以下为砂砾层，漏水、漏肥。有的地方砾石和砂粒胶结形成坚硬的石盘，阻碍植物根系下扎，使农作物难以生长，没有耕种价值。可以植树、种草，保持水土，发展林牧业。

（四）砾质洪积褐土性褐土

代号：03e02-4

1. 归属及分布

砾质洪积褐土性褐土，属褐土土类、褐土性土亚类、洪积褐土性土土属。分布在山区河道出山口洪积扇的顶部。新乡市分布面积 86 963.69 亩，占全市土壤总面积 0.886%，多为难利用的土壤。分布在辉县中北部山边的南寨、三郊口、黄水、孟庄等乡 76 775.89 亩，汲县西北部太公泉、安都等乡 10 187.80 亩。

2. 理化性状

（1）剖面性态特征　该土种发育在洪积物母质上，剖面发生型为 A-B-C 型。主要特征是：土层较厚，质地较粗，土体中石砾含量较多，越接近出山口，含砾石越多，有的可达 70%，甚至成卵石滩。土壤质地一般为砂壤或轻壤，发育层次不明显，石灰反应随母质不同而不同，母质是石灰岩风化物则有石灰反应，否则没有石灰反应。

（2）表层养分状况　据农化样点统计分析：有机质含量平均值 1.367%，标准差 0.637%，变异系数 46.61%；全氮含量平均值 0.077%，标准差 0.024%，变异系数 30.71%；碱解氮含量平均值 76.05 mg/kg，标准差 18.17 mg/kg，变异系数 23.89%；有效磷含量平均值 4.5 mg/kg，标准差 8.1 mg/kg，变异系数 179.37%；速效钾含量平均值 145 mg/kg，标准差 72 mg/kg，变异系数 49.83%；碳氮比 10.29。其中，有效磷含量变化幅度特别大（表 2-34）。

表 2-34　砾质洪积褐土性褐土表层养分状况

项目	有机质（%）	全氮（%）	碱解氮（mg/kg）	有效磷（mg/kg）	速效钾（mg/kg）	碳氮比	全磷（%）
样本数	13	8	13	13	13		
平均值	1.367	0.077	76.05	4.5	145	10.29	
标准差	0.637	0.024	18.17	8.1	72		
变异系数（%）	46.61	30.71	23.89	179.37	49.83		

3. 典型剖面

以采自辉县黄水乡羊圈村 11-16 号剖面为例：母质为洪积物，植被为荒草。采样日期：1984 年 11 月 14 日。

剖面性态特征如下。

表土层（A）：0~18 cm，浅褐色，轻壤，碎块状结构，土体较松，植物根系多，无石灰反应，含砾石 50%左右，pH 8.0。

淀积层（B₁）：18~33 cm，浅褐色，轻壤，块状结构，土体较松，根系少，无石灰反应，砾石含量30%左右，pH 8.0。

淀积层（B₂）：33～80 cm，浅棕褐色，轻壤，碎块状结构，土体较松，根系少，无石灰反应，有砾石，pH 8.0。

母质层（C）：80～100 cm，棕褐色，轻壤，块状结构，土体较紧，根系少，无石灰反应，有石砾，pH 8.1。

剖面理化性质详见表2-35。

表2-35　砾质洪积褐土性褐土剖面理化性质

层次	深度（cm）	pH	CaCO₃（%）	有机质（%）	全氮（%）	碱解氮（mg/kg）	全磷（%）	有效磷（mg/kg）	全钾（%）	速效钾（mg/kg）	代换量（me/100g 土）	容重（g/cm³）
A	0～18	8.0		0.938	0.064		0.120				8.2	1.24
B₁	18～33	8.0		0.080	0.057		0.120				9.0	1.41
B₂	33～80	8.0		0.661	0.041		0.120				8.6	
C	80～100	8.1		0.580	0.038		0.115				9.6	

层次	深度（cm）	机械组成（卡庆斯基制,%）							
		0.25～1 mm	0.05～0.25 mm	0.01～0.05 mm	0.005～0.01 mm	0.001～0.005 mm	<0.001 mm	<0.01 mm	质地
A	0～18	62		13	3	6	16	25	轻壤
B₁	18～33	60		13	3	5	19	27	轻壤
B₂	33～80	64		11	3	4	18	25	轻壤
C	80～100	56		15	4	6	19	29	轻壤

4. 土壤生产性能

砾质洪积褐土性褐土，因土粒和石块的分选作用较强，越接近洪积扇的顶端，土体含石块多而大，土粒少且粗。接近洪积扇下部时砾石少且小，土粒多而细。在洪积扇的上端很难利用；在中下部，表土层疏松，漏水、漏肥，易遭干旱，肥力较低；只有在土粒较多的地方可以种些花生、甘薯等耐旱、耐瘠薄作物。大部分只能挖坑换土栽树或种草，保持水土，发展林牧业。

二、堆垫褐土性土土属

堆垫褐土性土土属在新乡市只有1个土种。

厚层堆垫褐土性褐土

代号：03e04-1

1. 归属及分布

厚层堆垫褐土性褐土，属褐土土类、褐土性土亚类、堆垫褐土性土土属。分布在乱石滩或干河、干沟里。新乡市分布面积28 195.36亩，占全市土壤总面积的0.287%，其中耕地面积21 900.06亩，占该土种面积的77.673%。主要分布在辉县北部出山口各乡17 891.73亩，汲县西北部石包头等乡9 963.90亩。

2. 理化性状

（1）剖面性态特征　厚层堆垫褐土性褐土发育在人工堆垫母质上。土体构造多种多样，发育层次不明显，剖面发生型为 A-C 型，没有淀积层，土壤质地多种多样。石灰反应随母质不同而不同，母质是石灰岩风化物时有石灰反应，否则无石灰反应。土层较厚，多在 60 cm 以上。

（2）耕层养分状况　据农化样点统计分析：有机质含量平均值 1.725%，标准差 0.589%，变异系数 34.13%；全氮含量平均值 0.111%，标准差 0.039%，变异系数 34.81%；碱解氮含量平均值 85.51 mg/kg，标准差 26.33 mg/kg，变异系数 29.75%；有效磷含量平均值 8.1 mg/kg，标准差 1.1 mg/kg，变异系数 13.31%；速效钾含量平均值 156 mg/kg，标准差 14 mg/kg，变异系数 8.97%；碳氮比 9.01。其中，有效磷含量较高，并且变化幅度较小（表 2-36）。

表 2-36　厚层堆垫褐土性褐土耕层养分状况

项目	有机质（%）	全氮（%）	碱解氮（mg/kg）	有效磷（mg/kg）	速效钾（mg/kg）	碳氮比	全磷（%）
样本数	3	3	3	3	3		
平均值	1.725	0.111	85.51	8.1	156	9.01	
标准差	0.589	0.039	26.33	1.1	14		
变异系数（%）	34.13	34.81	29.75	13.31	8.97		

3. 典型剖面

以采自汲县石包头乡南岭村 3-70 剖面为例：母质为人工堆垫母质，植被为小麦。采样日期：1983 年 11 月 20 日。

表土层（A）：0~18 cm，黄褐色，重壤，块状结构，土体较松，植物根系多，石灰反应强烈，pH 8.05。

母质层（C₁）：18~65 cm，棕褐色，重壤，块状结构，土体紧实，根系少，石灰反应中等，pH 8.10。

母质层（C₂）：65 cm 以下为卵石层。

剖面理化性质详见表 2-37。

表 2-37　厚层堆垫褐土性褐土剖面理化性质

层次	深度（cm）	pH	CaCO₃（%）	有机质（%）	全氮（%）	碱解氮（mg/kg）	全磷（%）	有效磷（mg/kg）	全钾（%）	速效钾（mg/kg）	代换量（me/100g 土）	容重（g/cm³）
A	0~18	8.05		1.250	0.054		0.061				14.89	1.35
C₁	18~65	8.10		0.583	0.022		0.077				13.68	1.47
C₂	>65					卵石层						

层次	深度（cm）	机械组成（卡庆斯基制,%）							质地
		0.25~1 mm	0.05~0.25 mm	0.01~0.05 mm	0.005~0.01 mm	0.001~0.005 mm	<0.001 mm	<0.01 mm	
A	0~18	12.6		38.3	14.2	32.7	2.2	49.1	重壤
C₁	18~65	13.0		40.8	8.1	34.4	3.7	46.2	重壤
C₂	>65	卵石层							

4. 土壤生产性能

厚层堆垫褐土性褐土的母质来源有多种，所垫成的土壤性状也是多种多样。其土色、质地和石灰反应等，均由堆垫物而定。土体中砾石较多，熟化程度尚差。由于多是人工在山沟或干河床上建造的田块，地势相对较低，多数可以灌溉，土层厚度都在60 cm以上，地面平缓，保水保肥性好。适种作物广泛，能达到比周围旱岗坡地较高的产量水平，是山区有增产潜力且稳产的土壤类型。

第三章 红黏土土类

红黏土土类在新乡市只有 1 个红黏土亚类，含 1 个红黏土土属，包括中性红黏土、浅位淀积层红黏土、深位薄淀积层红黏土 3 个土种。

（一）中性红黏土

代号：05a01-1

1. 归属及分布

中性红黏土，属红黏土土类、红黏土亚类、红黏土土属。分布在海拔 800~1 000 m 水土流失严重的山冈地带。新乡市有 16 186.72 亩，占全市土壤总面积的 0.017%。其中耕地面积 13 021.28 亩，占该土种面积的 80.44%。分布在辉县后庄等乡 15 626.95 亩，汲县西北部拴马等乡 559.77 亩。

2. 理化性状

（1）剖面性态特征 中性红黏土发育在第三纪、第四纪红黏土母质上，剖面发生型为 A-B-C 型。主要特征：发育层次不明显，通体红色，质地黏重，大块状或棱块状结构。土层深厚，致密少孔。在结构面上可以看到红褐色胶膜，剖面上部无石灰反应或很弱，只有下部有弱石灰反应和少量砂姜。

（2）耕层养分状况 据农化样点统计分析：有机质含量平均值 1.382%，标准差 0.460%，变异系数 33.26%；全氮含量 0.107%；碱解氮平均值 78.35 mg/kg，标准差 19.87 mg/kg，变异系数 25.36%；有效磷含量平均值 4.7 mg/kg，标准差 3.1 mg/kg，变异系数 66.20%；速效钾含量平均值 140 mg/kg，标准差 24 mg/kg，变异系数 17.21%；碳氮比 7.49（表 3-1）。

表 3-1 中性红黏土耕层养分状况

项目	有机质（%）	全氮（%）	碱解氮（mg/kg）	有效磷（mg/kg）	速效钾（mg/kg）	碳氮比	全磷（%）
样本数	2	1	2	2	2		
平均值	1.382	0.107	78.35	4.7	140	7.49	
标准差	0.460		19.87	3.1	24		
变异系数（%）	33.26		25.36	66.20	17.21		

3. 典型剖面

以采自辉县后庄乡后庄村 5-13 号剖面为例：母质为第三纪、第四纪红黏土母质，植被为农作物。

剖面性态特征如下。

表土层（A）：0~18 cm，红褐色，重壤，碎块状结构，土体较紧，植物根系多，无石灰反应，有少量砾石，pH 7.5。

淀积层（B）：18~53 cm，棕红色，重壤，大块状结构，土体紧实，根系少，无石灰反应，有蚯蚓粪和铁锰胶膜，pH 7.5。

母质层（C）：53~100 cm，红褐色，重壤，大块状结构，根系极少，石灰反应弱，有蚯蚓粪，有铁锰胶膜和少量砂姜，pH 7.5。

剖面理化性质详见表3-2。

表3-2 中性红黏土剖面理化性质

层次	深度（cm）	pH	CaCO₃（%）	有机质（%）	全氮（%）	碱解氮（mg/kg）	全磷（%）	有效磷（mg/kg）	全钾（%）	速效钾（mg/kg）	代换量（me/100g土）	容重（g/cm³）
A	0~18	7.5		1.737	0.152		0.125				20.6	1.56
B	18~53	7.5		1.170	0.093		0.108				20.3	1.70
C	53~100	7.5		0.958	0.085		0.120				17.6	

层次	深度（cm）	机械组成（卡庆斯基制,%）							质地
		0.25~1 mm	0.05~0.25 mm	0.01~0.05 mm	0.005~0.01 mm	0.001~0.005 mm	<0.001 mm	<0.01 mm	
A	0~18	11		41	11	16	21	48	重壤
B	18~53	11		41	10	13	25	48	重壤
C	53~100	12		43	8	12	25	45	重壤

4. 土壤生产性能

中性红黏土通体红色，质地黏重，干时硬，湿时黏，适耕期很短，耕性差，土层厚，但通透性差，熟化程度低，熟土层薄，土性寒，土壤肥力低，加之生产条件差，生产水平较低。在生产上应修好地埂，防止水土流失，增施农家肥，改善土壤理化性质，适时早播，提高整地质量，争取获得较好收成。

（二）浅位淀积层红黏土

代号：05a01-2

1. 归属及分布

浅位淀积层红黏土，属红黏土土类、红黏土亚类、红黏土土属。分布在海拔800~1 000 m水土流失严重的山冈地带。新乡市有12 282.63亩，占全市土壤总面积的0.125%，其中耕地面积9 607.56亩，占该土种面积的78.22%。分布在辉县后庄、南村等乡7 020.80亩，汲县西北部拴马等乡5 261.83亩。

2. 理化性状

（1）剖面性态特征 浅位淀积层红黏土发育在第三纪、第四纪红黏土母质上，剖面发生型为A-B-C型。主要特征：发育层次不明显，通体红色，质地黏重，土层深厚，致密少孔。剖面上部无石灰反应或下部有弱石灰反应。在剖面20~50 cm的范围内出现铁锰淀积层，有时还有铁锰斑点和结核。

（2）耕层养分状况 分析：有机质含量2.214%，全氮含量0.144%，碳氮比8.94

（表3-3）。

表3-3　浅位淀积层红黏土耕层养分状况

项目	有机质 （%）	全氮 （%）	碱解氮 （mg/kg）	有效磷 （mg/kg）	速效钾 （mg/kg）	碳氮比	全磷 （%）
样本数	1	1					
平均值	2.214	0.144				8.94	0.130

3. 典型剖面

以采自辉县后庄乡新庄村5-35号剖面为例：母质为第三纪红黏土母质，植被为农作物。采样日期：1984年11月23日。

剖面性态特征如下。

表土层（A）：0~20 cm，棕褐色，重壤，碎块状结构，土体较松，植物根系多，无石灰反应，pH 7.0。

淀积层（B）：20~72 cm，棕红色，重壤，碎块状结构，土体较紧，根系少，无石灰反应，上部有少量蚯蚓粪，有明显的铁锰胶膜，pH 7.0。

母质层（C）：72~100 cm，红褐色，轻黏，棱块状结构，土体极紧，无根系和石灰反应，有铁锰胶膜和结核，pH 7.0。

剖面理化性质详见表3-4。

表3-4　浅位淀积层红黏土剖面理化性质

层次	深度 （cm）	pH	CaCO₃ （%）	有机质 （%）	全氮 （%）	碱解氮 （mg/kg）	全磷 （%）	有效磷 （mg/kg）	全钾 （%）	速效钾 （mg/kg）	代换量 （me/100g土）	容重 （g/cm³）
A	0~20	7.0		2.214	0.144		0.130				23.71	1.56
B	20~72	7.0		1.219	0.109		0.025				21.11	1.54
C	72~100	7.0		0.719	0.062		0.063				23.91	

层次	深度 （cm）	机械组成（卡庆斯基制,%）							质地
		0.25~1 mm	0.05~0.25 mm	0.01~0.05 mm	0.005~0.01 mm	0.001~0.005 mm	<0.001 mm	<0.01 mm	
A	0~20	21		26	8	12	33	53	重壤
B	20~72	19		27	7	12	35	54	重壤
C	72~100	15		18	6	12	49	67	轻黏

4. 土壤生产性能

浅位淀积层红黏土通体质地黏重，干时硬，湿时黏，耕性差，适耕期很短，很难整好地。土层深厚，在剖面上部20~50 cm的范围内出现铁锰淀积层。该土壤通透性差，土性寒，发老苗不发小苗，熟化程度低，熟土层薄，土壤肥力低，适种旱作物。在农业生产上应修好地埂，防止水土流失，增施有机肥，改善土壤理化性质，抢时机，适时整地，适时早播，努力提高产量水平。

（三）深位薄淀积层红黏土

代号：05a01-3

1. 归属及分布

深位薄淀积层红黏土，属红黏土土类，红黏土亚类、红黏土土属。分布在海拔800~1 000 m水土流失严重的山冈地。新乡市分布面积为859.63亩，占全市土壤总面积的0.009%，是新乡市面积较小的土种，其中耕地面积671.66亩，占该土种的74.993%。分布在汲县西北部的拴马乡。

2. 理化性状

（1）剖面性态特征 深位薄淀积层红黏土发育在第三纪、第四纪红黏土母质上，剖面发生型为A-B-C型。主要特征是：在剖面60 cm以下出现10~20 cm的铁锰淀积层。通体红色，发育层次不明显，质地黏重，大块状或棱块状结构，土层深厚，致密少孔。在结构面上可以看到红褐色胶膜，剖面上部无石灰反应，有时下部有弱石灰反应和少量砂姜。

（2）耕层养分状况 据分析：有机质含量3.001%，全氮含量0.133%，全磷含量0.050%，碳氮比13.09（表3-5）。

表3-5 深位薄淀积层红黏土耕层养分状况

项目	有机质（%）	全氮（%）	碱解氮（mg/kg）	有效磷（mg/kg）	速效钾（mg/kg）	碳氮比	全磷（%）
样本数							
含 量	3.001	0.133				13.09	0.050

3. 典型剖面

以采自汲县拴马乡北岭村西南1-13号剖面为例：母质为第三纪、第四纪红黏土母质，植被为人工栽培植被。采样日期：1983年11月24日。

剖面性态特征如下。

表土层（A₁）0~22 cm，灰黄色，重壤，碎块状结构，土体较松，根系多，无石灰反应，pH 7.75。

表土层（A₂）：22~43 cm，灰红褐色，重壤，块状结构，土体较紧，根系少，无石灰反应，pH 7.65。

淀积层（B）：43~84 cm，红黄色，重壤，块状结构，土体紧实，根系很少，无石灰反应，pH 7.55。

母质层（C）：84~102 cm，红棕色，中黏，棱块状结构，土体极紧，根系无，无石灰反应，有铁锰胶膜，pH 7.55。

剖面理化性质详见表3-6。

4. 土壤生产性能

深位薄淀积层红黏土通体质地黏重，干时硬，湿时黏，耕性差，适耕期短，很难整好地。土层深厚，通透性差，熟化程度差，熟土层薄。土性寒，发老苗不发小苗，土壤肥力较低。适种耐旱、耐瘠薄作物,如谷子、甘薯、小麦等。在农业上应修好地埂,防止水土流失,增施有机肥,改善土壤理化性质,掌握好适耕期。

表3-6 深位薄淀积层红黏土理化性质

层次	深度(cm)	pH	CaCO₃(%)	有机质(%)	全氮(%)	碱解氮(mg/kg)	全磷(%)	有效磷(mg/kg)	全钾(%)	速效钾(mg/kg)	代换量(me/100g土)	容重(g/cm³)
A₁	0~22	7.75		3.001	0.133		0.050				28.87	1.60
A₂	22~43	7.65		2.642	0.114		0.053				19.32	
B	43~84	7.55		0.962	0.035		0.012				17.57	
C	84~102	7.55		0.997	0.065		0.034				35.20	

层次	深度(cm)	机械组成(卡庆斯基制,%)							质地
		0.25~1 mm	0.05~0.25 mm	0.01~0.05 mm	0.005~0.01 mm	0.001~0.005 mm	<0.001 mm	<0.01 mm	
A₁	0~22	4.7		35.5	10.1	42.8	6.9	59.8	重壤
A₂	22~43	1.3		47.1	10.2	32.6	8.8	51.6	重壤
B	43~84	0.4		39.1	10.6	49.3	0.6	60.5	重壤
C	84~102	0.0		20.2	10.9	10.7	58.2	79.8	中黏

第四章　新积土土类

新积土土类在新乡市仅有 1 个石灰性新积土亚类，包括 1 个冲积石灰性新积土土属，此土属只有 1 个砂质冲积石灰性新积土土种。

砂质冲积石灰性新积土

代号：06b01-1

1. 归属及分布

砂质冲积石灰性新积土系黄河近代沉积物形成的土壤，因距主河道较近，洪水季节时有淹没，质地层次多变，没有发育层次，属新积土土类、石灰性新积土亚类、冲积石灰性新积土土属。新乡市分布面积 1241.6 亩，占全市土壤总面积的 0.012%，均系非耕地。分布在沿黄河的长垣、原阳、封丘 3 县黄河高滩地和黄河水域之间的河漫滩（各县分布面积见表 4-1）。

表 4-1　砂质冲积石灰性新积土面积分布　　　　　　　　单位：亩

项目	长垣	原阳	封丘	合计
面积	714.97	398.25	128.38	1 241.60

2. 理化性状

砂质冲积石灰性新积土通体砂质，或表层砂质，其下为黑质土。土壤颜色多灰黄色，土体无结构，多松、散，表层有枯枝、秸秆侵入，石灰反应强烈，有机质及各种养分含量极低，剖面 30 cm 以下见水。

3. 生产性能

砂质冲积石灰性新积土系黄河水冲积之泥土沉积而新成的土壤，尚处于初级发育阶段，各种养分含量极低，而且一旦河水上涨，土壤即被淹没，生产上没有利用价值，因此，尚未被人们所利用。

第五章　风沙土土类

风沙土是新乡市平原地区的 1 个土类。在新乡市分为流动风沙土、半固定风沙土、固定风沙土 3 个亚类，分布面积共 209 510.93 亩，占全市土壤总面积的 2.13%。

第一节　流动风沙土亚类

流动风沙土亚类在新乡市仅有流动风沙土 1 个土属，包括平铺砂地流动风沙土和流动砂丘风沙土 2 个土种。

（一）平铺砂地流动风沙土

代号：07a01-1

1. 归属及分布

平铺砂地流动风沙土系在黄河故道及其两侧的河漫滩上，由于河流分选沉积的砂土，经风力吹蚀、搬运、平铺堆积而成的土壤，属风沙土土类、流动风沙土亚类、流动风沙土土属，新乡市分布面积 730.15 亩，占全市土壤总面积的 0.007%，均系非耕地，分布在延津县的黄河故道区。

2. 理化性状

平铺砂地流动风沙土剖面发生型为：表层、心土层和底土层。表层为砂质土，以下为同质地或为异质土，土壤颜色多淡黄色，无结构，土体松、散，石灰反应强烈，pH 8.0 左右，有机质及各种养分含量极低。

3. 生产性能

平铺砂地流动风沙土尚处于土壤发育的初级阶段，具有流动性，加之有机质及各种养分含量低，因此尚未被开垦利用。应大力植树造林、种草，防风固沙，逐步使其固定，才能达到利用之目的。

（二）流动砂丘风沙土

代号：07a01-2

1. 归属及分布

流动砂丘风沙土系在黄河故道及其两侧的河漫滩上，由于河流分选沉积的砂土，经风力吹蚀、搬运、堆积而形成的土壤，属风沙土土类、流动风沙土亚类、流动风沙土土属，新乡市分布面积 20 687.46 亩，占全市土壤总面积的 0.21%，均系非耕地，分布在延津县的黄河故道区。

2. 理化性状

流动砂丘风沙土剖面发生型为表层、心土层和底土层。表层为砂质，以下为同质或异质，土壤颜色多淡黄色，无结构，土体松，石灰反应弱或中，pH 8.0左右，有机质及各种养分含量极低。

3. 典型剖面

以1984年春在延津县榆林乡王庄村采集的4-4号剖面为例。

剖面性态特征如下。

表层：0~25 cm，淡黄色，砂土，无结构，土体松，石灰反应弱，pH 8.1。

心土层：25~80 cm，淡黄色，砂土，无结构，土体松，石灰反应弱，pH 8.0。

底土层：80~100 cm，淡黄色，砂土，无结构，土体松，石灰反应弱，pH 8.0。

剖面理化性质详见表5-1。

表5-1　流动砂丘风沙土剖面理化性质

层次	深度（cm）	pH	有机质（%）	全氮（%）	全磷（%）	代换量（me/100g土）	容重（g/cm³）
表层	0~25	8.1	0.165	0.044	0.104	2.93	1.812
心土层	25~80	8.0	0.187	0.054	0.128	2.82	1.802
底土层	80~100	8.0	0.187	0.054	0.128	2.82	

层次	深度（cm）	机械组成（卡庆斯基制,%）							质地
		0.25~1 mm	0.05~0.25 mm	0.01~0.05 mm	0.005~0.01 mm	0.001~0.005 mm	<0.001 mm	<0.01 mm	
表层	0~25	80.2	13.5	1.0	0	2.6	2.7	5.3	砂土
心土层	25~80	86.2	7.5	1.0	0	0.6	4.7	5.3	砂土
底土层	80~100	86.2	7.5	1.0	0	0.6	4.7	5.3	砂土

4. 生产性能

流动砂丘风沙土通体砂质，含有少量的植物营养元素，具备了土壤肥力的特征，处于成土过程的初级阶段，但由于风的搬运和堆积作用强烈，植物定居困难，目前尚未种植作物。对流动砂丘风沙土应大力加强植树种草防风固沙，以增加地表的覆盖度，使砂丘由流动逐步过渡为半固定、固定，以达到最终被人们开垦利用的目的。

第二节　半固定风沙土亚类

半固定风沙土亚类仅有半固定砂丘风沙土1个土种。

半固定砂丘风沙土

代号：07b01-1

1. 归属及分布

半固定砂丘风沙土系在黄河故道及其两侧的河漫滩上，由于河流分选沉积的砂土，经风力吹蚀、搬运、堆积而形成的土壤，属风沙土土类、半固定风沙土亚类、半固定风沙土土属。新乡市分布面积87 885.31亩，占全市土壤总面积的0.9%，均系非耕地，分布在延津、新乡、原阳、封丘、汲县 5 县的黄河故道区（表 5-2）。

表 5-2　半固定砂丘风沙土面积分布

单位：亩

项目	延津	新乡	封丘	原阳	汲县	合计
面积	53 422.33	22 494.04	3 851.34	3 318.75	2 798.85	87 885.31

2. 理化性状

半固定砂丘风沙土剖面发生型为表层、心土层和底土层。其表层为砂质，以下为同质或异质土。土壤颜色多淡灰色，土体无结构，上层根系多，下层少，pH 8.55，石灰反应强烈，有机质及各种养分含量极低。

3. 典型剖面

以 1983 年 4 月在原阳县官厂乡官厂村采集的 11-303 号剖面为例。

剖面性态特征如下。

表层：0~20 cm，淡灰色，砂土，无结构，根系较多，pH 8.65，石灰反应强烈，容重 1.39 g/cm³。

心土层：20~80 cm，淡灰色，砂土，无结构，根系较少，pH 8.55，石灰反应强烈，容重 1.36 g/cm³。

底土层：80~100 cm，淡灰色，砂土，无结构，根系少，pH 8.65，石灰反应强烈。

剖面理化性质详见表 5-3。

表 5-3　半固定砂丘风沙土剖面理化性质

层次	深度（cm）	pH	有机质（%）	全氮（%）	全磷（%）	代换量（me/100g 土）	容重（g/cm³）
表层	0~20	8.65	0.307	0.059	0.089	3.75	1.39
心土层	20~80	8.55	0.296	0.021	0.086	4.62	1.36
底土层	80~100	8.65	0.162	0.014	0.100	2.83	

层次	深度（cm）	机械组成（卡庆斯基制,%）							质地
		0.25~1 mm	0.05~0.25 mm	0.01~0.05 mm	0.005~0.01 mm	0.001~0.005 mm	<0.001 mm	<0.01 mm	
表层	0~20		38.8	51.5	2.0	7.1	0.6	9.7	砂土
心土层	20~80		90.3		2.0	5.1	2.6	9.7	砂土
底土层	80~100	14.2	78.1	1.0	5.1	1.6	7.7	砂土

4. 生产性能

半固定砂丘风沙土，由于植被相继着生，根系逐步积聚，沙面变紧，地形变缓，地表开始形成薄的结皮，颜色变暗，剖面开始分化，有一定的成土特征。但由于沙面植被较稀少，风季仍有局部片状风蚀发生，因此，半固定砂丘风沙土上仅有少量自然生长的乔木和灌木，还未被人们开垦利用。对半固定砂丘风沙土，应大力开展植树、种草，防风固沙，继续增加沙面植被覆盖度，使其尽快固定，进而被人们利用。

第三节　固定风沙土亚类

固定风沙土亚类在新乡市仅有1个固定风沙土土属，此土属只有1个固定砂丘风沙土土种。

固定砂丘风沙土

代号：07c01-1

1. 归属及分布

固定砂丘风沙土系在冲积平原上古河道及其两侧的河漫滩上，由于河流分选沉积的砂土，经风力吹蚀、搬运、堆积而形成的土壤，属风沙土土类、固定风沙土亚类、固定风沙土土属，新乡市分布面积100 207.87亩，占全市土壤总面积的1.02%，分布在延津、封丘、原阳、辉县、长垣5县的古河道及泛道区（各县面积详见表5-4）。

表5-4　固定砂丘风沙土面积分布　　　　　　　　　　单位：亩

项目	延津	封丘	原阳	辉县	长垣	合计
面积	65 469.73	17 716.18	14 602.49	1 585.34	834.13	100 207.87

2. 理化性状

固定砂丘风沙土剖面发生型为表层、心土层和底土层，多为通体砂质土，土壤颜色多淡黄色，土体无结构，根系上多下少，pH 8.5左右，通体石灰反应强烈，有机质及各种养分含量极低，代换性能差。

3. 典型剖面

以1981年春在封丘县司庄乡何家铺村采集的9-89号剖面为例。

剖面性态特征如下。

表层：0~20 cm，淡黄色，砂土，无结构，土体松，植物根系较多，pH 8.6，石灰反应强烈。

心土层：20~80 cm，淡黄色，砂土，无结构，土体松，根系较少，pH 8.5，石灰反应强烈。

底土层：80~100 cm，淡黄色，砂土，无结构、土体散，根系少，pH 8.5，石灰反应强烈。

剖面理化性质详见表5-5。

4. 生产性能

固定砂丘风沙土，地表灌木丛生，乔木防护林密集，杂草覆盖，植物根系较多，表土已固定，抗蚀能力强，表层有结皮，土壤颜色发暗，有一定的有机质含量，但肥力很低，在新乡市仅有个别缓岗被人们耕种，多种植一些大豆、花生等耐旱、耐瘠薄作物，但产量极低，如遇大旱种不保收。对固定砂丘风沙土应以植树造林为主，可乔灌结合，或林果结合，也可树草结合，这样不仅可起到防风固沙作用，也增加了表层有机质含量，提高了土壤肥力，同时还为发展畜牧业提供了饲草。此外，在有条件的地方，还可在固定砂丘风沙土区修渠、打井兴办水利，发展喷灌、滴灌，以缓和砂丘区需水之困难。

表5-5　固定沙丘风沙土剖面理化性质

层次	深度（cm）	pH	有机质（%）	全氮（%）	全磷（%）	代换量（me/100g土）	容重（g/cm³）
表层	0~20	8.6	0.112	0.005	0.064	3.2	
心土层	20~80	8.5	0.207	0.013	0.076	5.4	
底土层	80~100	8.5	0.207	0.013	0.076	5.4	

层次	深度（cm）	机械组成（卡庆斯基制,%）							质地
		0.25~1 mm	0.05~0.25 mm	0.01~0.05 mm	0.005~0.01 mm	0.001~0.005 mm	<0.001 mm	<0.01 mm	
表层	0~20		90.07	1.01	1.00		7.92	8.92	砂土
心土层	20~80		88.07	1.97	2.02		7.94	9.96	砂土
底土层	80~100		88.07	1.97	2.02		7.94	9.96	砂土

第六章　石质土土类

石质土土类在新乡市只有 1 个钙质石质土亚类，且只有 1 个钙质石质土土属，该土属包括钙质石质土和薄层钙质粗骨土两个土种。

（一）钙质石质土

代号：08b01-1

1. 归属及分布

钙质石质土，属石质土土类、钙质石质土亚类、钙质石质土土属。分布在山丘岗区岗岭的上部。新乡市共有 5 724.16 亩，占全市土壤总面积的 0.058%。分布在辉县山丘地区 1 358.87 亩，汲县北部太公泉、石包头等乡 3 246.66 亩，新乡市北站区北部 1 118.63 亩，全部为自然土壤或裸岩。

2. 理化性状

钙质石质土发育在石灰岩风化物母质上，剖面发生型为 A–R 型。主要特征是：土层厚度不超过 10 cm，发育层次不明显，土体含有石块，呈黄褐色，通体有石灰反应。

3. 典型剖面

以采自汲县石包头乡黄叶村 3–14 号剖面为例：母质为石灰岩风化物，植被是荒草。采样日期：1983 年 11 月 10 日。

剖面性态特征如下。

表土层（A）：0～10 cm，黄褐色，中壤，块状结构，土体较松，石灰反应中等，根系多。

基岩层（R）：10 cm 以下为母岩。

4. 土壤生产性能

钙质石质土表层较松，通透性好，土层很薄，只能长些荒草，在石缝生长有荆条等灌木丛。农林牧业很难利用。

（二）薄层钙质粗骨土

代号：08b01-2

1. 归属及分布

薄层钙质粗骨土，属石质土土类、钙质石质土亚类、钙质石质土土属。分布在石灰岩山地丘陵区的岭上。新乡市分布面积 583 769.67 亩，占全市土壤总面积的 5.945%，是新乡市面积较大的土种。全部是自然土壤，分布在辉县北部广大山区 398 374.02 亩，汲县西北部山区有 185 395.65 亩。

2. 理化性状

（1）剖面性态特征　薄层钙质粗骨土发育在石灰岩风化物及坡积物上，剖面发生型为 A-（B）-R 型。主要特征：土层薄，厚度小于 30 cm，质地较粗，含石砾较多，发育层次不明显，通体石灰反应强烈。

（2）表层养分状况　据农化样点统计分析：有机质含量平均值 1.854%，标准差 0.553%，变异系数 29.84%；全氮含量平均值 0.119%，标准差 0.041%，变异系数 34.79%；碱解氮含量平均值 99.38 mg/kg，标准差 25.75 mg/kg；变异系数 25.91%。有效磷含量平均值 7.6 mg/kg，标准差 5.9 mg/kg，变异系数 77.66%；速效钾含量平均值 201 mg/kg，标准差 52 mg/kg，变异系数 25.93%；碳氮比 9.03（表 6-1）。

表 6-1　薄层钙质粗骨土表层养分状况

项目	有机质（%）	全氮（%）	碱解氮（mg/kg）	有效磷（mg/kg）	速效钾（mg/kg）	碳氮比	全磷（%）
样本数	49	34	42	49	49		
平均值	1.854	0.119	99.38	7.6	201	9.03	
标准差	0.553	0.041	25.75	5.9	52		
变异系数（%）	29.84	34.79	25.91	77.66	25.93		

3. 典型剖面

以采自辉县常村乡西连岩村 7-17 号剖面为例：母质为石灰岩风化物，植被是荒草。采样日期：1984 年 11 月 19 日。

剖面性态特征如下。

表土层（A）：0～20 cm，灰黄色，中壤，碎块状结构，土体较松，孔隙多，植物根系较多，石砾含量多，石灰反应强烈，pH 8.0。

基岩层（R）：20 cm 以下为母岩。

剖面理化性质详见表 6-2。

表 6-2　薄层钙质粗骨土剖面理化性质

层次	深度（cm）	pH	CaCO₃（%）	有机质（%）	全氮（%）	碱解氮（mg/kg）	全磷（%）	有效磷（mg/kg）	全钾（%）	速效钾（mg/kg）	代换量（me/100g 土）	容重（g/cm³）
A	0～20	8.0		4.890	0.795		0.148				12.5	
R	>20					母岩						

层次	深度（cm）	机械组成（卡庆斯基制,%）							质地
		0.25～1 mm	0.05～0.25 mm	0.01～0.05 mm	0.005～0.01 mm	0.001～0.005 mm	<0.001 mm	<0.01 mm	
A	0～20	28		36	7	15	14	36	中壤
R	>20				母岩				

4. 土壤生产性能

新乡市的薄层钙质粗骨土分布在山岭的中上部，土层很薄，厚度小于 30 cm，表土层含石砾多，质地较粗，不保水、不保肥，易受侵蚀，干旱缺水，农业生产未能利用，可以栽树、种草，保持水土，发展林牧业。

第七章 粗骨土土类

粗骨土土类在新乡市有硅质粗骨土、钙质粗骨土和中性粗骨土3个亚类。

第一节 硅质粗骨土亚类

硅质粗骨土亚类在新乡市只有1个硅质粗骨土土属，包括3个土种：薄层硅质粗骨土、中层硅质粗骨土和厚层硅质粗骨土。

（一）薄层硅质粗骨土

代号：09a04-1

1. 归属及分布

薄层硅质粗骨土，属粗骨土土类、硅质粗骨土亚类、硅质粗骨土土属。分布在有砂岩、页岩的浅山丘陵区。新乡市分布面积22 254.25亩，占全市土壤总面积的2.334%，全部为荒山坡。分布在辉县西北部三郊口、黄水、拍石头等乡7 700.24亩，汲县西北部石包头等乡14 554.01亩。

2. 理化性状

（1）剖面性态特征 薄层硅质粗骨土发育在砂岩、页岩、泥岩风化物的残积物及坡积物上，剖面发生型为A-（B）-R型。主要特征是：土层很薄，厚度小于30 cm，含砾石10%~30%，质地较粗，发育层次不明显，通体无石灰反应，表层土疏松。

（2）表层养分状况 据农化样点统计分析：有机质含量平均值2.220%，标准差0.788%，变异系数35.52；全氮含量平均值0.130%，标准差0.038%，变异系数29.60%；碱解氮含量平均值107.51 mg/kg，标准差23.73 mg/kg，变异系数22.07%；有效磷含量平均值5.0 mg/kg，标准差2.4 mg/kg，变异系数48.64%；速效钾含量平均值157 mg/kg，标准差63 mg/kg，变异系数40.37%；碳氮比9.90（表7-1）。

表7-1 薄层硅质粗骨土表层养分状况

项目	有机质（%）	全氮（%）	碱解氮（mg/kg）	有效磷（mg/kg）	速效钾（mg/kg）	碳氮比	全磷（%）
样本数	12	10	12	11	12		
平均值	2.220	0.130	107.51	5.0	157	9.90	
标准差	0.788	0.038	23.73	2.4	63		
变异系数（%）	35.52	29.60	22.07	48.64	40.37		

3. 典型剖面

以采自汲县石包头乡沙掌村 3-2 号剖面为例：母质为砂岩风化物，植被是荒草。采样日期：1983 年 11 月 19 日。

剖面性态特征如下。

表土层（A）：0~12 cm，灰褐色，砂土，粒状结构，土体松散，植物根系少，石砾含量 15%，无石灰反应，pH 7.78。

基岩层（R）：12 cm 以下为母岩。

剖面理化性质详见表 7-2。

表 7-2　薄层硅质粗骨土剖面理化性质

层次	深度（cm）	pH	CaCO₃（%）	有机质（%）	全氮（%）	碱解氮（mg/kg）	全磷（%）	有效磷（mg/kg）	全钾（%）	速效钾（mg/kg）	代换量（me/100g 土）	容重（g/cm³）
A	0~12	7.78		1.533	0.062		0.132				11.66	
R	>12					母岩						

层次	深度（cm）	机械组成（卡庆斯基制,%）							质地
		0.25~1 mm	0.05~0.25 mm	0.01~0.05 mm	0.005~0.01 mm	0.001~0.005 mm	<0.001 mm	<0.01 mm	
A	0~12	78.1		14.2	2.0	5.1	0.6	7.7	砂土
R	>12				母岩				

4. 土壤生产性能

新乡市薄层硅质粗骨土，土层很薄，其厚度小于 30 cm，石砾含量 10%~30%，表土层疏松，质地很粗，通透性好，保水保肥能力很差，水土流失严重。目前，农业生产上还未能利用。可以栽种灌木和牧草，加强水土保持，发展林牧业生产。

（二）中层硅质粗骨土

代号：09a04-2

1. 归属及分布

中层硅质粗骨土，属粗骨土土类、硅质粗骨土亚类、硅质粗骨土土属。分布在山地丘陵区岭坡。新乡市分布面积 6 162.61 亩，占全市土壤总面积的 0.063%，全部是难利用土壤。分布在辉县西北部三郊口等乡 452.96 亩，汲县西北部石包头等乡 5 709.65 亩。

2. 理化性状

（1）剖面性态特征　中层硅质粗骨土发育在砂岩、页岩和泥岩风化物上，剖面发生型为 A-B-R 型。主要特征：土层厚度 30~80 cm，含有石砾，质地较粗，发育层次不明显，表层疏松，通体无石灰反应。

（2）表层养分状况　据农化样点统计分析：有机质含量平均值 2.072%，标准差 0.481%，变异系数 23.73%；全氮含量平均值 0.126%，标准差 0.036%，变异系数 28.52%；碱解氮含量平均值 91.06 mg/kg，标准差 27.95 mg/kg，变异系数 30.70%；有效磷含量平均值 9.6 mg/kg，标准差 6.7 mg/kg，变异系数 69.77%；速效钾含量平均值 197 mg/kg，标准差 53 mg/kg，变异系数 26.80%；碳氮比 9.33（表 7-3）。

表 7-3 中层硅质粗骨土表层养分状况

项目	有机质（%）	全氮（%）	碱解氮（mg/kg）	有效磷（mg/kg）	速效钾（mg/kg）	碳氮比	全磷（%）
样本数	5	5	5	5	5		
平均值	2.072	0.126	91.06	9.6	197	9.33	
标准差	0.481	0.036	27.95	6.7	53		
变异系数（%）	23.73	28.52	30.70	69.77	26.80		

3. 典型剖面

以采自汲县石包头乡山后村 3-68 号剖面为例：母质为砂岩风化物，植被是荒草。采样日期：1983 年 11 月 28 日。

剖面性态特征如下。

表土层（A）：0~20 cm，灰褐色，砂壤，粒状结构，土体疏松，植物根系多，有石砾，无石灰反应，pH 7.42。

淀积层（B）：20~40 cm，灰黄色，砂壤，粒状结构，土体较松，植物根系少，有石砾，无石灰反应，pH 7.30。

基岩层（R）：40 cm 以下为母岩。

剖面理化性质详见表 7-4。

表 7-4 中层硅质粗骨土剖面理化性质

层次	深度（cm）	pH	CaCO$_3$（%）	有机质（%）	全氮（%）	碱解氮（mg/kg）	全磷（%）	有效磷（mg/kg）	全钾（%）	速效钾（mg/kg）	代换量（me/100g 土）	容重（g/cm³）
A	0~20	7.42		0.867	0.051		0.147				13.90	
B	20~40	7.30		0.759	0.044		0.149				13.45	
R	>40					母岩						

层次	深度（cm）	机械组成（卡庆斯基制,%）							质地
		0.25~1 mm	0.05~0.25 mm	0.01~0.05 mm	0.005~0.01 mm	0.001~0.005 mm	<0.001 mm	<0.01 mm	
A	0~20	65.4		17.5	11.2	3.0	2.9	17.1	砂壤
B	20~40	67.8		15.2	10.1	6.1	0.8	17.0	砂壤
R	>40	母岩							

4. 土壤生产性能

中层硅质粗骨土，土层厚度 30~80 cm，保水保肥能力较差，质地较粗，土壤肥力较低，不适于种农作物。应栽树、种草，加强水土保持措施，逐步发展林牧业。

（三）厚层硅质粗骨土

代号：09a04-3

1. 归属及分布

厚层硅质粗骨土，属粗骨土土类、硅质粗骨土亚类、硅质粗骨土土属。分布在山地丘陵区的岭坡下或沟里。新乡市分布面积 1 567.35 亩，占全市土壤总面积的 0.016%，全部为自然土壤。分布在汲县西北部石包头等乡。

2. 理化性状

（1）剖面性态特征 厚层硅质粗骨土发育在砂岩、页岩和泥岩风化物上，剖面发生型为 A-（B）-C 型。主要特征是：土层较厚，达到 80 cm 以上，质地较粗，发育层次不明显。表土层较松，水土流失严重，石砾较多，通体无石灰反应。

（2）表层养分状况 据分析：有机质含量 1.523%，全氮含量 0.096%，全磷含量 0.116%，碳氮比 9.20（表7-5）。

表7-5 厚层硅质粗骨土表层养分状况

项目	有机质（%）	全氮（%）	碱解氮（mg/kg）	有效磷（mg/kg）	速效钾（mg/kg）	碳氮比	全磷（%）
样本数							
含量	1.523	0.096				9.20	0.116

3. 典型剖面

以采自汲县石包头乡西白寺村 3-24 号剖面为例：母质为砂岩风化物，植被为荒草。采样日期：1983 年 11 月 28 日。

剖面性态特征如下。

表土层（A）：0~20 cm，灰褐色，轻壤，粒状结构，土体疏松，植物根系多，有少量石砾，无石灰反应，pH 8.08。

淀积层（B$_1$）：20~48 cm，黄褐色，砂壤，粒状结构，土体较松，植物根系较多，石砾含量大于20%，无石灰反应，pH 7.95。

淀积层（B$_2$）：48~68 cm，红褐色，中壤，块状结构，土体紧实，植物根系少，有少量石砾，无石灰反应，pH 7.95。

母质层（C）：68~100 cm，红褐色，中壤，块状结构，土体紧实，植物根系少，无石灰反应，pH 8.05。

剖面理化性质详见表7-6。

表7-6 厚层硅质粗骨土剖面理化性质

层次	深度（cm）	pH	CaCO$_3$（%）	有机质（%）	全氮（%）	碱解氮（mg/kg）	全磷（%）	有效磷（mg/kg）	全钾（%）	速效钾（mg/kg）	代换量（me/100g 土）	容重（g/cm³）
A	0~20	8.08		1.523	0.069		0.116				20.91	1.47
B$_1$	20~48	7.95		0.686	0.024		0.023				20.28	
B$_2$	48~68	7.95		0.630	0.024		0.039				19.26	
C	68~100	8.05		0.596	0.013		0.046				20.77	

层次	深度（cm）	机械组成（卡庆斯基制,%）							质地
		0.25~1 mm	0.05~0.25 mm	0.01~0.05 mm	0.005~0.01 mm	0.001~0.005 mm	<0.001 mm	<0.01 mm	
A	0~20	52.4		26.5	15.4	4.1	1.6	21.1	轻壤
B$_1$	20~48	54.2		26.8	2.1	16.3	0.6	19.0	砂壤
B$_2$	48~68	34.0		31.7	22.5	11.2	0.6	34.3	中壤
C	68~100	34.7		31.9	8.2	25.2	0.0	33.4	中壤

4. 土壤生产性能

新乡市的厚层硅质粗骨土，土层厚度达到 80 cm 以上，质地较粗，表土层疏松，保水保肥能力较好，水土流失仍为严重，土壤肥力较低，农业生产上尚未利用。应栽树、种草，保持水土，发展林牧业，逐步开垦为梯田，发展农业，种植作物。

第二节 钙质粗骨土亚类

钙质粗骨土亚类在新乡市只有 1 个钙质粗骨土土属，包括 3 个土种。

（一）中层钙质粗骨土

代号：09b01-1

1. 归属及分布

中层钙质粗骨土，属粗骨土土类、钙质粗骨土亚类、钙质粗骨土土属。分布在山地丘陵区的山岭中坡。新乡市分布面积 44 893.51 亩，占全市土壤总面积的 0.457%。分布在汲县西北部石包头、拴马、池山、太公泉等乡。全部是自然土壤。

2. 理化性状

（1）剖面性态特征　中层钙质粗骨土发育在石灰岩风化物的坡积物上，剖面发生型为 A-（B）-C-R 型。主要特征：土层厚度 30~80 cm，发育层次不明显，质地较粗，有砾石，易遭侵蚀。土体中砾石含量有多有少，通体有石灰反应。

（2）表层养分状况　据农化样点统计分析：有机质含量平均值 2.394%，标准差 0.875%，变异系数 36.54%；全氮含量平均值 0.125%，标准差 0.041%，变异系数 26.92%；碱解氮含量平均值 125.53 mg/kg，标准差 34.96 mg/kg，变异系数 33.13%；有效磷含量平均值 7.7 mg/kg，标准差 4.8 mg/kg，变异系数 62.45%；速效钾含量平均值 204 mg/kg，标准差 57 mg/kg，变异系数 28.06%；碳氮比 9.13（表7-7）。

表7-7　中层钙质粗骨土表层养分状况

项目	有机质（%）	全氮（%）	碱解氮（mg/kg）	有效磷（mg/kg）	速效钾（mg/kg）	碳氮比	全磷（%）
样本数	11	7	11	11	11		
平均值	2.394	0.125	125.53	7.7	204	9.13	
标准差	0.875	0.041	34.96	4.8	57		
变异系数（%）	36.54	26.92	33.13	62.45	28.06		

3. 典型剖面

以采自汲县石包头乡李沿沟村 3-32 号剖面为例：母质为石灰岩风化物的坡积物，植被是荒草。采样日期：1983 年 11 月 30 日。

剖面性态特征如下。

表土层（A）：0~20 cm，灰褐色，中壤，碎块状结构，有少量砾石，土体较松，植物根系多，石灰反应强烈，pH 7.80。

淀积层（B）：20~53 cm，褐色，重壤，块状结构，有少量砾石，土体紧实，植物根系多，石灰反应弱，pH 7.85。

母质层（C）：53~78 cm，红褐色，重壤，块状结构，有大量烁石，土体紧实，植物根系少，石灰反应弱，pH 7.78。

基岩层（R）：78 cm 以下为母岩。

剖面理化性质详见表7-8。

表7-8　中层钙质粗骨土剖面理化性质

层次	深度（cm）	pH	CaCO₃（%）	有机质（%）	全氮（%）	碱解氮（mg/kg）	全磷（%）	有效磷（mg/kg）	全钾（%）	速效钾（mg/kg）	代换量（me/100g 土）	容重（g/cm³）
A	0~20	7.80		4.123	0.228		0.045				23.70	
B	20~53	7.85		2.281	0.164		0.045				21.67	
C	53~78	7.78		2.711	0.169		0.038				21.81	
R	>78	母岩										

层次	深度（cm）	机械组成（卡庆斯基制,%）							质地
		0.25~1 mm	0.05~0.25 mm	0.01~0.05 mm	0.005~0.01 mm	0.001~0.005 mm	<0.001 mm	<0.01 mm	
A	0~20	13.0		43.2	12.3	23.7	7.8	43.8	中壤
R	20~53	8.0		43.0	12.3	29.7	7.0	49.0	重壤
C	53~78	5.7		43.2	12.3	33.9	4.9	51.1	重壤
R	>78	母岩							

4. 土壤生产性能

新乡市的中层钙质粗骨土的土层仅 30~80 cm，表土层质地轻，含有砾石，易受侵蚀，不保水、不保肥，干旱缺水，坡陡，水土流失严重。不适于农作物生长，可以栽树、种草，加强水土保持，发展林牧业。

（二）薄层石碴钙质粗骨土

代号：09b01-2

1. 归属及分布

薄层石碴钙质粗骨土，属粗骨土土类、钙质粗骨土亚类、钙质粗骨土土属。分布在山地丘陵区山岭的上部山坡。新乡市分布面积有 28 593.88 亩，占全市土壤总面积的 0.291%。主要分布在辉县南赛、常村等乡 679.43 亩，汲县西北部太公泉、池山、石包头、栓马等乡 22 950.55 亩。全部是难利用土壤。

2. 理化性状

（1）剖面性态特征　薄层石碴钙质粗骨土发育在石灰岩风化物的残积物和坡积物上，剖面发生型为 A-R 型。主要特征：土层很薄，厚度小于 30 cm，石砾含量 30%~70%，质地粗，无发育层次。表土层疏松，通体有石灰反应。

（2）表层养分状况　据农化样点统计分析：有机质含量平均值 2.080%，标准差 0.190%，变异系数 9.14%；全氮含量平均值 0.123%，标准差 0.035%，变异系数 28.20%；碱解氮含量平均值 62.50 mg/kg，标准差是 5.54 mg/kg，变异系数 8.87%；有

效磷含量平均值 7.4 mg/kg，标准差 4.1 mg/kg，变异系数 55.34%；速效钾含量平均值
103 mg/kg，标准差 2 mg/kg，变异系数 2.47%；碳氮比 9.85（表 7-9）。

表 7-9　薄层石碴钙质粗骨土表层养分状况

项目	有机质（%）	全氮（%）	碱解氮（mg/kg）	有效磷（mg/kg）	速效钾（mg/kg）	碳氮比	全磷（%）
样本数	3	3	3	3	3		
平均值	2.080	0.123	62.50	7.4	103	9.85	
标准差	0.190	0.035	5.54	4.1	2		
变异系数（%）	9.14	28.20	8.87	55.34	2.47		

3. 典型剖面

以采自汲县石包头乡龙卧岩村 3-4 号剖面为例：母质为石灰岩风化物，植被为荒草。采样日期：1983 年 11 月 28 日。

剖面性态特征如下。

表土层（A）：0~23 cm，灰褐色，轻壤，粒状结构，含石砾 30% 以上，土体疏松，植物根系少，石灰反应中等，pH 8.35。

基岩层（R）：23 cm 以下为母岩。

剖面理化性质详见表 7-10。

表 7-10　薄层石碴钙质粗骨土剖面理化性质

层次	深度（cm）	pH	CaCO$_3$（%）	有机质（%）	全氮（%）	碱解氮（mg/kg）	全磷（%）	有效磷（mg/kg）	全钾（%）	速效钾（mg/kg）	代换量（me/100g 土）	容重（g/cm^3）
A	0~23	8.35		2.421	0.125		0.154				14.89	
R	>23					母岩						

层次	深度（cm）	机械组成（卡庆斯基制,%）							质地
		0.25~1 mm	0.05~0.25 mm	0.01~0.05 mm	0.005~0.01 mm	0.001~0.005 mm	<0.001 mm	<0.01 mm	
A	0~23	28.1		41.5	9.7	16.0	4.7	30.4	轻壤
R	>20					母岩			

4. 土壤生产性能

新乡市的薄层石碴钙质粗骨土分布在山岭的上部山坡，相对部位高，土层薄，质地粗，含石砾 30% 以上，水土流失严重，土壤肥力很低。不宜种植农作物，可以栽树、种草，加强水土保持措施，发展林牧业。

（三）中层石碴钙质粗骨土

代号：09b01-3

1. 归属及分布

中层石碴钙质粗骨土，属粗骨土土类、钙质粗骨土亚类、钙质粗骨土土属，分布在山地丘陵区山岭上部山坡。新乡市分布面积 12 168.65 亩，占全市土壤总面积的 0.124%。分布在辉县北部山区各乡 7 247.28 亩，汲县西北部山区各乡 4 366.20 亩，新

乡市北站区北部凤凰山山地 555.17 亩。全部为自然土壤。

2. 理化性状

（1）剖面性态特征　中层石碴钙质粗骨土，发育在石灰岩风化物的残积物和坡积物上，剖面发生型为 A-C-R 型。主要特征：土层厚 30~80 cm，质地粗，土体中砾石含量 30%~70%，通体有石灰反应。

（2）表层养分状况　据分析：有机质含量 1.199%，全氮含量 0.078%，碱解氮含量 71.20 mg/kg，有效磷含量 2.4 mg/kg，速效钾含量 200 mg/kg，碳氮比 8.91（表 7-11）。

表 7-11　中层石碴钙质粗骨土表层养分状况

项目	有机质（%）	全氮（%）	碱解氮（mg/kg）	有效磷（mg/kg）	速效钾（mg/kg）	碳氮比	全磷（%）
样本数	1	1	1	1	1		
含　量	1.199	0.078	71.20	2.4	200	8.91	

3. 典型剖面

以采自辉县沙窑乡沙窑村 3-11 号剖面为例：母质为石灰岩风化物的残积物和坡积物，植被是荒草。采样日期：1984 年 12 月 2 日。

剖面性态特征如下。

表土层（A）：0~27 cm，黄褐色，轻壤，粒状结构，土体松散，大孔隙和植物根系多，含有砾石 50%，石灰反应弱，pH 8.0。

母质层（C）：27~50 cm，浅褐色，中壤，土体较松，孔隙少，植物根系少，砾石含量 50%，石灰反应弱，pH 8.0。

基岩层（R）：50 cm 以下为母岩。

剖面理化性质详见表 7-12。

表 7-12　中层石碴钙质粗骨土剖面理化性质

层次	深度（cm）	pH	CaCO₃（%）	有机质（%）	全氮（%）	碱解氮（mg/kg）	全磷（%）	有效磷（mg/kg）	全钾（%）	速效钾（mg/kg）	代换量（me/100g 土）	容重（g/cm³）
A	0~27	8.0		1.973	0.128		0.153				7.1	
C	27~50	8.0		1.451	0.096		0.130				11.3	
R	>50	母岩										

层次	深度（cm）	机械组成（卡庆斯基制,%）							质地
		0.25~1 mm	0.05~0.25 mm	0.01~0.05 mm	0.005~0.01 mm	0.001~0.005 mm	<0.001 mm	<0.01 mm	
A	0~27	58		20	6	6	10	22	轻壤
C	27~50	34		30	8	11	17	36	中壤
R	>50	母岩							

4. 土壤生产性能

新乡市的中层石碴钙质粗骨土土层厚度为 30~80 cm，质地粗，砾石含量 50% 左右，分布部位相对较高，水土流失严重，保水、保肥能力很差。该土种生产性能虽稍优于薄层石碴钙质粗骨土，但仍不能种植农作物。可以栽树、种草，保持水土，发展林牧业。

第三节　中性粗骨土亚类

中性粗骨土亚类在新乡市只有 1 个泥质中性粗骨土土属，包括多砾质薄层砂泥质棕壤土 1 个土种。

多砾质薄层砂泥质棕壤性土

代号：09c04-1

1. 归属及分布

多砾质薄层砂泥质棕壤性土，属粗骨土土类、中性粗骨土亚类、泥质中性粗骨土土属。分布在海拔 1 200 m 以上，相对高差 300~500 m 深山区山腰或山沟缓坡地段的上部。新乡市有 17 212.29 亩，占全市土壤总面积的 0.175%。分布在辉县北部西边的沙窑乡、后庄乡。尚未耕种，是自然土壤。

2. 理化性状

（1）剖面性态特征　多砾质薄层砂泥质棕壤性土发育在砂岩风化物母质上。剖面发生型为 A-（B）-R 型。主要特征：土体石砾含量较多，质地较粗，发育层次不明显，淀积层 B 不显著，无石灰反应。土层薄，厚度小于 20 cm。表土层较松，含有机质 2% 以上，pH 8.0 左右。

（2）表层养分状况　据分析：有机质含量 2.419%，全氮含量 0.158%，碳氮比 8.91（表 7-13）。

表 7-13　多砾质薄层砂泥质棕壤性土表层养分状况

项目	有机质（%）	全氮（%）	碱解氮（mg/kg）	有效磷（mg/kg）	速效钾（mg/kg）	碳氮比	全磷（%）
样本数							
含　量	2.419	0.158				8.91	0.163

3. 典型剖面

以采自辉县沙窑乡郭亮村 3-23 号剖面为例：母质为砂页岩风化物，植被是荒草。采样日期：1984 年 12 月 9 日。

剖面性态特征如下。

表土层（A）：0~20 cm，暗褐色，中壤，碎块状结构，土体较松，植物根系多，石砾占 20%，无石灰反应，pH 8.0。

基岩层（R）：20 cm 以下为母岩。

剖面理化性质详见表 7-14。

表 7-14　多砾质薄层砂泥质棕壤性土剖面理化性质

层次	深度（cm）	pH	CaCO₃（%）	有机质（%）	全氮（%）	碱解氮（mg/kg）	全磷（%）	有效磷（mg/kg）	全钾（%）	速效钾（mg/kg）	代换量（me/100g 土）	容重（g/cm³）
A	0~20	8.0	0.38	2.419	0.158		0.163				12.6	
R	>20	母岩										

层次	深度（cm）	机械组成（卡庆斯基制,%）						质地
		0.25~1 mm	0.05~0.25 mm	0.01~0.05 mm	0.005~0.01 mm	0.001~0.005 mm	<0.001 mm	<0.01 mm	

层次	深度（cm）	0.25~1 mm	0.05~0.25 mm	0.01~0.05 mm	0.005~0.01 mm	0.001~0.005 mm	<0.001 mm	<0.01 mm	质地
A	0~20	36		26	10	13	15	38	中壤
R	>20	母岩							

4. 土壤生产性能

新乡市的多砾质薄层砂泥质棕壤性土分布在高寒地段，土层薄，质地粗，石砾含量多，水土流失严重，土壤肥力很低，不适宜农作物生长，尚未耕种。可以栽种灌木和牧草，保持水土，发展林牧业。

第八章 沼泽土土类

沼泽土土类在新乡市只有1个草甸沼泽土亚类,包括1个洪积草甸沼泽土土属,此土属在新乡市只有1个黏质深位厚层洪积草甸沼泽土土种。

黏质深位厚层洪积草甸沼泽土

代号:10a02-1

1. 归属及分布

黏质深位厚层洪积草甸沼泽土,属沼泽土土类、草甸沼泽土亚类、洪积草甸沼泽土土属。分布在比周围较低的高部位洼地。新乡市分布面积452.96亩,占全市土壤总面积的0.005%,其中耕地面积365.26亩,占该土种面积80.638%,是新乡市面积较小的土种之一。分布在辉县城西的北云门乡。

2. 理化性状

(1) 剖面性态特征 该土种发育在地势较高的相对低洼地、长期积水洼地。是经过草甸沼泽过程、脱沼过程和人为开发而形成的。剖面发生型为 A–B–C 型。主要特征:表土层暗黑色,土层深厚,质地黏重,剖面下部埋有泥炭土层,呈黑色或褐灰色,松软粗糙,吸水性强,比重很小。剖面上部有石灰反应,下部有水生动物残壳。

(2) 耕层养分状况 据分析:有机质含量2.113%,全氮含量0.111%,碱解氮含量103.40 mg/kg,有效磷含量3.6 mg/kg,速效钾含量76 mg/kg,碳氮比11.04。其中,有效磷、钾含量偏低(表8-1)。

表8-1 黏质深位厚层洪积草甸沼泽土耕层养分状况

项目	有机质(%)	全氮(%)	碱解氮(mg/kg)	有效磷(mg/kg)	速效钾(mg/kg)	碳氮比	全磷(%)
样本数							
含 量	2.113	0.111	103.40	3.6	76	11.04	

3. 典型剖面

以采自辉县北云门乡前卓水村22-57号剖面为例:母质为黏重泥土,植被是小麦。采样日期:1984年12月5日。

剖面性态特征如下。

表土层(A):0~25 cm,灰褐色,重壤,块状结构,土体较松,孔隙多,植物根系多,石灰反应弱,pH 8.0。

淀积层(B):25~52 cm,暗灰色,轻壤,块状结构,土体较紧,根系少,石灰反应弱，有水螺残壳，pH 8.2。

母质层（C）：52~100 cm，灰黑色，轻壤，土体疏松，有泥炭（草炭），无植物根系，无石灰反应，有水生动物残壳，pH 7.9。

剖面理化性质详见表8-2。

表8-2　黏质深位厚层洪积草甸沼泽土剖面理化性质

层次	深度（cm）	pH	CaCO₃（%）	有机质（%）	全氮（%）	碱解氮（mg/kg）	全磷（%）	有效磷（mg/kg）	全钾（%）	速效钾（mg/kg）	代换量（me/100g土）	容重（g/cm³）
A	0~25	8.0		3.138	0.171		0.163				18.77	1.70
B	25~52	8.2		6.287	0.221		0.148				50.45	1.27
C	52~100	7.9		17.964	0.952		0.103				69.93	

层次	深度（cm）	机械组成（卡庆斯基制,%）							质地
		0.25~1 mm	0.05~0.25 mm	0.01~0.05 mm	0.005~0.01 mm	0.001~0.005 mm	<0.001 mm	<0.01 mm	
A	0~25	14		40	10	20	16	46	重壤
B	25~52	2		24	16	24	34	74	轻壤
C	52~100	52		18	8	14	8	30	轻壤

4. 土壤生产性能

黏质深位厚层洪积草甸沼泽土，表土层灰褐色，质地黏重。剖面下部由于湿生植物的长期作用，埋有泥炭（草炭）土层。该土层呈黑色或灰褐色，松软粗糙，吸水性很强，有机质含量很高，可高达17.964%。干时比重很小，有的只有1.05 g/cm³，养分含量也很高。但是，在自然状态下，作物不能利用，反而有害，成为障碍层。必须经过人为的深翻、风化，改善土壤通气状况，增强氧化作用，促使有机质的分解和营养物质的转化，使潜在肥力得到充分发挥，才能供作物利用。加上人为的适时耕种，就能高产稳产。现在，分布在新乡市辉县城西北云门乡的这一土种已变成稻麦两熟制的高产田。今后应注意科学种田，充分利用这一土壤的潜在肥力，进一步提高产量水平。

第九章 潮土土类

潮土土类是新乡市面积最大的土类，面积 6 981 503.16 亩，占新乡市土壤总面积的 71.10%，在新乡市分布的有潮土、灌淤潮土、湿潮土、脱潮土、盐化潮土 5 个亚类。

第一节 潮土亚类

潮土亚类是潮土土类中面积最大的亚类，面积 5 094 043.54 亩，占全市土壤总面积的 51.88%。它包括砂质潮土、壤质潮土、黏质潮土、洪积潮土 4 个土属。

一、砂质潮土土属

砂质潮土土属面积共 1 031 755.94 亩，占新乡市土壤总面积的 10.51%，包括细砂质潮土、腰壤砂质潮土、腰黏砂质潮土、体壤砂质潮土、体黏砂质潮土、底黏砂质潮土、砂壤质潮土、腰黏砂壤质潮土、腰壤砂壤质潮土、体壤砂壤质潮土、底壤砂壤质潮土、体黏砂壤质潮土、底黏砂壤质潮土 13 个土种。

（一）细砂质潮土

代号：11a01-1

1. 归属及分布

细砂质潮土系在冲积平原上主河道、故道、泛道两侧的最近处，急流砂质沉积物上发育的土壤，属潮土土类、潮土亚类、砂质潮土土属。新乡市分布面积 42 766.6 亩，占全市土壤总面积的 0.44%，其中耕地面积 34 336.45 亩，占全市总耕地面积的 0.50%，分布在新乡市的沿黄河及黄河故道区的原阳、长垣、延津、汲县 4 县（表9-1）。

表 9-1 细砂质潮土面积分布 单位：亩

项目	原阳	长垣	延津	汲县	合计
面积	31 461.72	7 805.05	3 163.97	335.86	42 766.6

2. 理化性状

（1）剖面性态特征 细砂质潮土剖面发生型为耕层、亚耕层、心土层和底土层。通体砂质或耕层砂质，其下出现与耕层质地仅差一级的异质土层。土壤颜色多淡黄色，土体大都无结构，少数为碎块状，紧实度多松、散，植物根系上多下少，pH 8.2 左右，通体石灰反应强烈，心土层和底土层有铁锈斑纹。

（2）耕层养分状况 据农化样点统计分析：有机质含量平均值 0.644%，标准差 0.138%，变异系数 21.44%；全氮含量平均值 0.038%，标准差 0.016%，变异系数

40.57%；有效磷含量平均值 3.8 mg/kg，标准差 3.9 mg/kg，变异系数 101.65%；速效钾含量平均值 87 mg/kg，标准差 19 mg/kg，变异系数 21.91%（表9-2）。

表9-2 细砂质潮土耕层养分状况

项目	有机质（%）	全氮（%）	碱解氮（mg/kg）	有效磷（mg/kg）	速效钾（mg/kg）
样本数	10	6	10	11	12
平均值	0.644	0.038	27.37	3.8	87
标准差	0.138	0.016	4.81	3.9	19
变异系数（%）	21.44	40.57	17.58	101.65	21.91

3. 典型剖面

以采自长垣县满村乡冯墙村 14-75 号剖面为例。

剖面性态特征如下。

耕层：0~20 cm，淡黄色，砂土，无结构，土体松，根系多，pH 8.35，石灰反应强烈，容重 1.44 g/cm³。

亚耕层：20~25 cm，淡黄色，砂土，无结构，土体散，根系较多，pH 8.35，石灰反应强烈，容重 1.44 g/cm³。

心土层：25~80 cm，淡黄色，砂壤，碎块状结构，土体散，根系较少，pH 7.96，石灰反应强烈，有少量铁锈斑纹。

底土层：80~120 cm，淡黄色，砂土，无结构，土体散，pH 8.28，石灰反应强烈。

剖面理化性质详见表9-3。

表9-3 细砂质潮土剖面理化性质

层次	深度（cm）	pH	有机质（%）	全氮（%）	全磷（%）	代换量（me/100g 土）	容重（g/cm³）
耕层	0~20	8.35	0.225	0.014	0.051	5.06	1.44
亚耕层	20~25	8.35	0.349	0.024	0.850	4.73	1.44
心土层	25~80	7.96	0.146	0.007	0.049	3.85	
底土层	80~120	8.28	0.101	0.006	0.047	3.44	

层次	深度（cm）	机械组成（卡庆斯基制,%）							质地
		0.25~1 mm	0.05~0.25 mm	0.01~0.05 mm	0.005~0.01 mm	0.001~0.005 mm	<0.001 mm	<0.01 mm	
耕层	0~20		74.70	15.01	1.40	1.80	7.09	10.29	砂土
亚耕层	20~25		72.69	16.93	1.49	1.80	7.09	10.38	砂土
心土层	25~80		75.70	14.01	1.40	1.80	7.09	10.29	砂壤
底土层	80~120		80.68	11.03	1.40	0.80	6.09	8.29	砂土

4. 生产性能

细砂质潮土物理性黏粒含量少，质地粗糙，耕层疏松易耕，适耕期长，通透性能好，有机质分解快，易发小苗。但细砂质潮土代换能力弱，有机质及各种养分含量低，保蓄能力差，易漏水、漏肥，特别是在作物生长后期易脱肥，致使作物不拔籽，产量低。对于细砂潮土，应大力增施有机肥料或种植绿肥，以提高有机质含量；有条件的可引黄放淤，以改良耕层质地，提高其保蓄及代换能力；应因地制宜地种植耐旱、耐瘠薄的经济作物，如大豆、甘薯、花生、西瓜、果树等。

（二）腰壤砂质潮土

代号：11a01-2

1. 归属及分布

腰壤砂质潮土系在冲积平原上主河道、故道、泛道两侧的最近处，急流砂质沉积物覆盖在距地表 50 cm 以上 20~50 cm 的壤质土上发育的土壤，属潮土土类、潮土亚类、砂质潮土土属。新乡市分布面积 1 725.75 亩，占全市土壤总面积的 0.0176%，其中耕地面积 1 332.51 亩，占全市耕地面积的 0.0193%，分布在原阳县黄河故道区的福宁集、王杏兰两乡北部。

2. 理化性状

腰壤砂质潮土剖面发生型为耕层、亚耕层、心土层和底土层。耕层砂质，其心土层出现 20~50 cm 的壤质土层。土壤颜色多灰黄和棕色，植物根系下少上多，通体石灰反应强烈，pH 9.0 左右，心土层和底土层有铁锈斑纹，有机质及各种养分含量偏低。

3. 典型剖面

以 1983 年 4 月底在原阳县福宁集乡秦庄村采集的 3-51 号剖面为例。

剖面性态特征如下。

耕层：0~30 cm，灰黄色，砂土，无结构，土体松，根系多，pH 8.72，石灰反应强烈，容重 1.47 g/cm³。

亚耕层：30~42 cm，淡灰色，砂壤，碎块状结构，土体散，根系较多，pH 8.85，石灰反应强烈，容重 1.66 g/cm³。

心土层：42~85 cm，浅棕色，中壤，块状结构，土体较紧，根系较少，pH 9.05，石灰反应强烈，有少量铁锈斑纹。

心土层：85~93 cm，棕红色，重壤，块状结构，土体紧，根系少，pH 9.20，石灰反应强烈，有大量铁锈斑纹。

底土层：93~100 cm，灰黄色，砂壤，碎块状结构，土体散，根系极少，pH 8.50，石灰反应强烈。

剖面理化性质详见表 9-4。

4. 生产性能

腰壤砂质潮土耕层疏松易耕，适耕期长，通透性良好，有机质分解快，发小苗，加之心土层为壤质土层，具有一定的托水、托肥能力。但由于耕层质地粗，代换能力及各种养分含量低，易脱肥，作物不发老苗，不拔籽。对于腰壤砂质潮土应采取的改良措施：①增施有机肥料，以提高土壤有机质及各种养分含量；②有引黄灌溉条件的可引水放淤，改良耕层质地，提高土壤的代换性能及保蓄能力；③种植花生、大豆、西瓜、果树等适种性作物。

表9-4 腰壤砂质潮土剖面理化性质

层次	深度（cm）	pH	有机质（%）	全氮（%）	全磷（%）	代换量（me/100g 土）	容重（g/cm³）
耕层	0~30	8.72	0.355	0.032	0.106	3.75	1.47
亚耕层	30~42	8.85	0.407	0.032	0.110	4.98	1.66
心土层	42~85	9.05	0.460	0.074	0.115	9.04	
	85~93	9.20	0.518	0.047	0.119	9.67	
底土层	93~100	8.50	0.248	0.056	0.120	3.94	

层次	深度（cm）	机械组成（卡庆斯基制,%）							质地
		0.25~1 mm	0.05~0.25 mm	0.01~0.05 mm	0.005~0.01 mm	0.001~0.005 mm	<0.001 mm	<0.01 mm	
耕层	0~30		48.3	46.6	1.1	3.0	1.0	5.1	砂土
亚耕层	30~42		35.3	53.6	7.0	4.1	0	11.1	砂壤
心土层	42~85		8.4	47.4	17.5	26.7	0	44.2	中壤
	85~93			43.2	15.5	41.3	0	56.8	重壤
底土层	93~100			84.2	11.7	4.1	0	15.8	砂壤

（三）腰黏砂质潮土

代号：11a01-3

1. 归属及分布

腰黏砂质潮土系在冲积平原上主河道、故道、泛道两侧的最近处，急流砂质沉积物覆盖在距地表50 cm以上20~50 cm的黏质土上发育的土壤，属潮土土类、潮土亚类、砂质潮土土属。新乡市分布面积3 053.25亩，占全市土壤总面积的0.031%，其中耕地面积2 357.52亩，占全市耕地面积的0.034%，分布在原阳县的城关镇北部。

2. 理化性状

（1）剖面性态特征 腰黏砂质潮土剖面发生型为耕层、亚耕层、心土层和底土层。耕层砂质，其剖面上部有20~50 cm的黏土层。土壤颜色上、下多灰黄色，中间多棕红色，植物根系上多下少，通体石灰反应强烈，pH 8.5左右，心土层有铁锈斑纹。

（2）耕层养分状况 据农化样点统计分析：有机质含量平均值0.619%，标准差0.033%，变异系数0.053%；全氮含量0.038%；有效磷含量平均值3.3 mg/kg，标准差1.3 mg/kg，变异系数38.57%；速效钾含量平均值119 mg/kg，标准差11 mg/kg，变异系数8.94%（表9-5）。

表 9-5 腰黏砂质潮土耕层养分状况

项目	有机质（%）	全氮（%）	碱解氮（mg/kg）	有效磷（mg/kg）	速效钾（mg/kg）
样本数	2	2	2	2	2
平均值	0.619	0.038	26.20	3.3	119
标准差	0.033		0.57	1.3	11
变异系数（%）	0.053		2.16	38.57	8.94

3. 典型剖面

以 1983 年 4 月在原阳县牛井村采集的 1-57 号剖面为例。

剖面性态特征如下。

耕层：0~27 cm，灰黄色，砂土，无结构，土体松，根系多，pH 8.5，石灰反应强烈，容重 1.50 g/cm³。

亚耕层：27~37 cm，棕红色，重壤，片状结构，土体紧，根系较多，pH 8.7，石灰反应强烈，容重 1.49 g/cm³。

心土层：37~75 cm，棕红色，重壤，团块状结构，土体紧，根系较少，pH 8.7，石灰反应强烈，有少量铁锈斑纹。

底土层：75~100 cm，淡黄色，砂壤，碎块状结构，土体散，根系少，pH 8.8，石灰反应强烈。

剖面理化性质详见表 9-6。

表 9-6 腰黏砂质潮土剖面理化性质

层次	深度（cm）	pH	有机质（%）	全氮（%）	全磷（%）	代换量（me/100g 土）	容重（g/cm³）
耕层	0~27	8.5	1.043	0.053	0.122	4.48	1.50
亚耕层	27~37	8.7	0.580	0.049	0.129	11.07	1.49
心土层	37~75	8.7	0.580	0.049	0.129	11.07	
底土层	75~100	8.8	0.281	0.024	0.128	4.55	

层次	深度（cm）	机械组成（卡庆斯基制,%）							质地
		0.25~1 mm	0.05~0.25 mm	0.01~0.05 mm	0.005~0.01 mm	0.001~0.005 mm	<0.001 mm	<0.01 mm	
耕层	0~27		4.4	89.3	4.1	2.0	0.2	6.3	砂土
亚耕层	27~37			53.0	12.8	34.0	0.2	47.0	重壤
心土层	37~75			53.0	12.8	34.0	0.2	47.0	重壤
底土层	75~100			82.2	15.6	0.0	2.2	17.8	砂壤

4. 生产性能

腰黏砂质潮土耕层砂土，疏松易耕，适耕期长，有机质分解快，发小苗，加之心土层有 20~50 cm 的黏土层，其托水、托肥性能好于通体型、夹壤型砂质潮土。但由于耕层质地粗糙，其代换性能及各种养分含量低，作物生长后期易脱水、脱肥。对腰黏砂质潮土应采取的改良利用措施：①大力增施有机肥料，以提高土壤有机质含量；②翻淤压砂或有引黄灌溉条件的可放淤压砂，以改良耕层质地；③因地制宜地种植大豆、西瓜等适种性作物。

（四）体壤砂质潮土

代号：11a01-4

1. 归属及分布

体壤砂质潮土系冲积平原上主河道、故道、泛道两侧的最近处，急流砂质沉积物覆盖在距地表 50 cm 以上大于 50 cm 的壤质土上发育的土壤，属潮土土类、潮土亚类、砂质潮土土属。新乡市分布面积 12 574.8 亩，占全市土壤总面积的 0.13%，其中耕地面积 9 906.93 亩，占全市总耕地面积的 0.144%，分布在延津、原阳、获嘉 3 县的故道区和泛道区（表 9-7）。

表 9-7　体壤砂质潮土面积分布 单位：亩

项目	延津	原阳	获嘉	合计
面积	7 909.91	4 380.50	284.39	12 574.8

2. 理化性状

体壤砂质潮土剖面发生型为耕层、亚耕层、心土层和底土层。其耕层砂质，心土层有一大于 50 cm 的壤土层。土壤颜色多灰黄色和浅灰色，植物根系下少上多，通体石灰反应强烈，心土层有铁锈斑纹，有机质及各种养分含量偏低。

3. 典型剖面

以 1983 年 4 月在原阳县王杏兰乡王杏兰村采集的 21-5 号剖面为例。

剖面性态特征如下。

耕层：0~25 cm，灰黄色，砂土，无结构，土体松，根系多，石灰反应中等。

亚耕层：25~36 cm，灰黄色，砂土，无结构，土体散，根系较多，石灰反应中等。

心土层：36~80 cm，浅灰黄色，中壤，块状结构，土体较紧，根系较少，石灰反应强烈，有铁锈斑纹。

底土层：80~100 cm，浅灰黄色，中壤，块状结构，土体紧，根系少，石灰反应强烈。

4. 生产性能

体壤砂质潮土耕层砂质，疏松易耕，适耕期长，有机质分解快，易被作物吸收，发小苗，因心土层有一大于 50 cm 的壤土层，所以其托水、托肥性能强于通体型和其他夹壤型砂质潮土。但体壤砂质潮土代换能力及各种养分含量均低，作物后期易脱肥。对其应采取的改良利用的措施：①大力增施有机肥料，施肥方法应少施、勤施；②加深耕作层，翻壤掺砂，有引黄灌溉条件的可放淤压砂，以改良耕层质地，提高其代换能力和保蓄能力；③因地制宜地种植大豆、西瓜、花生等适种性作物。

（五）体黏砂质潮土

代号：11a01-5

1. 归属及分布

体黏砂质潮土系在冲积平原上主河道、故道、泛道两侧的最近处，急流砂质沉积物覆盖在距地表 50 cm 以上大于 50 cm 的黏质土上发育的土壤，属潮土土类、潮土亚类、砂质潮土土属。新乡市分布面积 5 708.25 亩，占全市土壤总面积的 0.058%，其中耕地面积 4 407.55 亩，占全市总耕地面积的 0.064%，分布在原阳县泛道区的城关镇北部。

2. 理化性状

（1）剖面性态特征　体黏砂质潮土剖面发生型为耕层、亚耕层、心土层和底土层。耕层砂质，心土层有大于 50 cm 的黏土层，土壤耕层颜色多灰黄色，其下多棕黄色，土体上散下紧，根系下少上多，通体石灰反应强烈，pH 8.5 左右，心土层有铁锈斑纹。

（2）耕层养分状况　据分析：有机质含量 0.550%，全氮含量 0.049%，有效磷含量 4.1 mg/kg，速效钾含量 131 mg/kg（表 9-8）。

表 9-8　体黏砂质潮土耕层养分状况

项目	有机质（%）	全氮（%）	碱解氮（mg/kg）	有效磷（mg/kg）	速效钾（mg/kg）
样本数	1	1	1	1	1
含量	0.550	0.049	31.90	4.1	131

3. 典型剖面

以 1983 年 4 月在原阳县城关镇北街采集的 1-82 剖面为例。

剖面性态特征如下。

耕层：0~22 cm，灰黄色，砂土，无结构，土体松，根系多，pH 8.48，石灰反应强烈，容重 1.59 g/cm^3。

亚耕层：22~30 cm，棕黄色，重壤，片状结构，土体紧，根系较多，pH 8.55，石灰反应强烈，容重 1.56 g/cm^3。

心土层：30~85 cm，棕黄色，重壤，块状结构，土体紧，根系较少，pH 8.55，石灰反应强烈，有铁锈斑纹。

底土层：85~100 cm，棕黄色，重壤，块状结构，土体较紧，根系少，pH 8.55，石灰反应强烈。

剖面理化性质详见表 9-9。

4. 生产性能

体黏砂质潮土，其耕层疏松易耕。适耕期长，有机质分解快，作物发小苗，加之心土层有大于 50 cm 的黏土层，托水、托肥能力强。但由于耕层其代换能力及各种养分含量低，作物后期易脱肥，作物不拔籽。对其应采取的改良利用的措施：①大力增施农家肥，科学地增施追肥，即采取勤追、少用量的方法，以便作物吸收；②深翻改土、翻淤压砂，有条件的可引黄放淤，以改良耕层质地；③因地制宜地种植大豆、花生、西瓜、果树等适种性作物。

表 9-9　体黏砂质潮土剖面理化性质

层次	深度（cm）	pH	有机质（%）	全氮（%）	全磷（%）	代换量（me/100g 土）	容重（g/cm³）
耕层	0~22	8.48	0.675	0.043	0.113	4.80	1.59
亚耕层	22~30	8.55	0.592	0.042	0.119	12.53	1.56
心土层	30~85	8.55	0.592	0.042	0.119	12.53	
底土层	85~100	8.55	0.892	0.042	0.119	12.53	

层次	深度（cm）	机械组成（卡庆斯基制,%）							质地
		0.25~1 mm	0.05~0.25 mm	0.01~0.05 mm	0.005~0.01 mm	0.001~0.005 mm	<0.001 mm	<0.01 mm	
耕层	0~22		13.1	82.2	1.1	3.0	0.6	4.7	砂土
亚耕层	22~30			50.3	10.3	39.2	0.2	49.7	重壤
心土层	30~85			50.3	10.3	39.2	0.2	49.7	重壤
底土层	85~100			50.3	10.3	39.2	0.2	49.7	重壤

（六）底黏砂质潮土

代号：11a01-6

1. 归属及分布

底黏砂质潮土系在冲积平原上主河道、故道、泛道两侧的最近处，急流砂质沉积物覆盖在距地表 50 cm 以下 20~50 cm 的黏质土上发育的土壤，属潮土土类、潮土亚类、砂质潮土土属。新乡市分布面积 4 244.86 亩，占全市土壤总面积的 0.043%，其中耕地面积 3 425.38 亩，占全市总耕地面积的 0.049%，分布在原阳县 3 053.25 亩和长垣县 1 191.61 亩。

2. 理化性状

底黏砂质潮土剖面发生型为耕层、亚耕层、心土层和底土层。耕层砂质，其 50 cm 以下出现 20~50 cm 的黏土层（包括重壤），土壤颜色上、中部多灰黄色，下部为棕红色，土体上散下紧，根系下少上多，通体石灰反应强烈，pH 9.2 左右，心土层和底土层有铁锈斑纹，有机质及各种养分含量偏低。

3. 典型剖面

以 1983 年 4 月在原阳县王杏兰乡王杏兰村采集的 21-35 号剖面为例。

剖面性态特征如下。

耕层：0~20 cm，灰黄色，砂土，无结构，土体松，根系多，pH 8.8，石灰反应中等，容重 1.50 g/cm³。

亚耕层：20~30 cm，灰黄色，砂土，无结构，土体散，根系较多，pH 8.8，石灰反应中等，容重 1.41 g/cm³。

心土层：30~55 cm，灰黄色，砂土，无结构，土体散，根系较少，pH 8.8，石灰反应中等。

心土层：55~70 cm，暗黄色，中壤，块状结构，土体较紧，根系少，pH 9.6，石灰反应中等，有铁锈斑纹。

底土层：70~100 cm，浅棕红色，黏土，块状结构，土体紧，根系极少，pH 9.3，石灰反应中等，有铁锈斑纹。

剖面理化详见表9-10。

表9-10　底黏砂质潮土剖面理化性质

层次	深度（cm）	pH	有机质（%）	全氮（%）	全磷（%）	代换量（me/100g 土）	容重（g/cm³）
耕层	0~20	8.8	0.386	0.035	0.120	3.99	1.50
亚耕层	20~30	8.8	0.386	0.035	0.120	3.99	1.41
心土层	30~55	8.8	0.386	0.035	0.120	3.99	
	55~70	9.6	0.448	0.124	0.121	7.41	
底土层	70~100	9.3	0.656	0.124	0.121	14.71	

层次	深度（cm）	机械组成（卡庆斯基制,%）							
		0.25~1 mm	0.05~0.25 mm	0.01~0.05 mm	0.005~0.01 mm	0.001~0.005 mm	<0.001 mm	<0.01 mm	质地
耕层	0~20		21.8	69.1	4.0	4.1	1.0	9.1	砂土
亚耕层	20~30		21.8	69.1	4.0	4.1	1.0	9.1	砂土
心土层	30~55		21.8	69.1	4.0	4.1	1.0	9.1	砂土
	55~70			66.2	28.7	5.1	0.0	33.8	中壤
底土层	70~100			25.7	23.0	50.3	1.0	74.3	黏土

4. 生产性能

底黏砂质潮土耕层疏松易耕，适耕期长，有机质分解快，发小苗，加之底部有一黏土层，所以具有一定的托水、托肥性能。但由于代换性能及各种养分含量低，故作物生长后期较易脱水、脱肥，对其应采取的改良利用措施：①增施有机肥，以提高其有机质含量，追肥应勤施、少用量，以便作物吸收；②有引黄灌溉条件的可引水放淤，以增加耕层黏粒含量，提高耕层的保蓄能力和代换能力；③因地制宜地种植大豆、西瓜、花生、果树等适种性作物。

（七）砂壤质潮土

代号：11a01-7

1. 归属及分布

砂壤质潮土系在冲积平原上主河道、故道、泛道两侧的较近处，急流砂壤质沉积物上发育的土壤，属潮土土类、潮土亚类、砂质潮土土属。新乡市分布面积 769 938.08 亩，占全市土壤总面积的 7.84%，其中耕地面积 651 097.12 亩，占全市总耕地面积的 9.44%，新乡市所辖8县均有分布，是新乡市面积较大的土种之一（各县分布面积见表9-11）。

表9-11 砂壤质潮土面积分布   单位：亩

项目	延津	原阳	长垣	封丘	新乡	辉县	获嘉	汲县	合计
面积	277 090.29	177 884.85	157 769.16	64 317.43	39 462.62	24 233.10	22 239.49	6 941.14	769 938.08

2. 理化性状

（1）剖面性态特征　砂壤质潮土剖面发生型为耕层、亚耕层、心土层和底土层。耕层砂壤质，其下为同质地或与耕层仅差一级的异质土层，土壤颜色多灰黄色，土体多碎块状结构，植物根系下少上多，pH 9.2左右，通体石灰反应强烈，心土层有铁锈斑纹。

（2）耕层养分状况　据农化样点统计分析：有机质含量平均值0.799%，标准差0.295%，变异系数36.93%；全氮含量平均值0.050%，标准差0.016%，变异系数31.86%；有效磷含量平均值8.3 mg/kg，标准差7.9 mg/kg，变异系数95.20%；速效钾含量平均值119 mg/kg，标准差50 mg/kg，变异系数42.30%（表9-12）。

表9-12 砂壤质潮土耕层养分状况

项目	有机质（%）	全氮（%）	碱解氮（mg/kg）	有效磷（mg/kg）	速效钾（mg/kg）
样本数	317	236	229	316	316
平均值	0.799	0.050	47.19	8.3	119
标准差	0.295	0.016	18.34	7.9	50
变异系数（%）	36.93	31.86	38.87	95.20	42.30

3. 典型剖面

以采自长垣县孟岗乡孙占村7-28号剖面为例。

剖面性态特征如下。

耕层：0~23 cm，灰黄色，砂壤，碎块状结构，土体松，根系多，pH 9.05，石灰反应强烈，容重1.36 g/cm^3。

亚耕层：23~30 cm，浅黄色，砂壤，碎块状结构，土体较紧，根系较多，pH 9.25，石灰反应强烈，容重1.47 g/cm^3。

心土层：30~80 cm，浅黄色，砂壤，碎块状结构，土体散，根系较少，pH 9.25，石灰反应强烈，有铁锈斑纹。

底土层：80~100 cm，浅黄色，砂壤，碎块状结构，土体较紧，根系较少，pH 9.45，石灰反应强烈。

剖面理化性质详见表9-13。

4. 生产性能

砂壤质潮土疏松易耕，适耕期长，通透性能良好，有机质分解快，土性热，发小苗。但有机质含量一般偏低，代换性能力差，保蓄性能欠佳；对砂壤质潮土应采取的改良利用措施：①大力增施农家肥，实行以地养地，养用结合，以培肥地力；②因地制宜地种植花生、西瓜、果树、棉花等适种性作物，肥力较高的可种植小麦、玉米等高产作物；③有引黄灌溉条件的可引水放淤，增加耕层黏粒含量，改善耕层结构，提高其代换性能和保蓄能力。

表 9-13　砂壤质潮土剖面理化性质

层次	深度（cm）	pH	有机质（%）	全氮（%）	全磷（%）	代换量（me/100g 土）	容重（g/cm³）
耕层	0~23	9.05	0.646	0.045	0.054	5.38	1.36
亚耕层	23~30	9.25	0.371	0.021	0.053	4.95	1.47
心土层	30~80	9.25	0.273	0.021	0.051	4.16	
底土层	80~100	9.45	0.186	0.017	0.049	3.74	

层次	深度（cm）	机械组成（卡庆斯基制,%）							质地
		0.25~1 mm	0.05~0.25 mm	0.01~0.05 mm	0.005~0.01 mm	0.001~0.005 mm	<0.001 mm	<0.01 mm	
耕层	0~23		56.49	26.53	3.62	4.43	8.93	16.98	砂壤
亚耕层	23~30		52.44	32.39	2.21	3.82	9.14	15.17	砂壤
心土层	30~80		43.70	43.70	5.58	2.20	4.82	12.60	砂壤
底土层	80~100		54.78	35.11	1.20	2.81	6.10	10.11	砂壤

（八）腰黏砂壤质潮土

代号：11a01-8

1. 归属及分布

腰黏砂壤质潮土系在冲积平原上主河道、故道、泛道两侧的较近处，急流砂壤质沉积物覆盖在距地表 50 cm 以上 20~50 cm 的黏质土上发育的土壤，属潮土土类、潮土亚类、砂质潮土土属。新乡市分布面积 52 060.5 亩，占全市土壤总面积的 0.53%，其中耕地面积 44 053.34 亩，占全市耕地面积的 0.64%，分布在原阳、封丘、延津、获嘉 4县的故道、泛道区（表 9-14）。

表 9-14　腰黏砂壤质潮土面积分布　　　　　　　　　　　单位：亩

项目	原阳	封丘	延津	获嘉	合计
面积	31 727.22	14 378.35	5 841.17	113.76	52 060.5

2. 理化性状

（1）剖面性态特征　腰黏砂壤质潮土，其剖面发生型为耕层、亚耕层、心土层和底土层。耕层为砂壤土，剖面 50 cm 以下出现 20~50 cm 的黏土层（包括重壤），土壤多灰黄和棕黄色，土体两端散、中间紧，亚耕层为片状结构，其他层次为块状、碎块状，植物根系上多下少，pH 8.2 左右，通体石灰反应强烈或中等，心土层或底土层多见铁锈斑纹。

（2）耕层养分状况　据农化样点统计分析：有机质含量平均值 0.648%，标准差 0.152%，变异系数 23.46%；全氮含量平均值 0.043%，标准差 0.007%，变异系数 16.55%，有效磷含量平均值 3.8 mg/kg，标准差 4.5 mg/kg，变异系数 119.21%；速效钾含量平均值 112 mg/kg，标准差 35 mg/kg，变异系数 31.25%（表 9-15）。

表 9-15　腰黏砂壤质潮土耕层养分状况

项目	有机质（%）	全氮（%）	碱解氮（mg/kg）	有效磷（mg/kg）	速效钾（mg/kg）
样本数	21	7	15	21	20
平均值	0.648	0.043	36.24	3.8	112
标准差	0.152	0.007	24.57	4.5	35
变异系数（%）	23.46	16.55	67.79	119.21	31.25

3. 典型剖面

以 1981 年春在封丘县鲁岗乡任寨村采集的 7-26 号剖面为例。

剖面性态特征如下。

耕层：0~22 cm，浅黄色，砂壤，碎块状结构，土体松，根系多，pH 8.3，石灰反应强烈，容重 1.514 g/cm³。

亚耕层：22~32 cm，棕黄色，中黏，片状结构，土体极紧，根系较多，pH 8.2，石灰反应强烈，容重 1.438 g/cm³。

心土层：32~55 cm，棕黄色，中黏，块状结构，土体紧，根系较少，pH 8.2，石灰反应强烈，有少量铁锈斑纹。

心土层：55~78 cm，淡黄色，中壤，块状结构，土体紧，根系少，pH 8.3，石灰反应强烈，有铁锈斑纹。

底土层：78~100 cm，灰黄色，砂壤，碎块状结构，土体散，pH 8.3，石灰反应强烈。

剖面理化详见表 9-16。

4. 生产性能

腰黏砂壤质潮土，其耕层疏松易耕，适耕期长，通透性能较好，有机质分解快，发小苗，加之心土层有 20~50 cm 的黏土层，其保蓄及托水、托肥性能均好于通体型和夹壤型砂壤质土。但其代换性能弱，各种养分含量较低，作物生长后期易脱肥，作物不拔籽，产量低。对腰黏砂壤质潮土的改良利用措施：①大力增施农家肥，以提高耕层有机质含量，追肥应坚持勤施、少用量的方法，以便作物吸收；②深翻改土，翻淤压砂，有引黄灌溉条件的可引水放淤，增加耕层黏粒含量，改善耕层结构，提高其代换能力和保蓄能力；③因地制宜地种植棉花、花生、西瓜、大豆、果树等适种性作物，个别肥力高的土壤，可种植小麦、玉米等高产作物。

表 9-16 腰黏砂壤质潮土剖面理化性质

层次	深度（cm）	pH	有机质（%）	全氮（%）	全磷（%）	代换量（me/100g 土）	容重（g/cm³）
耕层	0~22	8.3	0.359	0.024	0.125	5.0	1.514
亚耕层	22~32	8.2	0.639	0.053	0.109	16.3	1.438
心土层	32~55	8.2	0.639	0.053	0.109	16.3	
	55~78	8.3	0.373	0.032	0.109	7.7	
底土层	78~100	8.3	0.213	0.022	0.123	4.8	

层次	深度（cm）	机械组成（卡庆斯基制,%）							质地
		0.25~1 mm	0.05~0.25 mm	0.01~0.05 mm	0.005~0.01 mm	0.001~0.005 mm	<0.001 mm	<0.01 mm	
耕层	0~22		76.51	8.00	2.00	11.59	1.90	15.49	砂壤
亚耕层	22~32		0.12	23.57	20.49	46.10	9.72	76.31	黏土
心土层	32~55		0.12	23.57	20.49	46.10	9.72	76.31	黏土
	55~78		1.44	53.79	18.20	16.98	9.59	44.77	中壤
底土层	78~100		18.23	63.38	2.01	8.65	7.73	18.39	砂壤

（九）腰壤砂壤质潮土

代号：11a01-9

1. 归属及分布

腰壤砂壤质潮土系在冲积平原上主河道、故道、泛道两侧的较近处，急流砂壤质沉积物覆盖在距地表 50 cm 以上 20~50 cm 的中壤土上发育的土壤，属潮土土类、潮土亚类、砂质潮土土属。新乡市分布面积 27 734.19 亩，占全市土壤总面积的 0.28%，其中耕地面积 23 378.5 亩，占全市总耕地面积的 0.34%，分布在原阳、封丘、新乡 3 县的故道、泛道区（表 9-17）。

表 9-17 腰壤砂壤质潮土面积分布　　　　　　　　　　　　　　单位：亩

项目	原阳	封丘	新乡	合计
面积	18 850.480	6 162.15	2 721.56	27 734.19

2. 理化性状

（1）剖面性态特征　腰壤砂壤质潮土剖面发生型为耕层、亚耕层、心土层和底土层。耕层为砂壤土，其心土层有 20~50 cm 的中壤土层。砂壤土颜色多灰黄色，中壤土多红棕色或浅红棕色，土体多碎块状或块状结构，其松紧度上下散、中间紧，植物根系上多下少，通体石灰反应强烈，心土层有铁锈斑纹。

（2）耕层养分状况　据农化样点统计分析：有机质含量平均值 0.650%，标准差 0.152%，变异系数 23.39%；全氮含量平均值 0.042%，标准差 0.013%，变异系数 30.68%；有效磷含量平均值 3.6 mg/kg，标准差 3.0 mg/kg，变异系数 81.09%；速效钾

含量平均值 104 mg/kg，标准差 25 mg/kg，变异系数 23.66%（表 9-18）。

表 9-18　腰壤砂壤质潮土耕层养分状况

项目	有机质（%）	全氮（%）	碱解氮（mg/kg）	有效磷（mg/kg）	速效钾（mg/kg）
样本数	22	10	22	22	32
平均值	0.650	0.042	31.72	3.6	104
标准差	0.152	0.013	10.93	3.0	25
变异系数（%）	23.39	30.68	34.44	81.09	23.66

3. 典型剖面

以 1983 年 4 月在原阳县福宁集乡王庄村采集的 3-165 号剖面为例。

剖面性态特征如下。

耕层：0~24 cm，灰黄色，砂壤，碎块状结构，土体散，植物根系多，石灰反应强烈。

亚耕层：24~30 cm，灰黄色，砂壤，碎块状结构，土体散，根系较多，石灰反应强烈。

心土层：30~55 cm，红棕色，中壤，块状结构，土体紧，根系较少，石灰反应强烈，有铁锈斑纹。

心土层：55~83 cm，浅灰黄色，轻壤，块状结构，土体较紧，植物根系少，石灰反应强烈。

底土层：83~100 cm，灰黄色，砂壤，碎块状结构，土体散，植物根系极少，石灰反应强烈。

4. 生产性能

腰壤砂壤质潮土，其耕层疏松易耕，适耕期长，通透性能良好，有机质分解较快，作物易捉苗，发小苗，其保蓄能力因其心土层有 20~50 cm 的中壤土层而好于通体砂壤质型及底壤型，但腰壤砂壤质潮土代换能力弱，各种养分含量较低，因此产量水平不高。对其应采取的改良利用措施：①大力增施有机肥，以提高其有机质含量，追肥应采取勤施、少用量的科学方法，以便作物吸收；②有引黄灌溉条件的可引水放淤，以改良耕层质地，提高其代换及保蓄性能；③因地制宜地种植棉花、花生、大豆、西瓜、果树等适种性作物，肥力水平较高的亦可种植小麦、玉米等高产作物。

（十）体壤砂壤质潮土

代号：11a01-10

1. 归属及分布

体壤砂壤质潮土系在冲积平原上主河道、故道、泛道两侧的较近处，急流砂壤质沉积物覆盖在距地表 50 cm 以上大于 50 cm 的中壤土上发育的土壤，属潮土土类、潮土亚类、砂质潮土土属。新乡市分布面积 12 906.01 亩，占全市土壤总面积的 0.13%，其中耕地面积 11 234.03 亩，占全市耕地面积的 0.16%，分布在原阳、延津、封丘、长垣、获嘉 5 县的故道及泛道区（各县分布面积详见表 9-19）。

表 9-19　体壤砂壤质潮土面积分布　　　　　　　　　　单位：亩

项目	原阳	延津	封丘	长垣	获嘉	合计
面积	4 380.75	3 650.73	3 466.21	953.29	455.03	12 906.01

2. 理化性状

（1）剖面性态特征　体壤砂壤质潮土剖面发生型为耕层、亚耕层、心土层和底土层。耕层砂壤质，其心土层出现大于 50 cm 的壤土层。砂壤土颜色多灰黄色，中壤土多黄棕色或棕红色，土体上散，中下紧，多块状或碎块状结构，植物根系上多下少，通体石灰反应强烈，心土层有铁锈斑纹。

（2）耕层养分状况　据农化样点统计分析：有机质含量平均值 0.898%，标准差0.406%，变异系数 45.23%；全氮含量平均值 0.045%，标准差 0.007%，变异系数14.96%；有效磷含量平均值 5.2 mg/kg，标准差 2.5 mg/kg，变异系数 47.32%；速效钾含量平均值 118 mg/kg，标准差 23 mg/kg，变异系数 19.29%（表 9-20）。

表 9-20　体壤砂壤质潮土耕层养分状况

项目	有机质（%）	全氮（%）	碱解氮（mg/kg）	有效磷（mg/kg）	速效钾（mg/kg）
样本数	5	4	3	4	5
平均值	0.898	0.045	39.50	5.2	118
标准差	0.406	0.007	22.30	2.5	23
变异系数（%）	45.23	14.96	56.46	47.32	19.29

3. 典型剖面

以 1983 年 4 月在原阳县城关镇前八里庄村采集的 1-40 号剖面为例。

剖面性态特征如下。

耕层：0~22 cm，灰黄色，砂壤，碎块状结构，土体松，根系多，石灰反应强烈。

亚耕层：22~38 cm，灰黄色，砂壤，碎块状结构，土体散，根系较多，石灰反应强烈。

心土层：38~80 cm，黄棕色，中壤，块状结构，土体较紧，根系较少，石灰反应强烈，有铁锈斑纹。

底土层：80~100 cm，黄棕色，中壤，块状结构，土体紧，根系少，石灰反应强烈。

4. 生产性能

体壤砂壤质潮土，其耕层疏松易耕，适耕期长，通透性能良好，养分分解快，易发小苗，因其心土层有大于 50 cm 的壤土层，所以其保蓄、托水、托肥性能强于通体型和其他夹壤型砂壤质土。但由于耕层代换能力弱，有机质含量低，因此应采取大力增施农家肥，以提高土壤有机质含量，并采取勤施、少用量的科学追肥方法，以便作物吸收，不至于脱水、脱肥。在改土上可逐步加深耕层，翻壤压砂，有引黄灌溉条件的可引水放淤，以增加耕层黏粒含量，改良耕层结构，提高其代换和保蓄能力。同时因地制宜地种植棉花、花生、西瓜、果树等适种性作物，对于肥力较高的土壤可种植小麦、玉米等高产作物。

（十一）底壤砂壤质潮土

代号：11a01-11

1. 归属及分布

底壤砂壤质潮土系在冲积平原上主河道、故道、泛道两侧的较近处，急流砂壤质沉积物覆盖在距地表 50 cm 以下 20~50 cm 的中壤土上发育的土壤，属潮土土类、潮土亚类、砂质潮土土属。新乡市分布面积 17 830.9 亩，占全市土壤总面积的 0.18%，其中耕地面积 14 922.81 亩，占全市总耕地面积的 0.21%，分布在原阳、延津、封丘、新乡 4 县的故道和泛道区（各县分布面积见表 9-21）。

表 9-21 底壤砂壤质潮土面积分布 单位：亩

项目	原阳	延津	封丘	新乡	合计
面积	13 274.99	2 433.82	2 054.05	68.04	17 830.9

2. 理化性状

（1）剖面性态特征 底壤砂壤质潮土剖面发生型为耕层、亚耕层、心土层和底土层。其耕层砂壤，剖面 50 cm 以下出现大于 20 cm 的中壤土层。砂壤质土壤颜色多为灰黄或浅灰色，中壤土多棕红色，土体上散下紧，土体多碎块或块状结构，植物根系上多下少、pH 8.65 左右，通体石灰反应强烈，心土层和底土层多见铁锈斑纹。

（2）耕层养分状况 据农化样点统计分析：有机质含量平均值 0.793%，标准差 0.199%，变异系数 25.15%；全氮含量平均值 0.051%，标准差 0.014%，变异系数 28.02%；有效磷含量平均值 3.2 mg/kg，标准差 2.1 mg/kg，变异系数 66.22%；速效钾含量平均值 116 mg/kg，标准差 28 mg/kg，变异系数 23.67%（表 9-22）。

表 9-22 底壤砂壤质潮土耕层养分状况

项目	有机质（%）	全氮（%）	碱解氮（mg/kg）	有效磷（mg/kg）	速效钾（mg/kg）
样本数	9	8	9	9	9
平均值	0.793	0.051	34.13	3.2	116
标准差	0.199	0.014	9.86	2.1	28
变异系数（%）	25.15	28.02	28.89	66.22	23.67

3. 典型剖面

以 1983 年 4 月在原阳县城关镇东街采集的 1-108 号剖面为例。

剖面性态特征如下。

耕层：0~20 cm，灰黄色，砂壤，碎块状，土体松，根系多，pH 8.65，石灰反应强烈，容重 1.55 g/cm³。

亚耕层：20~30 cm，灰黄色，砂壤，碎块状，散，根系较多，pH 8.65，石灰反应强烈，容重 1.53 g/cm³。

心土层：30~65 cm，浅灰色，砂壤，碎块状，散，根系较少，pH 8.55，石灰反应强烈，有铁锈斑纹。

底土层：65~100 cm，红棕色，中壤，块状，紧，根系少，pH 8.85，石灰反应中等，有铁锈斑纹。

剖面理化性质详见表9-23。

表 9-23　底壤砂壤质潮土剖面理化性质

层次	深度（cm）	pH	有机质（%）	全氮（%）	全磷（%）	代换量（me/100g 土）	容重（g/cm³）
耕层	0~20	8.65	1.068	0.027	0.142	5.0	1.55
亚耕层	20~30	8.65	1.068	0.027	0.142	5.0	1.53
心土层	30~65	8.55	0.338	0.032	0.125	3.6	
底土层	65~100	8.85	0.460	0.034	0.147	8.9	

层次	深度（cm）	机械组成（卡庆斯基制,%）							质地
		0.25~1 mm	0.05~0.25 mm	0.01~0.05 mm	0.005~0.01 mm	0.001~0.005 mm	<0.001 mm	<0.01 mm	
耕层	0~20		7.1	77.1	5.1	8.1	2.6	15.8	砂壤
亚耕层	20~30		7.1	77.1	5.1	8.1	2.6	15.8	砂壤
心土层	30~65			87.2	6.2	3.0	3.6	12.8	砂壤
底土层	65~100			62.4	6.2	22.6	8.8	37.6	中壤

4. 生产性能

底壤砂壤质潮土，其耕层疏松易耕，适耕期长，通透性能良好，有机质分解快，作物发小苗，加之底土层为壤质土，有一定的托水、托肥能力。但因耕地质地粗糙，代换性能弱，各种养分含量一般，作物产量偏低；对于底壤砂壤质潮土，应大力增施农家肥，以提高耕层有机质含量。有引黄灌溉条件的可引水放淤，以改良耕层质地，提高其保蓄及代换性能。此外，应因地制宜地种植棉花、花生、西瓜、果树等适种性作物，肥力较高者，亦可种植小麦、玉米等高产作物。

（十二）体黏砂壤质潮土

代号：11a01-12

1. 归属及分布

体黏砂壤质潮土系在冲积平原上主河道、故道、泛道两侧的较近处，急流砂壤质沉积物上覆盖在距地表50 cm以上大于50 cm的黏质土上发育的土壤，属潮土土类、潮土亚类、砂质潮土土属。新乡市分布面积36 158.87亩，占全市土壤总面积的0.37%，其中耕地面积30 015.19亩，占全市总耕地面积的0.43%。分布在新乡市的原阳、延津、新乡、封丘、获嘉、汲县6县的故道和泛道区（面积分布见表9-24）。

表9-24 体黏砂壤质潮土面积分布　　　　　　　　　　　单位：亩

项目	原阳	延津	新乡	封丘	获嘉	汲县	合计
面积	23 363.98	8 640.06	1 360.78	1 155.40	966.93	671.72	36 158.87

2. 理化性状

（1）剖面性态特征　体黏砂壤质潮土剖面发生型为耕层、亚耕层、心土层和底土层。耕层砂壤质，其心土层出现大于50 cm的黏土层（包括重壤），砂壤质颜色多浅黄色，黏土多棕黄色，土体上散下紧，多碎块和块状结构，植物根系上多下少，pH 7.5左右，通体石灰反应强烈或中等，心土层有铁锈斑纹。

（2）耕层养分状况　据农化样点统计分析：有机质含量平均值0.742%，标准差0.143%，变异系数19.20%；全氮含量平均值0.049%，标准差0.008%，变异系数16.50%；有效磷含量平均值3.7 mg/kg，标准差1.5 mg/kg，变异系数41.04%；速效钾含量平均值104 mg/kg，标准差19 mg/kg，变异系数18.27%（表9-25）。

表9-25 体黏砂壤质潮土耕层养分状况

项目	有机质（%）	全氮（%）	碱解氮（mg/kg）	有效磷（mg/kg）	速效钾（mg/kg）
样本数	20	13	18	20	19
平均值	0.742	0.049	30.18	3.7	104
标准差	0.143	0.008	4.70	1.5	19
变异系数（%）	19.20	16.50	15.58	41.04	18.27

3. 典型剖面

以1984年春在延津县胙城乡胙城村采集的8-40号剖面为例。

剖面性态特征如下。

耕层：0~20 cm，浅黄色，砂壤，碎块状结构，松，根系多，pH 7.9，石灰反应中等，容重1.505 g/cm³。

亚耕层：20~37 cm，浅黄色，砂壤，碎块状结构，散，根系较多，pH 7.8，石灰反应中等，容重1.585 g/cm³。

心土层：37~80 cm，棕黄色，黏土，块状结构，土体紧，根系较少，pH 7.8，石灰反应中等。

底土层：80~100 cm，棕黄色，黏土，块状结构，土体紧，根系少，pH 7.8，石灰反应中等。

剖面理化性质详见表9-26。

表 9-26　体黏砂壤质潮土剖面理化性质

层次	深度（cm）	pH	有机质（%）	全氮（%）	全磷（%）	代换量（me/100g 土）	容重（g/cm³）
耕层	0~20	7.9	0.654	0.074	0.156	6.5	1.505
亚耕层	20~37	7.8	0.414	0.052	0.272	9.27	1.585
心土层	37~80	7.8	0.632	0.078	0.160	26.94	
底土层	80~100	7.8	0.632	0.078	0.160	26.94	

层次	深度（cm）	机械组成（卡庆斯基制,%）							质地
		0.25~1 mm	0.05~0.25 mm	0.01~0.05 mm	0.005~0.01 mm	0.001~0.005 mm	<0.001 mm	<0.01 mm	
耕层	0~20	35.8	23.9	24.4	2.0	4.6	9.3	15.9	砂壤
亚耕层	20~37	33.6	28.4	20.9	6.0	4.2	6.9	17.1	砂壤
心土层	37~80	0.4	29.7	5.0	29.0	26.2	9.7	64.9	黏土
底土层	80~100	0.4	29.7	5.0	29.0	26.2	9.7	64.9	黏土

4. 生产性能

体黏砂壤质潮土耕层疏松易耕，适耕期长，有机质分解快，发小苗，由于心土层有大于 50 cm 的黏土层，所以其保蓄、托水、托肥性能好于其他夹层型及通体型砂壤质土。但是，该土壤类型耕层有机质及各种养分含量偏低，且代换能力弱。因此，应大力增施农家肥，并应科学追肥，坚持勤施、少用量，以便作物吸收。在改土上可翻淤压砂，有引黄灌溉条件的可引水放淤，以增加耕层黏粒含量，改善耕层结构，提高其保蓄及代换能力。在作物种植上应以棉花、花生、西瓜、果树为主，肥力较高地块亦可种植小麦、玉米等高产作物。

（十三）底黏砂壤质潮土

代号：11a01-13

1. 归属及分布

底黏砂壤质潮土系在冲积平原上主河道、故道、泛道两侧的较近处，急流砂壤质沉积物覆盖在距地表 50 cm 以上 20~50 cm 的黏质土上发育的土壤，属潮土类、潮土亚类、砂质潮土土属。新乡市分布面积 45 053.63 亩，占全市土壤总面积的 0.46%，其中耕地面积 38 032.59 亩，占全市耕地面积的 0.55%。分布在原阳、封丘、延津、获嘉、长垣 5 县的泛道和故道区（表 9-27）。

表 9-27　底黏砂壤质潮土面积分布　　　　　　　　单位：亩

项目	原阳	封丘	延津	获嘉	长垣	合计
面积	26 151.73	10 527	6 693	966.93	714.97	45 053.63

2. 理化性状

（1）剖面性态特征　底黏砂壤质潮土剖面发生型为耕层、亚耕层、心土层、底土层。耕层砂壤质，剖面下部出现 20～50 cm 的黏土层（包括重壤）。砂壤土颜色多灰黄色或淡黄色，黏土多红棕色，土体上散下紧，碎块或块状结构，植物根系上多下少，pH 8.2 左右，通体石灰反应强烈，心土层有铁锈斑纹。

（2）耕层养分状况　据农化样点统计分析：有机质含量平均值 0.639%，标准差 0.180%，变异系数 28.21%；全氮含量平均值 0.045%，标准差 0.015%，变异系数 34.45%；有效磷含量平均值 4.9 mg/kg，标准差 2.1 mg/kg，变异系数 42.48%；速效钾含量平均值 117 mg/kg，标准差 37 mg/kg，变异系数 31.71%（表 9-28）。

表 9-28　底黏砂壤质潮土耕层养分状况

项目	有机质（%）	全氮（%）	碱解氮（mg/kg）	有效磷（mg/kg）	速效钾（mg/kg）
样本数	24	20	18	17	17
平均值	0.639	0.045	32.27	4.9	117
标准差	0.180	0.015	11.46	2.1	37
变异系数（%）	28.21	34.45	35.50	42.48	31.71

3. 典型剖面

以 1981 年春在封丘县油坊乡刘庄村采集的 15-65 号剖面为例。

剖面性态特征如下。

耕层：0～16 cm，灰黄色，砂壤，碎块状，土体松，根系多，pH 8.3，石灰反应强烈，容重 1.328 g/cm³。

亚耕层：16～26 cm，淡黄色，砂壤，碎块状，土体较紧，根系较多，pH 8.1，石灰反应强烈，容重 1.361 g/cm³。

心土层：26～55 cm，淡黄色，砂壤，碎块状，散，根系较少，pH 8.1，石灰反应强烈，有少量铁锈斑纹。

心土层：55～80 cm，红棕色，重壤，块状，紧，根系少，pH 8.2，石灰反应强烈，有大量铁锈斑纹。

底土层：80～100 cm，红棕色，重壤，块状，极紧，根系极少，pH 8.2，石灰反应强烈。

剖面理化性质详见表 9-29。

4. 生产性能

底黏砂壤质潮土耕层疏松易耕，适耕期长，通透性能良好，有机质分解快，发小苗，由于底土层有 20～50 cm 的黏土层，所以其托水、托肥性能较好。但该土种有机质及各种养分含量较低，代换能力弱。对底黏砂壤质潮土的改良利用措施：①增施农家肥料，提高耕层有机质含量；②有引黄灌溉条件的可引水放淤，以增加耕层黏粒含量，改善耕层结构，提高其保蓄及代换能力；③因地制宜地种植棉花、西瓜、花生、果树等适种性作物，对肥力较高的地块可种植小麦、玉米等高产作物。

表 9-29　底黏砂壤质潮土剖面理化性质

层次	深度（cm）	pH	有机质（%）	全氮（%）	全磷（%）	代换量（me/100g 土）	容重（g/cm³）
耕层	0~16	8.3	0.669	0.044	0.075	5.3	1.328
亚耕层	16~26	8.1	0.337	0.029	0.074	5.4	1.361
心土层	26~55	8.1	0.337	0.029	0.074	5.4	
	55~80	8.2	0.524	0.043	0.125	13.1	
底土层	80~100	8.2	0.524	0.043	0.125	13.1	

层次	深度（cm）	机械组成（卡庆斯基制,%）							质地
		0.25~1 mm	0.05~0.25 mm	0.01~0.05 mm	0.005~0.01 mm	0.001~0.005 mm	<0.001 mm	<0.01 mm	
耕层	0~16		54.37	20.12	11.77	1.81	1.99	15.57	砂壤
亚耕层	16~26		53.24	27.16	6.04	9.86	3.70	19.60	砂壤
心土层	26~55		53.24	27.16	6.04	9.86	3.70	19.60	砂壤
	55~80		16.01	30.55	15.07	18.53	19.84	53.44	重壤
底土层	80~100		16.01	30.55	15.07	18.53	19.84	53.44	重壤

二、壤质潮土土属

壤质潮土土属在新乡市的分布面积为 3 224 897.5 亩,占全市土壤总面积的 32.84%。包括轻壤质潮土、腰黏轻壤质潮土、体砂轻壤质潮土、体黏轻壤质潮土、底砂轻壤质潮土、底黏轻壤质潮土、壤质潮土、体砂壤质潮土、底砂壤质潮土、体黏壤质潮土、底黏壤质潮土、腰砂壤质潮土 12 个土种。

（一）轻壤质潮土

代号：11a02-1

1. 归属及分布

轻壤质潮土系在冲积平原上主河道、故道、泛道两侧的较远处及各种洼地的较高部位,慢流轻壤质沉积物上发育的土壤,属潮土类、潮土亚类、壤质潮土土属。新乡市分布面积 1 460 048.88 亩,占全市土壤总面积的 14.87%,其中耕地面积为 1 259 987.50 亩,占全市耕地面积的 18.26%,新乡市所辖 8 县均有分布,是新乡市面积最大的一个土种（表 9-30）。

表 9-30　轻壤质潮土面积分布　　　　　　　　　　　　　单位：亩

项目	延津	封丘	原阳	长垣	新乡	辉县	获嘉	汲县	合计
面积	323 941.30	297 837.19	287 668.97	280 147.5	113 012.19	78 814.19	48 176.08	30 451.46	1 460 048.88

2. 理化性状

（1）剖面性态特征　轻壤质潮土剖面发生型为耕层、亚耕层、心土层和底土层。耕层轻壤质,其下为同质地或者为与耕层仅差一级的异质土层。土壤颜色多灰黄色,碎块状结构,土体上松下散,植物根系上多下少,pH 7.9 左右,通体石灰反应强烈,心土层有铁锈斑纹。

（2）耕层养分状况 据农化样点统计分析：耕层有机质含量平均值 0.878%，标准差 0.344%，变异系数 39.22%；全氮含量平均值 0.065%，标准差 0.021%，变异系数 31.54%；有效磷含量平均值 9.0 mg/kg，标准差 7.1 mg/kg，变异系数 78.37%；速效钾含量平均值 138 mg/kg，标准差 67 mg/kg，变异系数 48.81%（表 9-31）。

表 9-31 轻壤质潮土耕层养分状况

项目	有机质（%）	全氮（%）	碱解氮（mg/kg）	有效磷（mg/kg）	速效钾（mg/kg）
样本数	897	566	668	879	891
平均值	0.878	0.065	53.61	9.0	138
标准差	0.344	0.021	21.71	7.1	67
变异系数（%）	39.22	31.54	40.50	78.37	48.81

3. 典型剖面

以 1984 年春在延津县僧固乡甘泉村采集的 3-86 号剖面为例。

剖面性态特征如下。

耕层：0~24 cm，灰黄色，轻壤，碎块状结构，土体松，根系多，pH 7.9，石灰反应强烈，容重 1.378 g/cm³。

亚耕层：24~34 cm，灰黄色，砂壤，碎块状结构，土体散，根系较多，pH 8.0，石灰反应强烈，容重 1.627 g/cm³。

心土层：34~56 cm，灰黄色，砂壤，块状结构，土体散，根系较少，pH 8.0，石灰反应强烈。

心土层：56~80 cm，灰黄色，砂壤，碎块状结构，土体散，根系少，pH 8.1，石灰反应强烈，有铁锈斑纹。

底土层：80~100 cm，灰黄色，砂壤，碎块状结构，土体散，根系极少，pH 8.1，石灰反应强烈。

剖面理化性质详见表 9-32。

4. 生产性能

轻壤质潮土耕层质地较适中，耕作较易，适耕期较长，通透性能较好，土体中水、肥、气、热比较协调。但轻壤质潮土代换性能一般，有机质含量偏低，产量水平一般，新乡市尚有相当一部分为中低产田。对轻壤质潮土的改良利用措施：①大力增施农家肥，采取以地养地、养用结合的方法，以培肥地力，提高耕层有机质含量；②实行科学配方施肥，协调土壤三要素比例，提高施肥效益；③搞好田间工程配套，建设旱涝保收农田；④有引黄灌溉条件的可引水放淤，以增加耕层黏粒含量，提高耕层的保蓄能力和代换能力。

表 9-32　轻壤质潮土剖面理化性质

层次	深度（cm）	pH	有机质（%）	全氮（%）	全磷（%）	代换量（me/100g 土）	容重（g/cm³）
耕层	0~24	7.9	0.632	0.051	0.128	5.22	1.378
亚耕层	24~34	8.0	0.239	0.029	0.122	3.94	1.627
心土层	34~56	8.0	0.239	0.029	0.122	3.94	
心土层	56~80	8.1	0.196	0.029	0.082	3.52	
底土层	80~100	8.1	0.196	0.029	0.082	3.52	

层次	深度（cm）	机械组成（卡庆斯基制,%）							质地
		0.25~1 mm	0.05~0.25 mm	0.01~0.05 mm	0.005~0.01 mm	0.001~0.005 mm	<0.001 mm	<0.01 mm	
耕层	0~24	1.6	29.3	46.0	6.0	9.2	7.9	23.1	轻壤
亚耕层	24~34	0.4	28.5	54.0	4.0	5.2	7.9	17.1	砂壤
心土层	34~56	0.4	28.5	54.0	4.0	5.2	7.9	17.1	砂壤
心土层	56~80	7.4	19.5	60.0	6.0	1.2	5.9	13.1	砂壤
底土层	80~100	7.4	19.5	60.0	6.0	1.2	5.9	13.1	砂壤

（二）腰黏轻壤质潮土

代号：11a02-2

1. 归属及分布

腰黏轻壤质潮土系在冲积平原上主河道、故道、泛道两侧的较远处及各种洼地的较高部位，慢流轻壤质沉积物覆盖在距地表 50 cm 以上大于 20 cm 的黏质土上发育而成的土壤，属潮土类、潮土亚类、壤质潮土土属。新乡市分布面积 84 680.86 亩，占全市土壤总面积 0.86%，其中耕地面积 73 819.5 亩，占全市总耕地面积的 1.07%。新乡市的封丘、原阳、延津、长垣、新乡、获嘉、汲县 7 县均有分布（表 9-33）。

表 9-33　腰黏轻壤质潮土面积分布　　　　　　　　　　　　　　单位：亩

项目	封丘	原阳	延津	长垣	新乡	获嘉	汲县	合计
面积	35 303.48	24 160.48	18 131.85	2 502.38	2 041.17	1 421.96	1 119.54	84 680.86

2. 理化性状

（1）剖面性态特征　腰黏轻壤质潮土，其剖面发生型为耕层、亚耕层、心土层和底土层。耕层轻壤质，剖面 50 cm 以上出现 20~50 cm 的黏土层（包括重壤），轻壤土多灰黄色，黏土多棕红或黄棕色，土体除亚耕层为片状结构外，其他多块状或碎块状结构，其紧实度上下部为散或较紧、中间紧，植物根系上多下少，pH 7.8 左右，通体石灰反应强烈或中等，心土层多见铁锈斑纹。

（2）耕层养分状况　据农化样点统计分析：有机质含量平均值 0.664%，标准差 0.156%，变异系数 23.57%；全氮含量平均值 0.056%，标准差 0.016%，变异系数 28.90%；有效磷含量平均值 4.5 mg/kg，标准差 4.1 mg/kg，变异系数 90.32%；速效钾

含量平均值 117 mg/kg，标准差 22 mg/kg，变异系数 19.10%（表9-34）。

表9-34 腰黏轻壤质潮土耕层养分状况

项目	有机质（%）	全氮（%）	碱解氮（mg/kg）	有效磷（mg/kg）	速效钾（mg/kg）
样本数	56	30	41	57	155
平均值	0.664	0.056	33.50	4.5	117
标准差	0.156	0.016	9.78	4.1	22
变异系数（%）	23.57	28.90	29.18	90.32	19.10

3. 典型剖面

以1984年春季在延津县司砦乡郑纸坊村采集的11-59号剖面为例。

剖面性态特征如下。

耕层：0~15 cm，灰黄色，轻壤，碎块状结构，土体散，根系多，pH 7.8，石灰反应中等，容重1.56 g/cm³；

亚耕层：15~40 cm，灰黄色，轻壤，片状结构，土体较紧，根系较多，pH 7.9，石灰反应中等，容重1.56 g/cm³；

心土层：40~75 cm，黄棕色，黏土，块状结构，土体紧，根系较少，pH 8.0，石灰反应中等，有铁锈斑纹；

底土层：75~100 cm，灰黄色，中壤，碎块状结构，土体较紧，根系少，pH 7.8，石灰反应中等。

剖面理化性质详见表9-35。

表9-35 腰黏轻壤质潮土剖面理化性质

层次	深度（cm）	pH	有机质（%）	全氮（%）	全磷（%）	代换量（me/100g 土）	容重（g/cm³）
耕层	0~15	7.8	0.807	0.081	0.148	7.78	1.56
亚耕层	15~40	7.9	0.611	0.074	0.156	6.12	1.56
心土层	40~75	8.0	0.807	0.068	0.156	24.15	
底土层	75~100	7.8	0.317	0.044	0.197	7.51	

层次	深度（cm）	机械组成（卡庆斯基制,%）							质地
		0.25~1 mm	0.05~0.25 mm	0.01~0.05 mm	0.005~0.01 mm	0.001~0.005 mm	<0.001 mm	<0.01 mm	
耕层	0~15	5.0	43.9	25.0	4.0	10.2	11.9	26.1	轻壤
亚耕层	15~40	6.6	41.1	32.2	0.0	3.2	16.9	20.1	轻壤
心土层	40~75	0.2	10.7	8.0	14.0	45.2	21.9	81.1	黏土
底土层	75~100	2.2	42.7	25.0	3.0	10.2	16.9	30.1	中壤

4. 生产性能

腰黏轻壤质潮土耕层较疏松，较易耕作，适耕期较长，剖面上部有大于20~50 cm

的黏质土层，故具有较良好的保蓄性能，托水、托肥能力较强，适合多种作物生长。但腰黏轻壤质潮土代换能力较弱，有机质及各种养分含量较低，通透性能稍差。对腰黏轻壤质潮土的改良措施：①大力增施农家肥，以地养地，养用结合，以培肥地力，提高耕层有机质含量；②加深耕层，以增加耕层黏粒含量，提高耕层代换能力和保蓄能力；③实行科学配方施肥，协调土壤三要素比例，提高施肥效益；④搞好田间工程配套，建设高产、稳产保收农田。

（三）体砂轻壤质潮土

代号：11a02-3

1. 归属及分布

体砂轻壤质潮土系在冲积平原上主河道、故道、泛道两侧的较远处及各种洼地的较高部位，慢流轻壤质沉积物覆盖在距地表50 cm以上大于50 cm的砂质土上发育而成的土壤，属潮土类、潮土亚类、壤质潮土土属。新乡市分布面积33 336.1亩，占全市土壤总面积的0.34%，其中耕地面积28 322.98亩，占全市总耕地面积的0.41%。在新乡市的原阳、封丘、新乡、汲县、延津、获嘉6县均有分布（表9-36）。

表9-36　体砂轻壤质潮土面积分布　　　　单位：亩

项目	原阳	封丘	新乡	汲县	延津	获嘉	合计
面积	19 779.73	9 243.22	1 360.78	1 231.49	1 095.22	625.66	33 336.1

2. 理化性状

（1）剖面性态特征　体砂轻壤质潮土剖面发生型为耕层、亚耕层、心土层和底土层。其耕层轻壤，剖面50 cm以上出现大于50 cm的砂质土层。土壤多灰黄色和浅灰色，上层多碎块状，下层无结构，其松紧度上部散或紧、下部松，根系上多下少，pH 8.8左右，通体石灰反应强烈，心土层和底土层有铁锈斑纹。

（2）耕层养分状况　据农化样点统计分析：有机质含量平均值0.758%，标准差0.176%，变异系数23.26%；全氮含量平均值0.053%，标准差0.010%，变异系数19.22%；有效磷含量平均值3.1 mg/kg，标准差1.2 mg/kg，变异系数38.22%；速效钾含量平均值123 mg/kg，标准差43 mg/kg，变异系数35.22%（表9-37）。

表9-37　体砂轻壤质潮土耕层养分状况

项目	有机质（%）	全氮（%）	碱解氮（mg/kg）	有效磷（mg/kg）	速效钾（mg/kg）
样本数	26	8	18	21	21
平均值	0.758	0.053	39.72	3.1	123
标准差	0.176	0.010	13.67	1.2	43
变异系数（%）	23.26	19.22	34.02	38.22	35.22

3. 典型剖面

以1983年4月在原阳县靳堂乡朱庄村采集的22-75号剖面为例。

剖面性态特征如下。

耕层：0~20 cm，灰黄色，轻壤，碎块状结构，土体散，根系多，pH 8.8，石灰反应强烈，容重 1.30 g/cm³；

亚耕层：20~28 cm，灰黄色，轻壤，碎块状结构，土体紧，根系较多，pH 8.8，石灰反应强烈，容重 1.42 g/cm³；

心土层：28~80 cm，浅灰色，砂土，无结构，土体松，根系较少，pH 9.1，石灰反应强烈，有铁锈斑纹；

底土层：80~100 cm，浅灰色，砂土，无结构，土体松，根系少，pH 9.1，石灰反应强烈，有铁锈斑纹。

剖面理化性质详见表9-38。

表9-38　体砂轻壤质潮土剖面理化性质

层次	深度（cm）	pH	有机质（%）	全氮（%）	全磷（%）	代换量（me/100g 土）	容重（g/cm³）
耕层	0~20	8.8	0.882	0.080	0.124	6.09	1.30
亚耕层	20~28	8.8	0.882	0.080	0.124	6.09	1.42
心土层	28~80	9.1	0.183	0.019	0.110	3.05	
底土层	80~100	9.1	0.183	0.019	0.110	3.05	

层次	深度（cm）	机械组成（卡庆斯基制,%）							质地
		0.25~1 mm	0.05~0.25 mm	0.01~0.05 mm	0.005~0.01 mm	0.001~0.005 mm	<0.001 mm	<0.01 mm	
耕层	0~20			72.2	12.3	6.1	9.4	27.8	轻壤
亚耕层	20~28			72.2	12.3	6.1	9.4	27.8	轻壤
心土层	28~80		1.4	93.3	2.1	2.0	1.2	5.3	砂土
底土层	80~100		1.4	93.3	2.1	2.0	1.2	5.3	砂土

4. 生产性能

体砂轻壤质潮土，其耕层质地较适中，耕作较易，适耕期较长，代换能力一般，有机质及各种养分含量偏低，其剖面下部有大于 50 cm 的砂质土，故极易漏水、漏肥，属漏砂型土壤。对其应采取的改良利用措施：①大力增施有机肥料，以地养地，养用结合，以培肥地力，提高耕层有机质及各种养分含量；②有引黄灌溉条件的可引水放淤，以增加耕层黏粒含量，改善耕层结构，提高其保蓄及代换能力；③实行科学管理，勤浇水、勤施肥，但要少用量，以便作物吸收，提高施肥效益。

（四）体黏轻壤质潮土

代号：11a02-4

1. 归属及分布

体黏轻壤质潮土系在冲积平原上主河道、故道、泛道两侧的较远处及各种洼地的较高部位，慢流轻壤质沉积物覆盖在距地表 50 cm 以上大于 50 cm 的黏质土上发育而成的土壤，属潮土类、潮土亚类、壤质潮土土属。新乡市分布面积 48 692 亩，占全市土壤总面积的 0.50%，其中耕地面积 41 219.87 亩，占全市耕地面积的 0.60%。分布在新乡市的原阳、封丘、辉县、延津、新乡、长垣、获嘉 7 县（表 9-39）。

表 9-39 体黏轻壤质潮土面积分布
单位：亩

项目	原阳	封丘	辉县	延津	新乡	长垣	获嘉	合计
面积	19 514.23	16 945.91	5 208.98	4 259.18	1 360.78	834.13	568.79	48 692

2. 理化性状

（1）剖面性态特征　体黏轻壤质潮土剖面发生型为耕层、亚耕层、心土层和底土层。耕层轻壤质，剖面上部出现大于 50 cm 的黏质土层（包括重壤），轻壤多灰黄色，中壤、黏土分别为棕红色、浅棕色；亚耕层结构为片状，其他多块状和碎块状；其松紧度上散、中紧、下极紧，植物根系上多下少，pH 8.5 左右，通体石灰反应强烈，心土层和底土层多见铁锈斑纹。

（2）耕层养分状况　据农化样点统计分析：有机质含量平均值 0.819%，标准差 0.186%，变异系数 22.72%；全氮含量平均值 0.059%，标准差 0.010%，变异系数 17.37%；有效磷含量平均值 4.8 mg/kg，标准差 4.7 mg/kg，变异系数 98.98%；速效钾含量平均值 135 mg/kg，标准差 42 mg/kg，变异系数 31.46%（表 9-40）。

表 9-40 体黏轻壤质潮土耕层养分状况

项目	有机质（%）	全氮（%）	碱解氮（mg/kg）	有效磷（mg/kg）	速效钾（mg/kg）
样本数	34	20	51	31	33
平均值	0.819	0.059	44.78	4.8	135
标准差	0.186	0.010	13.79	4.7	42
变异系数（%）	22.72	17.37	30.79	98.98	31.46

3. 典型剖面

以 1983 年 4 月在原阳县靳堂乡大石佛村采集的 22-8 号剖面为例。

剖面性态特征如下。

耕层：0~20 cm，灰黄色，轻壤，碎块状结构，土体散，根系多，pH 8.62，石灰反应强烈，容重 1.48 g/cm³。

亚耕层：20~30 cm，棕红色，中壤，片状结构，土体较紧，根系较多，pH 8.90，石灰反应强烈，容重 1.57 g/cm³。

心土层：30~40 cm，棕红色，中壤，块状结构，土体较紧，根系较少，pH 8.90，石灰反应强烈，有少量铁锈斑纹。

心土层：40~80 cm，浅棕色，重壤，块状结构，土体紧，根系少，pH 8.55，石灰反应强烈，有大量铁锈斑纹。

底土层：80～100 cm，浅棕色，重壤，块状结构，土体紧，根系极少，pH 8.55，石灰反应强烈。

剖面理化性质详见表9-41。

表9-41 体黏轻壤质潮土剖面理化性质

层次	深度（cm）	pH	有机质（%）	全氮（%）	全磷（%）	代换量（me/100g 土）	容重（g/cm³）
耕层	0～20	8.62	0.686	0.049	0.097	6.55	1.48
亚耕层	20～30	8.90	0.483	0.068	0.111	8.58	1.57
心土层	30～40	8.90	0.483	0.068	0.111	8.58	
心土层	40～80	8.55	0.499	0.057	0.118	10.54	
底土层	80～100	8.55	0.499	0.057	0.118	10.54	

层次	深度（cm）	机械组成（卡庆斯基制,%）							质地
		0.25～1 mm	0.05～0.25 mm	0.01～0.05 mm	0.005～0.01 mm	0.001～0.005 mm	<0.001 mm	<0.01 mm	
耕层	0～20		1.7	77.1	4.1	10.2	6.9	21.2	轻壤
亚耕层	20～30			69.1	7.1	16.4	7.4	30.9	中壤
心土层	30～40			69.1	7.1	16.4	7.4	30.9	中壤
心土层	40～80			54.6	15.4	22.6	7.4	45.4	重壤
底土层	80～100			54.6	15.4	22.6	7.4	45.4	重壤

4. 生产性能

体黏轻壤质潮土，其耕层质地较适中，耕作较易，适耕期比较长，心土层有大于50 cm的黏土层，其保蓄性能及托水、托肥能力较强。但其通透性能稍差，有机质及各种养分含量一般偏低，在新乡市有相当一部分为中低产田。对其应采取的改良利用措施：①大力增施农家肥，以提高耕层有机质及各种养分含量；②逐年加深耕层，翻淤压壤，以增加耕层黏粒含量，提高其保蓄及代换性能；③实行科学配方施肥，协调土壤三要素比例，提高施肥效益；④搞好田间工程配套，建设高产、稳产保收农田。

（五）底砂轻壤质潮土

代号：11a02-5

1. 归属及分布

底砂轻壤质潮土系在冲积平原上主河道、故道、泛道两侧的较远处及各种洼地的较高部位，慢流轻壤质沉积物覆盖在距地表50 cm以下20～50 cm的砂质土上发育的土壤，属潮土类、潮土亚类、壤质潮土土属。新乡市分布面积22 659.33亩，占全市土壤总面积的0.23%，其中，耕地面积17 684.17亩，占全市总耕地面积的0.26%。新乡市的原阳、新乡、汲县、封丘、长垣、延津、获嘉7县均有分布（表9-42）。

表 9-42　底砂轻壤质潮土面积分布　　　　　　　　　　单位：亩

项目	原阳	新乡	汲县	封丘	长垣	延津	获嘉	合计
面积	12 478.49	4 082.34	2 462.99	2 439.18	595.81	486.76	113.76	22 659.33

2. 理化性状

（1）剖面性态特征　底砂轻壤质潮土剖面发生型为耕层、亚耕层、心土层和底土层。其耕层轻壤质，剖面 50 cm 以下出现大于 20 cm 的砂质土层。土壤多灰黄色和浅灰色，土体多碎块状结构，砂土为无结构，土体上散或较紧、下部多松，植物根系上多下少，pH 8.8 左右，通体石灰反应强烈，心土层和底土层多见铁锈斑纹。

（2）耕层养分状况　据农化样点统计分析：有机质含量平均值 0.695%，标准差 0.127%，变异系数 18.20%；全氮含量平均值 0.043%，标准差 0.012%，变异系数 27.39%；有效磷含量平均值 3.5 mg/kg，标准差 2.8 mg/kg，变异系数 80.08%；速效钾含量平均值 118 mg/kg，标准差 60 mg/kg，变异系数 50.60%（表 9-43）。

表 9-43　底砂轻壤质潮土耕层养分状况

项目	有机质（%）	全氮（%）	碱解氮（mg/kg）	有效磷（mg/kg）	速效钾（mg/kg）
样本数	8	7	8	8	8
平均值	0.695	0.043	38.79	3.5	118
标准差	0.127	0.012	11.87	2.8	60
变异系数（%）	18.20	27.39	30.59	80.08	50.60

3. 典型剖面

以 1983 年 4 月在原阳县路寨村采集的 19-90 号剖面为例。

剖面性态特征如下。

耕层：0~20 cm，灰黄色，轻壤，碎块状结构，土体散，根系多，pH 8.8，石灰反应强烈，容重 1.44 g/cm³。

亚耕层：20~30 cm，灰黄色，轻壤，碎块状结构，土体较紧，根系较多，pH 8.8，石灰反应强烈，容重 1.50 g/cm³。

心土层：30~50 cm，灰黄色，轻壤，碎块状结构，土体较紧，根系较少，pH 8.8，石灰反应强烈，有铁锈斑纹。

心土层：50~60 cm，浅灰色，砂土，无结构，土体松根系少，pH 8.9，石灰反应强烈。

底土层：80~100 cm，浅灰色，砂土，无结构，土体松，根系极少，pH 8.9，石灰反应强烈，有铁锈斑纹。

剖面理化性质详见表 9-44。

表 9-44　底砂轻壤质潮土剖面理化性质

层次	深度（cm）	pH	有机质（%）	全氮（%）	全磷（%）	代换量（me/100g 土）	容重（g/cm³）
耕层	0~20	8.8	0.607	0.049	0.130	5.78	1.44
亚耕层	20~30	8.8	0.552	0.044	0.130	5.51	1.50
心土层	30~50	8.8	0.552	0.044	0.130	5.51	
心土层	50~80	8.9	0.181	0.012	0.138	1.95	
底土层	80~100	8.9	0.181	0.012	0.138	1.95	

层次	深度（cm）	机械组成（卡庆斯基制,%）							质地
		0.25~1 mm	0.05~0.25 mm	0.01~0.05 mm	0.005~0.01 mm	0.001~0.005 mm	<0.001 mm	<0.01 mm	
耕层	0~20		16.6	62.9	8.0	9.2	3.3	20.5	轻壤
亚耕层	20~30		17.5	60.9	8.2	12.2	1.2	21.6	轻壤
心土层	30~50		17.5	60.9	8.2	12.2	1.2	21.6	轻壤
心土层	50~80		82.6	12.2	2.0	2.0	1.2	5.2	砂土
底土层	80~100		82.6	12.2	2.0	2.0	1.2	5.2	砂土

4. 生产性能

底砂轻壤质潮土耕层较疏松，耕作较易，适耕期较长，剖面下部有 20~50 cm 的砂土层，有一定的漏水、漏肥现象，有机质及各种养分含量偏低，作物后期易脱水、脱肥，不拔籽。对其应采取的改良利用措施：①大力增施农家肥，以提高耕层有机质及各种养分含量；②有引黄灌溉条件的可引水放淤，以增加黏粒含量，提高其保蓄及代换性能；③科学管理，勤浇水、勤追肥，少用量，以便作物吸收。

（六）底黏轻壤质潮土

代号：11a02-6

1. 归属及分布

底黏轻壤质潮土冲积平原上主河道、故道、泛道两侧的较远处及各种洼地的较高部位，慢流轻壤质沉积物覆盖在距地表 50 cm 以下大于 20 cm 的黏质土上发育的土壤，属潮土类、潮土亚类、壤质潮土土属。新乡市分布面积 98 655.15 亩，占全市土壤总面积的 1.00%，其中耕地面积 82 801.23 亩，占全市耕地面积的 1.20%，分布在新乡市的原阳、封丘、延津、获嘉、新乡、长垣、汲县 7 县（表 9-45）。

表 9-45　底黏轻壤质潮土面积分布　　　　　　　　　　　　　　单位：亩

项目	原阳	封丘	延津	获嘉	新乡	长垣	汲县	合计
面积	46 462.46	35 432.46	10 587.08	3 469.59	1 428.82	714.97	559.77	98 655.15

2. 理化性状

（1）剖面性态特征　底黏轻壤质潮土剖面发生型为耕层、亚耕层、心土层和底土层。其耕层为轻壤质，剖面下部出现大于 20 cm 的黏质土。土壤多浅黄色、灰黄色或棕红色，土体多碎块、块状和团块状结构，其紧实度为上散下紧，根系上多下少，pH 7.9左右，通体石灰反应强烈，心土层和底土层多见铁锈斑纹。

（2）耕层养分状况　据农化样点统计分析：有机质含量平均值 0.716%，标准差 0.131%，变异系数 18.31%；全氮含量平均值 0.048%，标准差 0.012%，变异系数 24.44%；有效磷含量平均值 3.6 mg/kg，标准差 2.5 mg/kg，变异系数 68.80%；速效钾含量平均值 123 mg/kg，标准差 27 mg/kg，变异系数 22.28%（表9-46）。

表9-46　底黏轻壤质潮土耕层养分状况

项目	有机质（%）	全氮（%）	碱解氮（mg/kg）	有效磷（mg/kg）	速效钾（mg/kg）
样本数	63	29	56	69	67
平均值	0.716	0.048	34.60	3.6	123
标准差	0.131	0.012	9.40	2.5	27
变异系数（%）	18.31	24.44	27.13	68.80	22.28

3. 典型剖面

现以 1984 年春季在延津县新安乡安乐村采集的 5-87 号剖面为例。

剖面性态特征如下。

耕层：0~26 cm，浅黄色，轻壤，碎块状结构，土体散，根系多，pH 8.0，石灰反应强烈，容重 1.357 g/cm³。

亚耕层：26~36 cm，灰黄色，砂壤，碎块状结构，土体较紧，根系较多，pH 8.0，石灰反应强烈，容重 1.713 g/cm³。

心土层：36~51 cm，灰黄色，砂壤，碎块状结构，土体较紧，根系较少，pH 8.0，石灰反应强烈。

心土层：51~80 cm，棕红色，黏土，块状结构，土体紧，根系少，pH 7.9，石灰反应强烈，有铁锈斑纹。

底土层：80~100 cm，棕红色，黏土，团块状结构，根系极少，pH 7.9，石灰反应强烈，有铁锈斑纹。

剖面理化性质详见表9-47。

4. 生产性能

底黏轻壤质潮土耕层较疏松易耕，适耕期较长，剖面下部有大于 20 cm 的黏质土层，使其保蓄、托水、托肥性能增强，土体中水、肥、气、热因素比较协调。但因其耕层有机质及各种养分含量偏低，代换性能一般，新乡市尚有相当部分地区产量不高。对底黏轻壤质潮土应采取的改良利用措施：①增施农家肥料，以地养地，养用结合，以培肥地力，提高耕层有机质及各种养分含量；②有引黄灌溉条件的可引水放淤，以增加耕层黏粒含量，改善耕层结构，提高其保蓄及代换能力；③实行科学配方施肥，协调土壤三要素比例，提高施肥效益；④搞好农田工程配套，建设高产、稳产保收农田。

表 9-47 底黏轻壤质潮土剖面理化性质

层次	深度 （cm）	pH	有机质 （%）	全氮 （%）	全磷 （%）	代换量 （me/100g 土）	容重 （g/cm³）
耕层	0~26	8.0	0.371	0.059	0.136	4.42	1.357
亚耕层	26~36	8.0	0.299	0.044	0.132	6.76	1.731
心土层	36~51	8.0	0.299	0.044	0.132	6.76	
	51~80	7.9	0.588	0.074	0.148	23.99	
底土层	80~100	7.9	0.588	0.074	0.148	23.99	

层次	深度 （cm）	机械组成（卡庆斯基制,%）							质地
		0.25~1 mm	0.05~ 0.25 mm	0.01~ 0.05 mm	0.005~ 0.01 mm	0.001~ 0.005 mm	<0.001 mm	<0.01 mm	
耕层	0~26	19.2	37.5	23.0	5.0	5.2	10.1	20.3	轻壤
亚耕层	26~36	3.0	29.7	48.0	4.0	5.2	10.1	19.3	砂壤
心土层	36~51	3.0	29.7	48.0	4.0	5.2	10.1	19.3	砂壤
	51~80	0.4	13.3	9.0	13.0	28.2	36.1	77.3	黏土
底土层	80~100	0.4	13.3	9.0	13.0	28.2	36.1	77.3	黏土

（七）壤质潮土

代号：11a02-7

1. 归属及分布

壤质潮土系在冲积平原上主河道、故道、泛道两侧的较远处及各种洼地的较高部位，慢流壤质沉积物上发育的土壤，属潮土类、潮土亚类、壤质潮土土属。新乡市分布面积 1 300 988.23 亩，占全市土壤总面积的 13.25%，其中耕地面积 1 128 180.11 亩，占全市总耕地面积的 16.35%。新乡市的长垣、封丘、新乡、获嘉、辉县、原阳、汲县、延津 8 县和新郊均有分布（表 9-48）。

表 9-48 壤质潮土面积分布　　　　　　　　　　　　单位：亩

项目	长垣	封丘	新乡	获嘉	辉县
面积	265 371.54	259 708.89	191 189.59	187 187.11	173 028.85
项目	原阳	汲县	延津	新郊	合计
面积	100 889.91	88 891.91	11 560.64	23 159.79	1 300 988.23

2. 理化性状

（1）剖面性态特征　壤质潮土剖面发生型为耕层、亚耕层、心土层和底土层。其通体壤质，或耕层为壤质，其下为仅差一级的异质土层。土壤多灰黄色和棕黄色，耕层团粒或碎块状结构，亚耕层多片状结构，其他多块状结构，其紧实度为上松下紧，根系上多下少，pH 8.3 左右，石灰反应强烈，心土层和底土层多见铁锈斑纹。

（2）耕层养分状况　据农化样点统计分析：有机质含量平均值 1.143%，标准差 1.040%，变异系数 90.90%；全氮含量平均值 0.071%，标准差 0.027%，变异系数 37.91%；有效磷含量平均值 9.9 mg/kg，标准差 7.82 mg/kg，变异系数 79.00%；速效钾

含量平均值 145 mg/kg，标准差 53 mg/kg，变异系数 36.70%（表 9-49）。

表 9-49　壤质潮土耕层养分状况

项目	有机质 （%）	全氮 （%）	碱解氮 （mg/kg）	有效磷 （mg/kg）	速效钾 （mg/kg）
样本数	788	457	549	778	778
平均值	1.143	0.071	57.24	9.90	145
标准差	1.040	0.027	29.15	7.82	53
变异系数（%）	90.90	37.91	50.92	79.00	36.70

3. 典型剖面

现以 1981 年春季在封丘县应举乡应举村采集的 3-117 号剖面为例。

剖面性态特征如下。

耕层：0~20 cm，灰黄色，中壤，粒状结构，土体松，根系多，pH 8.3，石灰反应强烈。

亚耕层：20~30 cm，棕黄色，重壤，片状结构，土体紧，根系较多，pH 8.4，石灰反应强烈。

心土层：30~45 cm，棕黄色，重壤，块状结构，土体紧，根系较少，pH 8.4，石灰反应强烈。

心土层：45~80 cm，黄褐色，中壤，块状结构，土体紧，根系少，pH 8.3，石灰反应强烈，有铁锈斑纹。

底土层：80~120 cm，黄棕色，重壤，块状结构，土体紧，根系极少，pH 8.3，石灰反应强烈，有铁锈斑纹。

剖面理化性质详见表 9-50。

表 9-50　壤质潮土剖面理化性质

层次	深度 （cm）	pH	有机质 （%）	全氮 （%）	全磷 （%）	代换量 （me/100g 土）	容重 （g/cm³）
耕层	0~20	8.3	1.148	0.069	0.142	11.4	
亚耕层	20~35	8.4	0.691	0.047	0.122	13.1	
心土层	35~45	8.4	0.691	0.047	0.122	13.1	
	45~80	8.3	0.317	0.028	0.106	8.5	
底土层	80~120	8.3	0.462	0.033	0.121	10.0	

层次	深度 （cm）	机械组成（卡庆斯基制,%）							质地
		0.25~1 mm	0.05~ 0.25 mm	0.01~ 0.05 mm	0.005~ 0.01 mm	0.001~ 0.005 mm	<0.001 mm	<0.01 mm	
耕层	0~20		35.67	27.50	10.15	16.24	10.44	36.83	中壤
亚耕层	20~35		8.97	34.79	12.62	20.95	22.67	56.24	重壤
心土层	35~45		8.97	34.79	12.62	20.95	22.67	56.24	重壤
	45~80		23.81	43.52	4.05	10.12	18.50	32.67	中壤
底土层	80~120		3.31	50.11	11.31	20.58	14.69	46.58	重壤

4. 生产性能

壤质潮土耕层砂粒、黏粒含量适中，较易耕作，适耕期较长，通透性、保蓄性及供肥性能良好，土体中水、肥、气、热因素协调，适合多种农作物生长，是新乡市的高产土种之一。为使中产变高产，高产更高产，对壤质潮土应采取的改良利用措施：①增施农家肥，以地养地，养用结合，以培肥地力；②实行科学配方施肥，协调土壤三要素比例，以提高施肥效益；③搞好田间工程配套，防旱、除涝同时抓，建设高产、稳产保收农田。

（八）体砂壤质潮土

代号：11a02-8

1. 归属及分布

体砂壤质潮土系在冲积平原上主河道、故道、泛道两侧的较远处及各种洼地的较高部位，慢流壤质沉积物覆盖在距地表50 cm以上大于50 cm的砂质土上发育而成土壤，属潮土类、潮土亚类、壤质潮土土属。新乡市分布面积41 451.44亩，占全市土壤总面积的0.42%，其中耕地面积36 725.08亩，占全市总耕地面积的0.53%。在新乡市的封丘、原阳、长垣、获嘉、新乡、延津6县均有分布（表9-51）。

表9-51　体砂壤质潮土面积分布　　　　　　　单位：亩

项目	封丘	原阳	长垣	获嘉	新乡	延津	合计
面积	18 871.58	9 557.99	6 553.86	5 232.82	748.43	486.76	41 451.44

2. 理化性状

（1）剖面性态特征　体砂壤质潮土剖面发生型为耕层、亚耕层、心土层和底土层。其耕层壤质土，剖面上部出现大于50 cm的砂质土层。土壤多浅棕色和棕黄色，耕层碎块状结构，亚耕层为片状，其他层为碎块状或为无结构，亚耕层紧，其他为松、散，植物根系上多下少，pH 8.15左右，石灰反应中等或强烈，心土层和底土层多见铁锈斑纹。

（2）耕层养分状况　据农化样点统计分析：有机质含量平均值0.713%，标准差0.150%，变异系数21.09%；全氮含量平均值0.050%，标准差0.011%，变异系数22.24%；有效磷含量平均值4.1 mg/kg，标准差3.9 mg/kg，变异系数94.94%；速效钾含量平均值147 mg/kg，标准差52 mg/kg，变异系数35.21%（表9-52）。

表9-52　体砂壤质潮土耕层养分状况

项目	有机质（%）	全氮（%）	碱解氮（mg/kg）	有效磷（mg/kg）	速效钾（mg/kg）
样本数	24	10	14	22	22
平均值	0.713	0.050	42.84	4.1	147
标准差	0.150	0.011	20.21	3.9	52
变异系数（%）	21.09	22.24	47.17	94.94	35.21

3. 典型剖面

以 1982 年春季在获嘉县徐营乡李浮庄村采集的 9-196 号剖面为例。

剖面性态特征如下。

耕层：0~20 cm，浅棕色，中壤，碎块状结构，土体散，根系多，pH 8.22，石灰反应中等，容重 1.37 g/cm³。

亚耕层：20~35 cm，浅棕色，中壤，片状结构，土体紧，根系较多，pH 8.22，石灰反应中等，容重 1.40 g/cm³。

心土层：35~80 cm，棕黄色，砂土，无结构，土体松，根系较少，pH 8.15，石灰反应中等，有铁锈斑纹。

底土层：80~100 cm，棕黄色，砂土，无结构，土体散，根系少，pH 8.15，石灰反应中等，有铁锈斑纹。

剖面理化性质详见表 9-53。

表 9-53　体砂壤质潮土剖面理化性质

层次	深度（cm）	pH	有机质（%）	全氮（%）	全磷（%）	代换量（me/100g 土）	容重（g/cm³）
耕层	0~20	8.22	0.600	0.043	0.131	9.4	1.37
亚耕层	20~35	8.22	0.600	0.043	0.131	9.4	1.40
心土层	35~80	8.15	0.140	0.013	0.103	3.9	
底土层	80~100	8.15	0.140	0.013	0.103	3.9	

层次	深度（cm）	机械组成（卡庆斯基制,%）							质地
		0.25~1 mm	0.05~0.25 mm	0.01~0.05 mm	0.005~0.01 mm	0.001~0.005 mm	<0.001 mm	<0.01 mm	
耕层	0~20	0.64	9.29	51.18	7.16	18.42	13.31	38.89	中壤
亚耕层	20~35	0.64	9.29	51.18	7.16	18.42	13.31	38.89	中壤
心土层	35~80	0.54	40.87	52.53	1.01	2.02	3.03	6.06	砂土
底土层	80~100	0.54	40.87	52.53	1.01	2.02	3.03	6.06	砂土

4. 生产性能

体砂壤质潮土耕层质地适中，较易耕作，适耕期较长，其保蓄性能较强，其剖面下部出现大于 50 cm 的砂质土层，漏水、漏肥现象严重，是壤质潮土中性能最差的一个土种。对其应采取的改良利用措施：①增施有机肥，实行以地养地、养用结合的方法，以培肥地力；②推行科学配方施肥，协调土壤三要素比例，提高施肥效益；③加强田间管理，勤浇水，勤施肥、少用量，以便作物吸收。

（九）底砂壤质潮土

代号：11a02-9

1. 归属及分布

底砂壤质潮土系在冲积平原主河道、故道、泛道两侧的较远处及各种洼地的较高部位，慢流壤质沉积物覆盖在距地表 50 cm 以下，大于 20 cm 的砂质土上发育而成的土壤，属潮土类、潮土亚类、壤质潮土土属。新乡市分布面积 85 550.39 亩，占全市土壤总面积的 0.87%，其中耕地面积 72 516.1 亩，占全市总耕地面积的 1.05%。在新乡市的原阳、长垣、封丘、新乡、获嘉、辉县 6 县均有分布（表 9-54）。

表 9-54　底砂壤质潮土面积分布　　　　　　　　　　　　单位：亩

项目	原阳	长垣	封丘	新乡	获嘉	辉县	合计
面积	28 142.98	18 112.47	15 405.37	11 566.63	8 019.87	4 303.07	85 550.39

2. 理化性状

（1）剖面性态特征　底砂壤质潮土剖面发生型为耕层、亚耕层、心土层和底土层。其耕层壤质，剖面 50 cm 以下有大于 20 cm 的砂质土层。土壤多灰黄色或浅黄色，亚耕层为片状结构，其他为碎块状或块状结构，其松紧度为上下松散、中间紧，根系上多下少，pH 7.7 左右，通体石灰反应强烈，心土层和底土层多见铁锈斑纹。

（2）耕层养分状况　据农化样点统计分析：有机质含量平均值 0.878%，标准差 0.249%，变异系数 28.39；全氮含量平均值 0.057%，标准差 0.014%，变异系数 24.43%；有效磷含量平均值 5.7 mg/kg，标准差 4.9 mg/kg，变异系数 86.46%；速效钾含量平均值 149 mg/kg，标准差 47 mg/kg，变异系数 31.26%（表 9-55）。

表 9-55　底砂壤质潮土耕层养分状况

项目	有机质 （%）	全氮 （%）	碱解氮 （mg/kg）	有效磷 （mg/kg）	速效钾 （mg/kg）
样本数	46	26	36	47	47
平均值	0.878	0.057	46.37	5.7	149
标准差	0.249	0.014	13.34	4.9	47
变异系数（%）	28.39	24.43	28.77	86.46	31.26

3. 典型剖面

以采自长垣县芦岗乡大付占村 6-125 号剖面为例。

剖面性态特征如下。

耕层：0~15 cm，灰黄色，中壤，碎块状结构，土体松，根系多，pH 7.70，石灰反应强烈，容重 1.45 g/cm³。

亚耕层：15~25 cm，灰黄色，重壤，片状结构，土体较紧，根系较多，pH 7.85，石灰反应强烈，容重 1.57 g/cm³。

心土层：25~42 cm，灰黄色，中壤，块状结构，土体紧，根系较多，pH 8.35，石灰反应强烈。

心土层：42~71 cm，棕黄色，中壤，块状结构，土体紧，根系较少，pH 8.35，石灰反应强烈，有铁锈斑纹。

底土层：71~100 cm，浅黄色，砂壤，碎块状结构，根系少，pH 8.90，石灰反应强烈，有铁锈斑纹。

剖面理化性质详见表9-56。

表9-56 底砂壤质潮土剖面理化性质

层次	深度（cm）	pH	有机质（%）	全氮（%）	全磷（%）	代换量（me/100g 土）	容重（g/cm³）
耕层	0~15	7.70	1.017	0.065	0.061	9.71	1.45
亚耕层	15~25	7.85	0.842	0.059	0.058	9.25	1.57
心土层	25~42	8.35	0.531	0.029	0.054	6.92	
	42~71	8.35	0.704	0.046	0.056	9.80	
底土层	71~100	8.90	0.172	0.014	0.051	3.67	

层次	深度（cm）	机械组成（卡庆斯基制,%）							
		0.25~1 mm	0.05~0.25 mm	0.01~0.05 mm	0.005~0.01 mm	0.001~0.005 mm	<0.001 mm	<0.01 mm	质地
耕层	0~15		19.53	35.79	19.22	12.29	13.17	44.68	中壤
亚耕层	15~25		9.25	38.98	17.23	25.43	9.11	51.77	重壤
心土层	25~42		34.94	34.46	7.41	10.95	12.24	30.60	中壤
	42~71		18.93	31.78	12.50	25.43	11.36	49.29	中壤
底土层	71~100		75.42	11.03	4.53	1.81	7.21	13.55	砂壤

4. 生产性能

底砂壤质潮土耕层质地适中，较易耕作，适耕期较长，保肥、供肥性能较好，因底土层有大于 20 cm 的砂质土层，故有一定的漏水、漏肥现象。对其应采取的改良利用措施：①大力增施农家肥，以提高耕层有机质及各种养分含量；②推行科学配方施肥，协调土壤三要素比例；③加强作物田间管理，勤浇水，勤追肥、少用量，以便作物吸收。

（十）体黏壤质潮土

代号：11a02-10

1. 归属及分布

体黏壤质潮土系在冲积平原上主河道、故道、泛道两侧的较远处及各种洼地的较高部位，慢流壤质沉积物覆盖在距地表 50 cm 以上大于 50 cm 的黏质土上发育而成的土壤，属潮土类、潮土亚类、壤质潮土土属。新乡市分布面积 20 031.13 亩，占全市土壤总面积的 0.21%，其中耕地面积 17 343.55 亩，占全市总耕地面积的 0.25%。新乡市的原阳、获嘉、汲县、长垣 4 县均有分布（表9-57）。

表9-57 体黏壤质潮土面积分布   单位：亩

项目	原阳	获嘉	汲县	长垣	合计
面积	5 575.5	6 086.0	6 045.51	2 324.12	20 031.13

2. 理化性状

（1）剖面性态特征　体黏壤质潮土剖面发生型为耕层、亚耕层、心土层和底土层。其耕层为壤质，剖面上部出现大于 50 cm 的黏土层。土壤多棕色或暗棕色，耕层多粒状结构，亚耕层为片状结构，其他多块状结构，耕层松紧度为松，以下各层为紧，植物根系上多下少，pH 8.0 左右，石灰反应中等或弱，底土层多见铁锈斑纹。

（2）耕层养分状况　据农化样点统计分析：有机质含量平均值 1.090%，标准差 0.320%，变异系数 29.36%；全氮含量平均值 0.070%，标准差 0.020%，变异系数 28.57%；有效磷含量平均值 9.0 mg/kg，标准差 6.7 mg/kg，变异系数 73.38%；速效钾含量平均值 221 mg/kg，标准差 65 mg/kg，变异系数 29.58%（表 9-58）。

表 9-58　体黏壤质潮土耕层养分状况

项目	有机质（%）	全氮（%）	碱解氮（mg/kg）	有效磷（mg/kg）	速效钾（mg/kg）
样本数	15	6	14	15	15
平均值	1.090	0.070	50.68	9.0	221
标准差	0.320	0.020	12.28	6.7	65
变异系数（%）	29.36	28.57	24.23	73.38	29.58

3. 典型剖面

以 1982 年春在获嘉县照镜乡冯村采集的 2-196 号剖面为例。

剖面性态特征如下。

耕层：0~27 cm，暗黄棕色，中壤，团粒状结构，土体松，根系多，pH 8.05，石灰反应中等，容重 1.31 g/cm³。

亚耕层：27~52 cm，棕色，黏土，片状结构，土体紧，根系较多，pH 8.00，石灰反应中等，容重 1.35 g/cm³。

心土层：52~75 cm，棕褐色，黏土，块状结构，土体紧，根系较少，pH 8.00，石灰反应弱。

底土层：75~100 cm，棕色，黏土，块状结构，土体紧，根系少，pH 8.15，石灰反应弱，有铁锈斑纹。

剖面理化性质详见表 9-59。

4. 生产性能

体黏壤质潮土，农民称之为"蒙金地"，其耕层砂黏适中，耕作较易，适耕期较长，剖面中有大于 50 cm 的黏土层，其保蓄、托水、托肥性能良好，为新乡市农业生产上比较理想的土壤之一。但其通透性能稍差，部分地区土壤有机质含量偏低，有的还未摆脱旱涝威胁。对体黏壤质潮土应采取的改良利用措施：①增施农家肥，以培肥地力；②推行科学配方施肥，协调土壤三要素比例，提高施肥效益；③因地制宜地种植小麦、玉米等高产作物，有水利条件的可扩种水稻作物；④搞好农田工程配套，抗旱、排涝同时抓，建设高产、稳产保收农田。

表 9-59 体黏壤质潮土剖面理化性质

层次	深度（cm）	pH	有机质（%）	全氮（%）	全磷（%）	代换量（me/100g 土）	容重（g/cm³）
耕层	0~27	8.05	0.720	0.045	0.077	8.8	1.31
亚耕层	27~52	8.00	0.390	0.080	0.093	17.3	1.35
心土层	52~75	8.00	1.060	0.073	0.090	17.1	
底土层	75~100	8.15	0.960	0.058	0.077	14.5	

层次	深度（cm）	机械组成（卡庆斯基制,%）							
		0.25~1 mm	0.05~0.25 mm	0.01~0.05 mm	0.005~0.01 mm	0.001~0.005 mm	<0.001 mm	<0.01 mm	质地
耕层	0~27		42.78	24.57	9.18	12.25	11.22	32.65	中壤
亚耕层	27~52		2.89	35.13	17.56	25.82	18.60	61.98	黏土
心土层	52~75		5.02	28.86	16.53	35.13	14.46	66.12	黏土
底土层	75~100		0.21	38.06	20.58	24.69	16.46	61.73	黏土

（十一）底黏壤质潮土

代号：11a02-11

1. 归属及分布

底黏壤质潮土系在冲积平原上主河道、故道、泛道两侧的较远处及各种洼地的较高部位，慢流壤质沉积物覆盖在距地表 50 cm 以下大于 20 cm 的黏质土上发育而成的土壤，属潮土类、潮土亚类、壤质潮土土属。新乡市分布面积 20 283.22 亩，占全市土壤总面积的 0.21%，其中耕地面积 17 591.83 亩，占全市总耕地面积的 0.25%。新乡市的长垣、获嘉、原阳、汲县 4 县和新郊均有分布（表 9-60）。

表 9-60 底黏壤质潮土面积分布 单位：亩

项目	长垣	获嘉	原阳	汲县	新郊	合计
面积	11 439.46	4 664.04	1 725.75	1 567.35	886.62	20 283.22

2. 理化性状

（1）剖面性态特征 底黏壤质潮土剖面发生型为耕层、亚耕层、心土层和底土层。耕层壤质，剖面下部有大于 20 cm 的黏质土层。土壤多棕色或灰棕色，耕层多团粒状结构，亚耕层为片状，其他多块状或碎块状，其紧实度为上散、中紧、下极紧，植物根系上多下少，pH 8.2 左右，通体石灰反应强烈，心土层和底土层多见铁锈斑纹。

（2）耕层养分状况 据农化样点统计分析：有机质含量平均值 1.010%，标准差 0.200%，变异系数 19.62%；全氮含量平均值 0.060%，标准差 0.010%，变异系数 22.13%；有效磷含量平均值 6.6 mg/kg，标准差 2.2 mg/kg，变异系数 34.17%；速效钾含量平均值 193 mg/kg，标准差 80 mg/kg，变异系数 41.51%（表 9-61）。

表 9-61 底黏壤质潮土耕层养分状况

项目	有机质 （%）	全氮 （%）	碱解氮 （mg/kg）	有效磷 （mg/kg）	速效钾 （mg/kg）
样本数	11	11		6	11
平均值	1.010	0.060		6.6	193
标准差	0.200	0.010		2.2	80
变异系数（%）	19.62	22.13		34.17	41.51

3. 典型剖面

以 1982 年春季在获嘉县城关镇南关采集的 1-51 号剖面为例。

剖面性态特征如下。

耕层：0~20 cm，灰棕色，中壤，土体散，团粒状结构，根系多，pH 8.20，石灰反应强烈，容重 1.36 g/cm³。

亚耕层：20~30 cm，棕色，重壤，土体紧，片状结构，根系较多，pH 8.35，石灰反应强烈，容重 1.37 g/cm³。

心土层：30~51 cm，棕色，重壤，块状结构，土体紧，根系较少，pH 8.35，石灰反应强烈，有少量铁锈斑纹。

心土层：51~80 cm，棕色，黏土，团块状结构，土体紧，根系少，pH 8.20，石灰反应强烈，有大量铁锈斑纹。

底土层：80~100 cm，棕色，黏土，团块状结构，土体极紧，根系极少，pH 8.20，石灰反应强烈，有铁锈斑纹。

剖面理化性质详见表 9-62。

表 9-62 底黏壤质潮土剖面理化性质

层次	深度 （cm）	pH	有机质 （%）	全氮 （%）	全磷 （%）	代换量 （me/100g 土）	容重 （g/cm³）
耕层	0~20	8.20	1.280	0.003	0.138	14.5	1.36
亚耕层	20~30	8.35	0.950	0.074	0.119	16.6	1.37
心土层	30~51	8.35	0.950	0.074	0.119	16.6	
	51~80	8.20	1.040	0.079	0.091	27.3	
底土层	80~100	8.20	1.040	0.079	0.091	29.3	

层次	深度 （cm）	机械组成（卡庆斯基制,%）							
		0.25~1 mm	0.05~ 0.25 mm	0.01~ 0.05 mm	0.005~ 0.01 mm	0.001~ 0.005 mm	<0.001 mm	<0.01 mm	质地
耕层	0~20		32.10	28.81	7.20	14.40	17.49	39.09	中壤
亚耕层	20~30		4.86	38.46	15.18	20.24	21.26	56.68	重壤
心土层	30~51		4.86	38.46	15.18	20.24	21.26	56.68	重壤
	51~80		0.82	11.25	15.33	49.08	23.52	87.93	黏土
底土层	80~100		0.82	11.25	15.33	49.08	23.52	87.93	黏土

4. 生产性能

底黏壤质潮土耕层砂黏比例适中，耕作较易，适耕期较长，保蓄、供肥能力较强，有机质及各种养分含量较高，土壤中水、肥、气、热因素协调，适合多种农作物生长。但在新乡市尚有少部分农田为中低产田，个别的还受旱涝威胁。对其应采取的改良利用措施：①增施有机肥，以地养地，养用结合，以提高耕层有机质含量；②推广科学配方施肥，协调土壤三要素比例，提高施肥效益；③搞好农田工程配套，建设高产、稳产保收农田。

（十二）腰砂壤质潮土

代号：11a02-12

1. 归属及分布

腰砂壤质潮土系在冲积平原上主河道、故道、泛道两侧的较远处及各种洼地的较高部位，慢流壤质沉积物覆盖在砂质土上发育而成的土壤，属潮土类、潮土亚类、壤质潮土土属。新乡市分布面积7 999.35亩，占全市土壤总面积的0.082%，其中耕地面积6 515.09亩，占全市总耕地面积的0.094%。分布在新乡市的原阳、封丘、汲县3县（表9-63）。

表9-63　腰砂壤质潮土面积分布　　　　　　　　　单位：亩

项目	原阳	封丘	汲县	合计
面积	5 310	1 925.67	763.68	7 999.35

2. 理化性状

（1）剖面性态特征　腰砂壤质潮土剖面发生型为耕层、亚耕层、心土层和底土层。其耕层壤质，剖面上部有20~50 cm的砂质土层。土壤多灰黄色或浅黄色，亚耕层为片状结构，其他为碎块或块状结构，植物根系上多下少，pH 8.1左右，通体石灰反应中等或强烈，心土层和底土层有铁锈斑纹。

（2）耕层养分状况　据农化样点统计分析：有机质含量平均值0.867%，标准差0.131%，变异系数15.09%；全氮含量平均值0.059%，标准差0.009%，变异系数15.10%；有效磷含量平均值4.7 mg/kg，标准差1.7 mg/kg，变异系数35.47%；速效钾含量平均值152 mg/kg，标准差28 mg/kg，变异系数18.74%（表9-64）。

表9-64　腰砂壤质潮土耕层养分状况

项目	有机质 （%）	全氮 （%）	碱解氮 （mg/kg）	有效磷 （mg/kg）	速效钾 （mg/kg）
样本数	9	5	8	9	9
平均值	0.867	0.059	42.45	4.7	152
标准差	0.131	0.009	10.84	1.7	28
变异系数（%）	15.09	15.10	25.53	35.47	18.74

3. 典型剖面

以1981年春在封丘县留光乡中王庄村采集的14-93号剖面为例。

剖面性态特征如下。

耕层：0～20 cm，灰黄色，中壤，碎块状结构，土体散，根系多，pH 8.4，石灰反应强烈，容重 1.337 g/cm³。

亚耕层：20～35 cm，灰黄色，中壤，片状结构，土体较紧，根系较多，pH 8.4，石灰反应强烈，容重 1.485 g/cm³。

心土层：35～60 cm，浅黄色，砂壤，碎块状结构，土体松，根系较少，pH 8.3，石灰反应强烈。

心土层：60～80 cm，棕黄色，重壤，块状，土体紧，根系少，pH 8.1，石灰反应中等，有铁锈斑纹。

底土层：80～100 cm，浅黄色，砂壤，碎块状，土体散，pH 8.3，石灰反应中等，有铁锈斑纹。

剖面理化性质详见表9-65。

表 9-65　腰砂壤质潮土剖面理化性质

层次	深度（cm）	pH	有机质（%）	全氮（%）	全磷（%）	代换量（me/100g 土）	容重（g/cm³）
耕层	0～20	8.4	0.848	0.054	0.127	9.0	1.337
亚耕层	20～35	8.4	0.732	0.048	0.127	9.0	1.485
心土层	35～60	8.3	0.254	0.017	0.113	5.0	
心土层	60～80	8.1	0.598	0.039	0.115	10.4	
底土层	80～100	8.3	0.191	0.014	0.105	4.9	

层次	深度（cm）	机械组成（卡庆斯基制,%）							质地
		0.25～1 mm	0.05～0.25 mm	0.01～0.05 mm	0.005～0.01 mm	0.001～0.005 mm	<0.001 mm	<0.01 mm	
耕层	0～20		21.70	37.59	12.06	10.13	18.52	40.71	中壤
亚耕层	20～35		28.22	31.07	12.06	12.16	16.49	40.71	中壤
心土层	35～60		44.25	43.38	0.00	2.02	10.35	12.37	砂壤
心土层	60～80		15.96	27.75	19.34	24.44	12.51	56.29	重壤
底土层	80～100		31.79	51.78	6.06	2.01	8.36	16.43	砂壤

4. 生产性能

腰砂壤质潮土，其耕层砂黏比例适中，耕作较易，适耕期较长，保蓄性能较好，因上部有砂土层，故有一定的漏水、漏肥现象。对腰砂壤质潮土应采取的改良利用措施：①大力增施农家肥，以地养地，养用结合，以培肥地力，增加耕层有机质及各种养分含量；②推广配方施肥，协调土壤三要素比例，提高施肥效益；③实行科学管理，勤浇水、勤追肥、少用量，以便作物吸收；④搞好农田工程配套，建设高产、稳产保收农田。

三、黏质潮土土属

黏质潮土土属在新乡市分布面积 733 931.08 亩，占全市土壤总面积的 7.47%，包括黏质潮土、腰砂黏质潮土、体砂黏质潮土、底砂黏质潮土、腰壤黏质潮土、底壤黏质潮土、体壤黏质潮土 7 个土种。

（一）黏质潮土

代号：11a03-1

1. 归属及分布

黏质潮土系在冲积平原上主河道、故道、泛道两侧的最远处及各种洼地的最低处，慢流或静流黏质沉积物上发育的土壤，属潮土类、潮土亚类、黏质潮土土属。新乡市分布面积 465 220.72 亩，占全市土壤总面积的 4.73%，其中耕地面积 396 320.5 亩，占全市耕地面积的 5.74%。新乡市所辖的 7 县及新郊均有分布（表 9-66）。

表 9-66　黏质潮土面积分布　　　　　　单位：亩

项目	辉县	长垣	获嘉	汲县	封丘
面积	102 367.85	102 192.47	99 423.6	58 216.03	57 256.63
项目	新乡	原阳	新郊	合计	
面积	25 854.63	4 779.00	15 130.51	465 220.72	

2. 理化性状

（1）剖面性态特征　黏质潮土剖面发生型为耕层、亚耕层、心土层和底土层。其耕层黏质或重壤，其下为同质地或为与耕层仅差一级的异质土层。土壤多棕色或棕红色，土体多块状结构或团块状结构，其松紧度多紧，植物根系上多下少，pH 8.0 左右，通体石灰反应中等或强烈，底土层和心土层有铁锈斑纹。

（2）耕层养分状况　据农化样点统计分析：有机质含量平均值 1.320%，标准差 0.370%，变异系数 27.84%；全氮含量平均值 0.080%，标准差 0.020%，变异系数 20.03%；有效磷含量平均值 10.3 mg/kg，标准差 9.4 mg/kg，变异系数 90.87%；速效钾含量平均值 161 mg/kg，标准差 67 mg/kg，变异系数 41.27%（表 9-67）。

表 9-67　黏质潮土耕层养分状况

项目	有机质（%）	全氮（%）	碱解氮（mg/kg）	有效磷（mg/kg）	速效钾（mg/kg）
样本数	134	147	165	228	241
平均值	1.320	0.080	74.14	10.3	161
标准差	0.370	0.020	18.91	9.4	67
变异系数（%）	27.84	20.03	25.51	90.87	41.27

3. 典型剖面

以 1982 年春在获嘉县狮子营乡南马厂采集的 4-37 号剖面为例。

剖面性态特征如下。

耕层：0~25 cm，暗棕色，黏土，块状结构，土体较紧，有大量植物根系，pH 8.35，石灰反应强烈，容重 1.32 g/cm³。

亚耕层：25~40 cm，棕色，黏土，块状结构，土体紧，根系较多，pH 8.20，石灰反应中等，容重 1.49 g/cm³。

心土层：40~75 cm，暗棕色，重壤，块状结构，土体紧，植物根系较少，pH 8.35，石灰反应强烈，有少量铁锈斑纹。

底土层：75~100 cm，棕色，黏土，团块状结构，土体极紧，根系少，pH 8.00，石灰反应强烈，有铁锈斑纹。

剖面理化详见表 9-68。

表 9-68　黏质潮土剖面理化性质

层次	深度（cm）	pH	有机质（%）	全氮（%）	全磷（%）	代换量（me/100g 土）	容重（g/cm³）
耕层	0~25	8.35	1.13	0.079	0.105	17.1	1.32
亚耕层	25~40	8.20	0.78	0.055	0.090	16.9	1.49
心土层	40~75	8.35	0.77	0.056	0.103	16.5	
底土层	75~100	8.00	0.73	0.071	0.096	26.7	

层次	深度（cm）	机械组成（卡庆斯基制,%）							
		0.25~1 mm	0.05~0.25 mm	0.01~0.05 mm	0.005~0.01 mm	0.001~0.005 mm	<0.001 mm	<0.01 mm	质地
耕层	0~25		4.57	32.49	14.21	34.52	14.21	62.94	黏土
亚耕层	25~40		4.86	34.41	22.27	32.39	6.07	60.73	黏土
心土层	40~75		2.83	38.47	16.19	30.36	12.15	58.70	重壤
底土层	75~100		1.64	14.34	14.35	67.62	2.05	84.02	黏土

4. 生产性能

黏质潮土质地黏重，耕性不良，适耕期短，土性凉，不发小苗，且通透性能差。但黏质潮土代换性能强，有机质及各种养分含量较高，土壤保蓄能力强，作物生长有后劲，拔籽。对黏质潮土应采取的改良利用措施：①增施农家肥，提倡多施炉渣肥和砂土圈肥，以改良耕层质地，增加通透性和可耕性；②有引黄灌溉条件的可引水放砂，以改良耕层土壤结构；③搞好田间工程配套，尤其注意除涝，建设高产、稳产保收农田；④因地制宜地种植玉米、小麦等高产作物，有灌溉条件的可扩大水稻生产。

（二）腰砂黏质潮土

代号：11a03-2

1. 归属及分布

腰砂黏质潮土系在冲积平原上主河道、故道、泛道两侧的最远处及各种洼地的最低部位，慢流或静流黏质沉积物覆盖在砂质土上发育的土壤，属潮土类、潮土亚类、黏质潮土土属。新乡市分布面积 3 092.51 亩，占全市土壤总面积的 0.03%，其中耕地面积 2 596.88 亩，占全市总耕地面积的 0.037%。新乡市的获嘉、原阳、封丘、新乡 4 县均有分布（各县分布面积详见表9-69）。

表9-69　腰砂黏质潮土面积分布　　　　　　　　　　　　单位：亩

项目	获嘉	原阳	封丘	新乡	合计
面积	910.06	663.75	770.27	748.43	3 092.51

2. 理化性状

（1）剖面性态特征　腰砂黏质潮土剖面发生型为耕层、亚耕层、心土层和底土层。其耕层为黏质土，剖面上部有大于20 cm的砂质土层，质地轻者土壤多浅灰色和浅黄色，质地重者多浅棕色或棕红色，土体多块状和碎块状结构，其紧实度是上下松、中间紧，植物根系上多下少，pH 8.3左右，通体石灰反应强烈，心土层和底土层多见铁锈斑纹。

（2）耕层养分状况　据农化样点统计分析：有机质含量平均值1.00%，标准差0.18%，变异系数18.10%；全氮含量平均值0.05%；有效磷含量平均值3.2 mg/kg，标准差1.1 mg/kg，变异系数33.67%；速效钾含量平均值143 mg/kg，标准差32 mg/kg，变异系数22.75%（表9-70）。

表9-70　腰砂黏质潮土耕层养分状况

项目	有机质（%）	全氮（%）	碱解氮（mg/kg）	有效磷（mg/kg）	速效钾（mg/kg）
样本数	2	1	2	2	2
平均值	1.00	0.05	32.00	3.2	143
标准差	0.18		0.28	1.1	32
变异系数（%）	18.10		0.88	33.67	22.75

3. 典型剖面

以1983年4月在原阳县桥北乡葛庄村采集的7-43号剖面为例。

剖面性态特征如下。

耕层：0~25 cm，浅棕色，重壤，块状结构，土体散，根系多，pH 8.30，石灰反应强烈，容重1.22 g/cm³。

亚耕层：25~38 cm，棕红色，重壤，块状结构，土体紧，根系较多，pH 8.35，石灰反应强烈，容重1.25 g/cm³。

心土层：38~58 cm，浅灰色，砂壤，碎块状结构，土体散，植物根系较少，pH 8.60，石灰反应中等。

心土层：58~73 cm，浅黄色，轻壤，块状结构，土体紧，根系少，pH 8.40，石灰反应中等，有铁锈斑纹。

底土层：73~100 cm，浅灰色，砂壤，碎块状结构，土体散，根系极少，pH 8.75，石灰反应中等，有铁锈斑纹。

剖面理化性质详见表9-71。

表9-71 腰砂黏质潮土剖面理化性质

层次	深度（cm）	pH	有机质（%）	全氮（%）	全磷（%）	代换量（me/100g土）	容重（g/cm³）
耕层	0~25	8.30	0.908	0.059	0.131	10.75	1.22
亚耕层	25~38	8.35	0.698	0.058	0.130	7.13	1.25
心土层	38~58	8.60	0.323	0.033	0.110	4.53	
	58~73	8.40	0.357	0.044	0.113	5.51	
底土层	73~100	8.75	0.181	0.031	0.099	2.83	

层次	深度（cm）	机械组成（卡庆斯基制,%）							质地
		0.25~1 mm	0.05~0.25 mm	0.01~0.05 mm	0.005~0.01 mm	0.001~0.005 mm	<0.001 mm	<0.01 mm	
耕层	0~25		3.3	46.5	14.5	33.9	1.8	50.2	重壤
亚耕层	25~38			40.8	19.8	36.5	2.9	59.2	重壤
心土层	38~58	23.1		59.9	6.1	8.1	2.8	17.0	砂壤
	58~73			79.9	9.2	8.1	2.8	20.1	轻壤
底土层	73~100	52.4		36.7	4.1	4.0	2.8	10.9	砂壤

4. 生产性能

腰砂黏质潮土耕层质地黏重，耕作不易，适耕期短，土性冷，不发小苗。但腰砂黏质潮土耕层代换性能强，有机质及其他养分含量一般较高，作物生长有后劲，发老苗，拔籽。对腰砂黏质潮土应采取的改良利用措施：①增施农家肥，提倡多施炉渣肥和砂土圈肥，以提高有机质含量和改善耕层结构；②有引黄灌溉条件的可引水放砂，以增加耕层砂粒含量，增加耕层的通透性和可耕性；③搞好农田工程配套，建设高产、稳产保收农田。

（三）体砂黏质潮土

代号：11a03-3

1. 归属及分布

体砂黏质潮土系在冲积平原的低洼处，慢流或静流黏质沉积物覆盖在距地表50cm以上大于50cm的砂质土上发育的土壤，属潮土类、潮土亚类、黏质潮土土属。新乡市分布面积29 511.77亩，占全市土壤总面积的0.30%，其中耕地面积25 863.69亩，占全市总耕地面积的0.37%。在新乡市的长垣、原阳、封丘、获嘉4县均有分布（表9-72）。

表9-72 体砂黏质潮土面积分布　　　　　　　　　　单位：亩

项目	长垣	原阳	封丘	获嘉	合计
面积	22 163.95	5 310.00	1 412.16	625.66	29 511.77

2. 理化性状

（1）剖面性态特征　体砂黏质潮土剖面发生型为耕层、亚耕层、心土层和底土层。

耕层黏质（包括重壤），剖面下部出现大于 50 cm 的砂质土层。上层黏质土棕红色，下层砂质土多灰黄色，上部多块状和碎块状结构，下部砂质土多无结构，其松紧度为上下松散、中间紧或极紧，植物根系上多下少，pH 7.9 左右，通体石灰反应强烈，心土层和底土层多见铁锈斑纹。

（2）耕层养分状况 据农化样点统计分析：有机质含量平均值 0.960%，标准差 0.330%，变异系数 34.61%；全氮含量平均值 0.060%，标准差 0.020%，变异系数 31.85%；有效磷含量平均值 11.8 mg/kg，标准差 6.2 mg/kg，变异系数 52.32%；速效钾含量平均值 240 mg/kg，标准差 80 mg/kg，变异系数 33.21%（表 9-73）。

表 9-73 体砂黏质潮土耕层养分状况

项目	有机质（%）	全氮（%）	碱解氮（mg/kg）	有效磷（mg/kg）	速效钾（mg/kg）
样本数	11	9	3	9	10
平均值	0.960	0.060	36.06	11.8	240
标准差	0.330	0.020	8.72	6.2	80
变异系数（%）	34.61	31.85	24.18	52.32	33.21

3. 典型剖面

以采自长垣县恼里乡杨楼村 5-116 号剖面为例。

剖面性态特征如下。

耕层：0~20 cm，棕红色，重壤，碎块状结构，土体较散，根系多，pH 7.90，石灰反应强烈。

亚耕层：20~30 cm，棕红色，重壤，块状结构，土体紧，根系较多，pH 8.30，石灰反应强烈。

心土层：30~40 cm，棕红色，重壤，块状结构，土体极紧，根系较少，pH 为 8.42，石灰反应强烈，有铁锈斑纹。

心土层：40~80 cm，浅灰黄色，砂土，土体散，根系较少，pH 8.35，石灰反应强烈，有铁锈斑纹。

底土层：80~100 cm，浅灰黄色，砂土，土体散，根系少，pH 8.35，石灰反应强烈，有铁锈斑纹。

剖面理化性质详见表 9-74。

4. 生产性能

体砂黏质潮土耕层质地黏重，耕作困难，适耕期短，土性冷，不发小苗，加之心土层有一厚砂土层，所以漏水、漏肥现象较严重，属漏砂型黏土。但体砂黏质潮土耕层有机质含量及其他养分含量较高，代换能力强，发老苗，作物千粒重高，拔籽。对体砂黏质潮土的改良利用措施：①增施农家肥，提倡多施炉渣肥和砂土圈肥，以提高有机质含量，增加耕层通透性和可耕性；②加深耕层，翻砂掺淤，有引黄灌溉条件的可引水放砂，以改善耕层结构；③搞好农田工程配套，抗旱、排涝两手抓，建设高产、稳产保收农田。

表 9-74 体砂黏质潮土剖面理化性质

层次	深度（cm）	pH	有机质（%）	全氮（%）	全磷（%）	代换量（me/100g土）	容重（g/cm³）
耕层	0~20	7.90	1.119	0.073	0.061	11.35	
亚耕层	20~30	8.30	0.925	0.056	0.061	12.15	
心土层	30~40	8.42	0.697	0.039	0.059	9.79	
	40~80	8.35	0.124	0.067	0.051	2.59	
底土层	80~100	8.35	0.124	0.067	0.051	2.59	

层次	深度（cm）	机械组成（卡庆斯基制,%）							质地
		0.25~1 mm	0.05~0.25 mm	0.01~0.05 mm	0.005~0.01 mm	0.001~0.005 mm	<0.001 mm	<0.01 mm	
耕层	0~20		14.70	31.98	12.54	25.69	15.09	53.32	重壤
亚耕层	20~30		16.23	34.70	10.47	22.59	16.01	49.07	重壤
心土层	30~40		18.26	31.76	11.45	28.63	9.90	49.98	重壤
	40~80		74.16	15.90	2.21	2.02	5.71	9.94	砂土
底土层	80~100		74.16	15.90	2.21	2.02	5.71	9.94	砂土

（四）底砂黏质潮土

代号：11a03-4

1. 归属及分布

底砂黏质潮土系在冲积平原的低洼处，慢流或静流黏质沉积物覆盖在距地表 50 cm 以下大于 20 cm 的砂质土上发育的土壤，属潮土类、潮土亚类、黏质潮土土属。新乡市分布面积 40 582.38 亩，占全市土壤总面积的 0.41%，其中耕地面积 35 495.63 亩，占全市耕地面积的 0.51%，分布在长垣、原阳、封丘、获嘉、汲县 5 县（表 9-75）。

表 9-75 底砂黏质潮土面积分布   单位：亩

项目	长垣	原阳	封丘	获嘉	汲县	合计
面积	21 678.30	6 504.75	5 777.02	4 038.37	2 574.94	40 582.38

2. 理化性状

（1）剖面性态特征　底砂黏质潮土剖面发生型为耕层、亚耕层、心土层和底土层。其耕层为黏质（包括重壤），50 cm 以下有大于 20 cm 的砂质土层。上、中部土壤多棕黄色或棕红色，下部多浅黄色，其紧实度上、中为紧或较紧，下部为散。土体上、中部为块状结构，下部多碎块状，根系上多下少，pH 7.94，通体石灰反应强烈，心土层和底土层多见铁锈斑纹。

（2）耕层养分状况　据农化样点统计分析：有机质含量平均值 1.100%，标准差 0.360%，变异系数 32.95%；全氮含量平均值 0.070%，标准差 0.020%，变异系数 28.57%；有效磷含量平均值 12.4 mg/kg，标准差 9.5 mg/kg，变异系数 76.89%；速效钾含量平均值 250 mg/kg，标准差 82 mg/kg，变异系数 32.92%（表 9-76）。

表 9-76　底砂黏质潮土耕层养分状况

表 9-76　底砂黏质潮土耕层养分状况

项目	有机质（%）	全氮（%）	碱解氮（mg/kg）	有效磷（mg/kg）	速效钾（mg/kg）
样本数	27	20	11	27	27
平均值	1.100	0.070	59.04	12.4	250
标准差	0.360	0.020	25.08	9.5	82
变异系数（%）	32.95	28.57	142.48	76.89	32.92

3. 典型剖面

以采自长垣县芦岗乡杨桥村 6-78 号剖面为例。

剖面性态特征如下。

耕层：0~15 cm，棕黄色，黏土，块状结构，土体较紧，根系多，pH 7.94，石灰反应强烈。

亚耕层：15~20 cm，浅棕红色，黏土，块状结构，土体紧，根系多，pH 8.02，石灰反应强烈。

心土层：20~67 cm，棕黄色，重壤，块状结构，土体紧，根系较多，pH 8.52，石灰反应强烈，有红色铁锈斑纹。

底土层：67~130 cm，浅黄色，砂壤，碎块状结构，土体散，根系较少，pH 8.55，石灰反应强烈。

底土层：130~150 cm，浅黄色，砂壤，碎块状，土体散，pH 8.55，石灰反应强烈，有铁锈斑纹。

剖面理化性质详见表 9-77。

表 9-77　底砂黏质潮土剖面理化性质

层次	深度（cm）	pH	有机质（%）	全氮（%）	全磷（%）	代换量（me/100g 土）	容重（g/cm³）
耕层	0~15	7.94	1.211	0.071	0.068	13.49	
亚耕层	15~20	8.02	0.948	0.065	0.061	14.43	
心土层	20~67	8.52	0.816	0.047	0.059	9.79	
底土层	67~130	8.55	0.222	0.010	0.050	4.83	
底土层	130~150	8.55	0.222	0.010	0.050	4.83	

层次	深度（cm）	机械组成（卡庆斯基制,%）							质地
		0.25~1 mm	0.05~0.25 mm	0.01~0.05 mm	0.005~0.01 mm	0.001~0.005 mm	<0.001 mm	<0.01 mm	
耕层	0~15		8.29	24.88	15.34	37.10	14.39	66.83	黏土
亚耕层	15~20		6.91	26.75	15.23	40.95	10.16	66.34	黏土
心土层	20~67		13.18	37.89	11.37	14.53	23.03	48.93	重壤
底土层	67~130		35.93	47.44	4.84	2.83	8.96	16.63	砂壤
底土层	130~150		35.93	47.44	4.84	2.83	8.96	16.63	砂壤

4. 生产性能

底砂黏质潮土属漏砂型的黏质潮土，其耕层质地黏重，耕作困难，适耕期短，土性凉，不发小苗。但其耕层有机质含量及各种养分含量较高，代换能力强，作物生长有后劲，千粒重高，拔籽。对底砂黏质潮土应采取的改良利用措施：①增施农家肥，提倡多施炉渣肥和砂土圈肥，以提高有机质含量，增加通透性和可耕性；②有引黄灌溉条件的可引水放砂，以改善耕层结构；③搞好农田工程配套，防旱、除涝，建设高产、稳产保收农田。

（五）腰壤黏质潮土

代号：11a03-5

1. 归属及分布

腰壤黏质潮土系在冲积平原上的低洼处，慢流或静流黏质沉积物覆盖在距地表50 cm以上大于20 cm的壤质土上发育的土壤，属潮土类、潮土亚类、黏质潮土土属。新乡市分布面积11 590.70亩，占全市土壤总面积的0.12%，其中耕地面积10 604.13亩，占全市总耕地面积的0.15%。分布在新乡市的封丘、长垣、获嘉、原阳4县（表9-78）。

表 9-78　腰壤黏质潮土面积分布　　　　　　　　　单位：亩

项目	封丘	长垣	获嘉	原阳	合计
面积	5 006.75	4 706.86	1 478.78	398.25	11 590.70

2. 理化性状

（1）剖面性态特征　腰壤黏质潮土剖面发生型为耕层、亚耕层、心土层和底土层。其耕层黏质，剖面上部出现20~50 cm的壤质土层。耕层多暗棕色，其他层多浅棕色或棕黄色，耕层团粒状结构，其他为块状或碎状结构，土体多散或较紧，植物根系上多下少，pH 8.3左右，通体石灰反应强烈，心土层和底土层多见铁锈斑纹。

（2）耕层养分状况　据农化样点统计分析：有机质含量平均值0.970%，标准差0.210%，变异系数21.70%；全氮含量平均值0.060%，标准差0.010%，变异系数22.98%；有效磷含量平均值6.8 mg/kg，标准差6.0 mg/kg，变异系数88.07%；速效钾含量平均值220 mg/kg，标准差84 mg/kg，变异系数37.89%（表9-79）。

表 9-79　腰壤黏质潮土耕层养分状况

项目	有机质（%）	全氮（%）	碱解氮（mg/kg）	有效磷（mg/kg）	速效钾（mg/kg）
样本数	10	6	4	9	10
平均值	0.970	0.060	54.62	6.8	220
标准差	0.210	0.010	9.28	6.0	84
变异系数（%）	21.70	22.98	35.30	88.07	37.89

3. 典型剖面

以 1982 年春在获嘉县冯庄乡林场采集的 10-153 号剖面为例。

剖面性态特征如下。

耕层：0～18 cm，暗棕色，黏土，团粒状结构，土体散，根系多，pH 8.28，石灰反应强烈，容重 1.27 g/cm³。

亚耕层：18～31 cm，浅棕色，轻壤，碎块状结构，土体较紧，根系较多，pH 8.45，石灰反应强烈，容重 1.42 g/cm³。

心土层：31～43 cm，浅棕色，轻壤，块状结构，土体较紧，根系较少，pH 8.39，石灰反应强烈。

心土层：43～70 cm，灰黄色，砂土，土体松，根系少，pH 8.50，石灰反应强烈，有铁锈斑纹。

底土层：70～100 cm，棕黄色，轻壤，块状结构，土体较紧，根系极少，pH 8.40，石灰反应中等，有大量铁锈斑纹。

剖面理化性质详见表 9-80。

表 9-80 腰壤黏质潮土剖面理化性质

层次	深度（cm）	pH	有机质（%）	全氮（%）	全磷（%）	代换量（me/100g 土）	容重（g/cm³）
耕层	0～18	8.28					1.27
亚耕层	18～31	8.45					1.42
心土层	31～43	8.39					
	43～70	8.50					
底土层	70～100	8.40					

层次	深度（cm）	机械组成（卡庆斯基制,%）							
		0.25～1 mm	0.05～0.25 mm	0.01～0.05 mm	0.005～0.01 mm	0.001～0.005 mm	<0.001 mm	<0.01 mm	质地
耕层	0～18		2.69	21.74	15.53	55.90	4.14	75.57	黏土
亚耕层	18～31		4.67	70.99	10.14	13.19	1.01	24.34	轻壤
心土层	31～43		12.60	66.67	4.43	13.25	3.05	20.73	轻壤
	43～70		25.55	66.40	0.00	4.03	4.02	8.05	砂土
底土层	70～100		31.03	46.66	6.08	12.17	4.06	22.31	轻壤

4. 生产性能

腰壤黏质潮土耕层质地黏重，耕作困难，适耕期短，土性凉，有机质分解慢，不发小苗。但腰壤黏质潮土有机质含量一般较高，作物生长有后劲，发老苗，拔籽，其剖面上部有一壤土层，所以通透性能好于通体黏质型，其托水、托肥性能又好于夹砂型。对腰壤黏质潮土应采取的改良措施：①增施农家肥料，提倡多施炉渣肥和砂土圈肥，以增加耕层有机质含量并可增加耕层的通透性和可耕性；②逐年加深耕层，翻壤掺淤，改善耕层结构；③实行科学配方施肥，协调土壤三要素比例，提高施肥效益；④搞好田间工程配套，防旱、排涝两手抓，尤其应注意排涝，建设高产、稳产保收农田。

（六）底壤黏质潮土

代号：11a03-6

1. 归属及分布

底壤黏质潮土系在冲积平原的低洼处慢流或静流黏质沉积物盖在距地表 50 cm 以下大于 20 cm 的壤质土上发育的土壤，属潮土类、潮土亚类、黏质潮土土属。新乡市分布面积 130 559.65 亩，占全市土壤总面积的 1.33%，其中耕地面积 117 451.23 亩，占全市总耕地面积的 1.70%。新乡市的长垣、封丘、汲县、获嘉、原阳、新乡 6 县以及新郊均有分布（表 9-81）。

表 9-81　底壤黏质潮土面积分布　　　　　　　　　　单位：亩

项目	长垣	封丘	汲县	获嘉	原阳	新乡	新郊	合计
面积	52 609.58	45 060.71	13 322.51	11 432.58	3 584.25	680.39	3 869.63	130 559.65

2. 理化性状

（1）剖面性态特征　底壤黏质潮土剖面发生型为耕层、亚耕层、心土层和底土层。其耕层黏质，剖面下部出现大于 20 cm 的壤质土层。土壤颜色上部多棕黄色或棕红色，下部多灰黄色，土体多块状或碎块状结构，其松紧度上、下散或较紧，中间紧或极紧，植物根系下少上多，pH 8.12 左右，通体石灰反应强烈，心土层和底土层多见铁锈斑纹。

（2）耕层养分状况　据农化样点统计分析：有机质含量平均值 1.160%，标准差 0.280%，变异系数 23.72%；全氮含量平均值 0.070%，标准差 0.020%，变异系数 21.70%。有效磷含量平均值 8.0 mg/kg，标准差 7.7 mg/kg，变异系数 96.12%；速效钾含量平均值 170 mg/kg，标准差 68 mg/kg，变异系数 39.98%（表 9-82）。

表 9-82　底壤黏质潮土耕层养分状况

项目	有机质 （%）	全氮 （%）	碱解氮 （mg/kg）	有效磷 （mg/kg）	速效钾 （mg/kg）
样本数	72	41	35	70	71
平均值	1.160	0.070	66.49	8.0	170
标准差	0.280	0.020	15.58	7.7	68
变异系数（%）	23.72	21.70	23.44	96.12	39.98

3. 典型剖面

以采自长垣县芦岗乡杨占村 6-95 号剖面为例。

剖面性态特征如下。

耕层：0~20 cm，浅棕黄色，黏土，块状结构，土体散，根系多，pH 8.12，石灰反应强烈。

亚耕层：20~25 cm，浅棕黄色，黏土，块状结构，土体紧，根系多，pH 8.12，石灰反应强烈。

心土层：25~59 cm，棕红色，黏土，块状结构，土体极紧，根系较多，pH 8.15，石灰反应强烈，有铁锈斑纹。

心土层：59~80 cm，灰黄色，轻壤，碎块状结构，土体散，pH 8.35，石灰反应强烈，有铁锈斑纹。

底土层：80~112 cm，浅灰黄色，砂土，碎块状结构，土体较紧，根系少，pH 8.70，石灰反应强烈，有铁锈斑纹。

剖面理化性质详见表9-83。

表9-83　底壤黏质潮土剖面理化性质

层次	深度（cm）	pH	有机质（%）	全氮（%）	全磷（%）	代换量（me/100g土）	容重（g/cm³）
耕层	0~20	8.12	1.035	0.063	0.064	14.70	
亚耕层	20~25	8.12	0.913	0.055	0.060	14.33	
心土层	25~59	8.15	0.913	0.054	0.064	16.23	
	59~80	8.35	0.354	0.020	0.054	5.16	
底土层	80~112	8.70	0.154	0.004	0.050	2.60	

层次	深度（cm）	机械组成（卡庆斯基制,%）							质地
		0.25~1 mm	0.05~0.25 mm	0.01~0.05 mm	0.005~0.01 mm	0.001~0.005 mm	<0.001 mm	<0.01 mm	
耕层	0~20			29.02	16.38	42.29	12.31	70.98	黏土
亚耕层	20~25			28.70	15.41	44.56	11.33	71.30	黏土
心土层	25~59			21.92	18.94	51.87	7.27	78.08	黏土
	59~80		30.46	48.74	4.88	4.87	11.05	20.80	轻壤
底土层	80~112		63.06	28.20	1.81	0.00	6.93	8.74	砂土

4. 生产性能

底壤黏质潮土耕层质地黏重，耕作困难，适耕期短，土性凉，有机质分解慢，不发小苗。但底壤黏质潮土耕层代换能力强，有机质含量偏高，保蓄性能好，加之下部有一壤土层，其通透性及水肥运转状况均好于通体型和夹砂型黏质土。对底壤黏质潮土采取的改良利用措施：①增施农家肥，提倡多施炉渣肥和砂土圈肥，以提高耕层有机质含量和改善耕层结构；②有引黄灌溉条件的可引水放砂，以增加耕层砂粒含量，提高耕层的通透性和可耕性；③实行科学配方施肥，协调土壤三要素比例，提高施肥效益；④搞好田间工程配套，建设高产、稳产保收农田；⑤种植高产作物小麦、玉米，水利条件充足的还可扩大水稻种植面积，以提高经济效益。

（七）体壤黏质潮土

代号：11a03-7

1. 归属及分布

体壤黏质潮土系在冲积平原上的低洼处，慢流或静流黏质沉积物，覆盖在距地表50 cm以上大于50 cm的壤质土上发育而成的土壤，属潮土类、潮土亚类、黏质潮土土属。新乡市分布面积52 373.23亩，占全市土壤总面积的0.53%，其中耕地面积48 820.15亩，占全市总耕地面积的0.71%。新乡市的长垣、封丘、获嘉3县及新郊均有分布（表9-84）。

表9-84　体壤黏质潮土面积分布　　　　　　　　　　　　单位：亩

项目	长垣	封丘	获嘉	新郊	合计
面积	31 339.34	20 026.98	1 592.6	301.78	52 373.23

2. 理化性状

（1）剖面性态特征　体壤黏质潮土剖面发生型为耕层、亚耕层、心土层和底土层。耕层黏质，剖面上部出现大于50 cm的壤质土层。土壤颜色多棕红色或浅黄色，土体多块状和碎块状结构，其松紧度多散或紧，根系上多下少，pH 8.05，通体石灰反应强烈，心土层和底土层多见铁锈斑纹。

（2）耕层养分状况　据农化样点统计分析：有机质含量平均值0.980%，标准差0.150%，变异系数15.04%；全氮含量平均值0.070%，标准差0.010%，变异系数16.90%；有效磷含量平均值8.5 mg/kg，标准差7.1 mg/kg，变异系数82.70%；速效钾含量平均值231 mg/kg，标准差67 mg/kg，变异系数29.07%（表9-85）。

表9-85　体壤黏质潮土耕层养分状况

项目	有机质（%）	全氮（%）	碱解氮（mg/kg）	有效磷（mg/kg）	速效钾（mg/kg）
样本数	25	14	7	26	25
平均值	0.980	0.070	47.70	8.5	231
标准差	0.150	0.010	6.37	7.1	67
变异系数（%）	15.04	16.90	13.36	82.70	29.07

3. 典型剖面

以采自长垣县武丘乡西角城村10-130号剖面为例。

剖面性态特征如下。

耕层：0~15 cm，棕红色，黏土，块状结构，土体散，植物根系多，pH 8.05，石灰反应强烈，容重1.38 g/cm³。

亚耕层：15~23 cm，棕红色，黏土，块状结构，土体紧，根系较多，pH 8.29，石灰反应强烈，容重1.32 g/cm³。

心土层：23～73 cm，浅黄色，轻壤，碎块状结构，土体较紧，根系较少，pH 8.82，石灰反应强烈，有铁锈斑纹。

底土层：73～100 cm，浅棕红色，重壤，块状结构，土体极紧，根系少，pH 7.40，石灰反应强烈，有铁锈斑纹。

剖面理化性质详见表9-86。

表9-86　体壤黏质潮土剖面理化性质

层次	深度（cm）	pH	有机质（%）	全氮（%）	全磷（%）	代换量（me/100g 土）	容重（g/cm³）
耕层	0～19	8.05	1.255	0.081	0.063	18.62	1.38
亚耕层	19～23	8.29	0.833	0.047	0.064	11.81	1.32
心土层	23～73	8.82	0.370	0.027	0.054	6.24	
底土层	73～100	7.40	0.533	0.035	0.059	9.68	

层次	深度（cm）	机械组成（卡庆斯基制,%）							质地
		0.25～1 mm	0.05～0.25 mm	0.01～0.05 mm	0.005～0.01 mm	0.001～0.005 mm	<0.001 mm	<0.01 mm	
耕层	0～19			15.79	17.19	58.65	8.37	84.21	黏土
亚耕层	19～23		1.51	31.24	14.29	47.37	5.59	67.25	黏土
心土层	23～73		6.05	64.91	15.08	10.45	3.51	29.04	轻壤
底土层	73～100		9.32	40.13	14.19	29.79	6.57	50.55	重壤

4. 生产性能

体壤黏质潮土耕层质地黏重，不易耕作，适耕期短，土性凉，有机质分解慢，不发小苗。但是代换性能强，有机质含量高，保蓄性能强，因土体中有一厚壤土层，其通透性能良好，有利于水分、养分的运转，作物生长有后劲，千粒重高，拔籽。对体壤黏质潮土应采取的改良利用措施：①增施农家肥，提倡多施炉渣肥和砂土圈肥，以增加耕层有机质含量并改善其结构；②逐年加深耕层，翻壤掺淤，有引黄灌溉条件的可引水放砂，以增加耕层砂粒含量，增加耕层的通透性和可耕性；③因地制宜地种植小麦、玉米等高产作物，有水利条件的可扩种水稻；④搞好田间工程配套，建设高产、稳产保收农田。

四、洪积潮土土属

洪积潮土土属在新乡市包括夹黑壤质洪积潮土和夹黑黏质洪积潮土2个土种，面积共104 059.85亩，占全市土壤总面积的1.06%。

（一）夹黑壤质洪积潮土

代号：11a04-1

1. 归属及分布

夹黑壤质洪积潮土系在洪积冲积扇末端的较低处，洪积壤质沉积物上发育的土壤，属潮土类、潮土亚类、洪积潮土土属。新乡市分布面积18 747.70亩，占全市土壤总面积的0.19%，其中耕地面积14 315.27亩，占全市耕地面积的0.20%。分布在汲县的沿卫河北岸14 218.15亩，辉县的薄壁乡一带4 529.55亩。

2. 理化性状

（1）剖面性态特征　夹黑壤质洪积潮土，其剖面发生型为耕层、亚耕层、心土层和底土层。其耕层为中壤，其他层次为同质或异质土。土壤多褐色，耕层多团粒状或块状结构，亚耕层为片状，以下为块状结构，上、中、下土体紧实度分别为散、紧、极紧，植物根系从上到下由多渐少，pH 8.2 左右，通体石灰反应中等或弱，心土层或底土层有潜育化现象，并有铁锈斑纹出现。

（2）耕层养分状况　据农化样点统计分析：有机质含量平均值 1.740%，标准差 0.670%，变异系数 38.79%；全氮含量平均值 0.090%，标准差 0.050%，变异系数 5.01%；有效磷含量平均值 4.8 mg/kg，标准差 4.0 mg/kg，变异系数 84.82%；速效钾含量平均值 158 mg/kg，标准差 90 mg/kg，变异系数 57.02%（表 9-87）。

表 9-87　夹黑壤质洪积潮土耕层养分状况

项目	有机质（%）	全氮（%）	碱解氮（mg/kg）	有效磷（mg/kg）	速效钾（mg/kg）
样本数	10	6	9	10	10
平均值	1.740	0.090	84.16	4.8	158
标准差	0.670	0.050	20.57	4.0	90
变异系数（%）	38.79	5.01	24.44	84.82	57.02

3. 典型剖面

以 1984 年冬在辉县薄壁乡大海乡村采集的 14-194 号剖面为例。

剖面性态特征如下。

耕层：0~25 cm，黄褐色，中壤，团粒状结构，土体散，根系多，pH 8.3，石灰反应中等，容重 1.53 g/cm³。

亚耕层：25~35 cm，暗褐色，中壤，片状结构，土体较紧，根系多，pH 8.3，石灰反应中等，容重 1.42 g/cm³。

心土层：35~55 cm，暗褐色，中壤，块状结构，土体较紧，根系较少，pH 8.3，石灰反应中等。

心土层：55~80 cm，褐灰色，重壤，块状结构，土体紧，根系少，pH 8.2，石灰反应弱，有铁锈斑纹，有潜育化现象。

底土层：80~100 cm，褐灰色，重壤，块状结构，土体极紧，根系极少，pH 8.2，石灰反应弱，有潜育化现象。

剖面理化性质详见表 9-88。

4. 生产性能

夹黑壤质洪积潮土，其耕层砂粒、黏粒适中，耕作较易，适耕期较长，有机质及各种养分含量高，保蓄能力强，作物产量高。但该类土壤处于低洼地带，地下水位高，地下水滞流，土体出现潜育化现象，群众称之为"鸡粪土"，干时土体收缩、裂缝、漏肥、漏水，湿时土体膨胀，难于排水，既忌干旱，又怕内涝。对其应采取的改良利用的措施：①搞好田间工程配套，防旱、除涝，及时管理；②水利条件充足地区，可适当扩种水稻，以增加作物产量，提高经济效益。

表9-88　夹黑壤质洪积潮土剖面理化性质

层次	深度（cm）	pH	有机质（%）	全氮（%）	全磷（%）	代换量（me/100g 土）	容重（g/cm³）
耕层	0~25	8.3	2.574	0.141	0.120	12.5	1.53
亚耕层	25~35	8.3	2.174	0.136	0.115	12.3	1.42
心土层	35~55	8.3	2.174	0.136	0.115	12.3	
心土层	55~80	8.2	1.865	0.115	0.098	21.6	
底土层	80~100	8.2	1.865	0.115	0.098	21.6	

层次	深度（cm）	机械组成（卡庆斯基制,%）							质地
		0.25~1 mm	0.05~0.25 mm	0.01~0.05 mm	0.005~0.01 mm	0.001~0.005 mm	<0.001 mm	<0.01 mm	
耕层	0~25		24	36	8	17	15	40	中壤
亚耕层	25~35		26	34	10	12	18	40	中壤
心土层	35~55		26	34	10	12	18	40	中壤
心土层	55~80		9	36	4	29	22	55	重壤
底土层	80~100		9	36	4	29	22	55	重壤

（二）夹黑黏质洪积潮土

代号：11a04-2

1. 归属及分布

夹黑黏质洪积潮土系在洪积冲积扇末端的低洼处，洪积黏质沉积物上发育的土壤，属潮土类、潮土亚类、洪积潮土土属。新乡市分布面积 85 312.15 亩，占全市土壤总面积的 0.87%，其中耕地面积 63 910.5 亩，占全市耕地面积的 0.93%，新乡市的新乡、汲县、北站区及新郊均有分布（表9-89）。

表9-89　夹黑黏质洪积潮土面积分布　　　　　　　　　　　　单位：亩

项目	新乡	汲县	北站区	新郊	合计
面积	53 750.81	4 366.20	8 543.02	18 651.12	85 312.15

2. 理化性状

（1）剖面性态特征　夹黑黏质洪积潮土，其剖面发生型为耕层、亚耕层、心土层和底土层。其耕层质地为重壤以上，土壤上层为褐黄色，下层为灰黑色，亚耕层为片状结构，其他层为块状或团块状，土体紧或极紧，植物根系上多下少，pH 8.2 左右，通体石灰反应强烈或中等，心土层和底土层多见砂姜，并出现潜育化现象。

（2）耕层养分状况　据农化样点统计分析：有机质含量平均值 2.010%，标准差1.020%，变异系数 50.85%；全氮含量平均值 0.090%，标准差 0.020%，变异系数

20.59%；有效磷含量平均值 10.9 mg/kg，标准差 12.3 mg/kg，变异系数 112.80%；速效钾含量平均值 134 mg/kg，标准差 43 mg/kg，变异系数 31.99%（表 9-90）。

表 9-90 夹黑黏质洪积潮土耕层养分状况

项目	有机质（%）	全氮（%）	碱解氮（mg/kg）	有效磷（mg/kg）	速效钾（mg/kg）
样本数	78	60	78	78	78
平均值	2.010	0.090	78.38	10.9	134
标准差	1.020	0.020	26.84	12.3	43
变异系数（%）	50.85	20.59	34.24	112.80	31.99

3. 典型剖面

以 1983 年冬在新乡县合河乡范岭村采集的 2-30 号剖面为例。

剖面性态特征如下。

耕层：0~20 cm，褐黄色，重壤，块状结构，土体较紧，根系多，pH 8.4，石灰反应强烈，容重 1.38 g/cm³。

亚耕层：20~30 cm，褐黄色，重壤，片状结构，土体紧，根系较多，pH 8.4，石灰反应中等，容重 1.33 g/cm³。

心土层：30~77 cm，黄褐色，重壤，块状结构，土体紧，植物根系较少，pH 8.4，石灰反应中等，有少量砂姜，有潜育化现象。

底土层：77~105 cm，灰黑色，黏土，团块状结构，土体极紧，根系少，pH 8.2，石灰反应中等，有潜育化现象。

剖面理化性质详见表 9-91。

表 9-91 夹黑黏质洪积潮土剖面理化性质

层次	深度（cm）	pH	有机质（%）	全氮（%）	全磷（%）	代换量（me/100g 土）	容重（g/cm³）
耕层	0~20	8.4	1.360	0.076	0.109	14.4	1.38
亚耕层	20~30	8.4	1.140	0.067	0.096	15.8	1.33
心土层	30~77	8.4	1.140	0.067	0.096	15.8	
底土层	77~100	8.2	0.910	0.051	0.088	31.7	

层次	深度（cm）	机械组成（卡庆斯基制,%）							质地
		0.25~1 mm	0.05~0.25 mm	0.01~0.05 mm	0.005~0.01 mm	0.001~0.005 mm	<0.001 mm	<0.01 mm	
耕层	0~20		7.34	34.8	14.87	20.47	22.52	57.86	重壤
亚耕层	20~30		5.82	28.75	18.20	22.59	24.64	65.43	重壤
心土层	30~77		5.82	28.75	18.20	22.59	24.64	65.43	重壤
底土层	77~100			23.12	13.85	18.91	44.12	76.88	黏土

4. 生产性能

夹黑黏质洪积潮土，其耕层质地黏重，耕作困难，适耕期短，通透性能差，干时土体收缩、裂缝，水分、养分沿结构面下渗，漏水、漏肥严重，涝时土体吸水膨胀，加之地势低洼，地下水位高（1~2 m），水分下渗排泄不易，时有内涝威胁。但夹黑黏质洪积潮土有机质及各种养分含量高，代换能力强，保蓄性能强，作物生长有后劲，千粒重高，拔籽。对夹黑黏质洪积潮土应采取的改良利用措施：①增施农家肥，提倡施炉渣肥和砂土圈肥，以改善耕层结构；②搞好田间工程配套，疏通排水渠道，防止内涝威胁；③有水利条件的可扩种水稻，以提高作物产量，增加经济效益。

第二节　灌淤潮土亚类

灌淤潮土亚类在新乡市仅有 1 个黏质灌淤潮土土属，面积共 261 021.85 亩，占全市土壤总面积的 2.63%，包括黏质薄层灌淤潮土和黏质厚层灌淤潮土 2 个土种。

（一）黏质薄层灌淤潮土

代号：11c01-1

1. 归属及分布

黏质薄层灌淤潮土系在冲积平原上背河洼或古河洼地区，由于人工引黄灌溉，黏质灌淤母质逐年沉积发育而成的土壤，属潮土类、灌淤潮土亚类、黏质灌淤潮土土属，新乡市分布面积 115 108.42 亩，占全市土壤总面积的 1.17%，其中耕地面积 95 433.99 亩，占全市总耕地面积的 1.38%。分布在原阳、封丘、新乡 3 县的背河洼地区（表 9-92）。

表 9-92　黏质薄层灌淤潮土面积分布 　　　　　　　　单位：亩

项目	原阳	封丘	新乡	合计
面积	68 366.19	35 715.6	11 566.63	115 108.42

2. 理化性状

（1）剖面性态特征　黏质薄层灌淤潮土，其剖面发生型为耕层、亚耕层、心土层和底土层。其耕层质地为重壤以上，灌淤厚度 30~50 cm。土壤颜色上部多棕黄色，下部多灰黄色，土体多块状和碎块状结构，其松紧度为上紧下散，植物根系上多下少，pH 8.4 左右，通体石灰反应强烈，心土层多见铁锈斑纹。

（2）耕层养分状况　据农化样点统计分析：有机质含量平均值 0.850%，标准差 0.240%，变异系数 28.11%；全氮含量平均值 0.060%，标准差 0.020%，变异系数 32.12%；有效磷含量平均值 6.0 mg/kg，标准差 3.4 mg/kg，变异系数 56.03%；速效钾含量平均值 140 mg/kg，标准差 65 mg/kg，变异系数 39.03%（表 9-93）。

表 9-93　黏质薄层灌淤潮土耕层养分状况

项目	有机质（%）	全氮（%）	碱解氮（mg/kg）	有效磷（mg/kg）	速效钾（mg/kg）
样本数	74	31	90	75	79
平均值	0.850	0.060	47.23	6.0	140
标准差	0.240	0.020	16.24	3.4	65
变异系数（%）	28.11	32.12	34.20	56.03	39.03

3. 典型剖面

以 1981 年春季在封丘县娄堤乡前九甲村采集的 12-46 号剖面为例。

剖面性态特征如下。

耕层：0~20 cm，棕黄色，黏土，块状结构，土体较紧，植物根系多，pH 8.3，石灰反应强烈，容重 1.463 g/cm³。

亚耕层：20~35 cm，棕黄色，黏土，块状结构，土体紧，根系较多，pH 8.4，石灰反应强烈，有少量铁锈斑纹。

心土层：35~70 cm，灰黄色，轻壤，碎块状结构，土体较紧，根系较少，pH 8.5，石灰反应中等，有大量铁锈斑纹。

心土层：70~87 cm，黄棕色，重壤，块状结构，土体散，根系少，pH 8.4，石灰反应强烈。

底土层：87~100 cm，灰黄色，砂壤，碎块状结构，土体散，根系极少，pH 8.4，石灰反应强烈。

剖面理化性质详见表 9-94。

表 9-94　黏质薄层灌淤潮土剖面理化性质

层次	深度 cm	pH	有机质（%）	全氮（%）	全磷（%）	代换量（me/100g 土）	容重（g/cm³）
耕层	0~20	8.3	1.580	0.087	0.107	20.2	1.463
亚耕层	20~35	8.4	0.911	0.068	0.122	22.7	
心土层	35~70	8.5	0.331	0.026	0.135	5.1	
心土层	70~87	8.4	0.458	0.039	0.110	10.5	
底土层	87~100	8.4	0.232	0.030	0.090	5.3	

层次	深度（cm）	机械组成（卡庆斯基制,%）							质地
		0.25~1 mm	0.05~0.25 mm	0.01~0.05 mm	0.005~0.01 mm	0.001~0.005 mm	<0.001 mm	<0.01 mm	
耕层	0~20		1.49	22.04	10.49	51.42	14.56	76.47	黏土
亚耕层	20~35		1.39	4.41	15.54	59.88	18.78	94.20	黏土
心土层	35~70		23.98	51.78	6.75	3.45	14.04	24.24	轻壤
心土层	70~87		22.80	24.75	10.51	25.57	16.37	52.45	重壤
底土层	87~100		71.98	18.09	0.00	8.03	1.90	9.93	砂土

4. 生产性能

黏质薄层灌淤潮土，其耕层质地黏重，不易耕作，适耕期短，通透性不良，其有机质及各种养分含量一般较高，作物生长有后劲，拔籽。对黏质薄层灌淤潮土的改良利用措施：①增施农家肥料，多施砂土圈肥，不仅可增加耕层有机质含量，还可增加其通透性和可耕性；②兴修水利，疏通排水渠道，排除地下水，防止盐化发生；③继续灌淤种稻，加厚灌淤土层，使黏质薄层灌淤潮土变为黏质厚层灌淤潮土，以防盐化发生。

(二) 黏质厚层灌淤潮土

代号：11c01-2

1. 归属及分布

黏质厚层灌淤潮土系在冲积平原上背河洼或古河洼地区，由于人工引黄灌溉，黏质灌淤母质逐年沉积发育而成的土壤，属潮土类、灌淤潮土亚类、黏质灌淤潮土土属。新乡市分布面积 145 913.43 亩，占全市土壤总面积的 1.49%，其中耕地面积 118 821.49 亩，占全市耕地面积的 1.72%。分布在原阳、封丘的背河洼地和获嘉的冯村、亢村一带（表9-95）。

表9-95 黏质厚层灌淤潮土面积分布　　　单位：亩

项目	原阳	封丘	获嘉	合计
面积	110 713.40	33 891.82	1 308.21	145 913.43

2. 理化性状

（1）剖面性态特征　黏质厚层灌淤潮土，其剖面发生型为耕层、亚耕层、心土层和底土层。其耕层质地重壤以上，灌淤厚度大于 50 cm，土壤颜色耕层多棕红色，以下为棕褐色、褐色，其结构多块状或团块状，土体上部较紧、中紧、下极紧，根系上多下少，pH 8.3 左右，通体石灰反应中等或强烈，心土层多见铁锈斑纹。

（2）耕层养分状况　据农化样点统计分析：有机质含量平均值 0.810%，标准差 0.270%，变异系数 33.62%；全氮含量平均值 0.070%，标准差 0.020%，变异系数 27.36%；有效磷含量平均值 9.0 mg/kg，标准差 6.0 mg/kg，变异系数 66.51%；速效钾含量平均值 144 mg/kg，标准差 57 mg/kg，变异系数 39.71%（表9-96）。

表9-96 黏质厚层灌淤潮土耕层养分状况

项目	有机质（%）	全氮（%）	碱解氮（mg/kg）	有效磷（mg/kg）	速效钾（mg/kg）
样本数	100	42	87	100	100
平均值	0.810	0.070	75.12	9.0	144
标准差	0.270	0.020	59.43	6.0	57
变异系数（%）	33.62	27.36	79.11	66.51	39.71

3. 典型剖面

以 1983 年 4 月在原阳县梁寨乡同集村采集的 16-118 号剖面为例。

剖面性态特征如下。

耕层：0~28 cm，棕红色，黏土，块状结构，土体较紧，植物根系多，pH 8.35，石灰反应强烈，容重 1.55 g/cm³。

亚耕层：28~38 cm，棕褐色，中壤，块状结构，土体紧，植物根系较多，pH 8.45，石灰反应强烈，有少量铁锈斑纹，容重 1.55 g/cm³。

心土层：38~60 cm，棕褐色，中壤，块状结构，土体较紧，根系较少，pH 8.45，石灰反应强烈，有少量铁锈斑纹。

心土层：60~80 cm，褐色，重壤，块状结构，土体紧，根系少，pH 8.35，石灰反应中等。

底土层：80~100 cm，褐色，重壤，块状结构，土体极紧，根系极少，pH 8.35，石灰反应中等。

剖面理化性质详见表9-97。

表9-97 黏质厚层灌淤潮土剖面理化性质

层次	深度（cm）	pH	有机质（%）	全氮（%）	全磷（%）	代换量（me/100g 土）	容重（g/cm³）
耕层	0~28	8.35	1.033	0.092	0.144	20.87	1.55
亚耕层	28~38	8.45	0.565	0.043	0.128	7.76	1.55
心土层	28~60	8.45	0.565	0.043	0.128	7.76	
	60~80	8.35	0.669	0.049	0.135	28.82	
底土层	80~100	8.35	0.669	0.049	0.135	28.82	

层次	深度（cm）	机械组成（卡庆斯基制,%）							质地
		0.25~1 mm	0.05~0.25 mm	0.01~0.05 mm	0.005~0.01 mm	0.001~0.005 mm	<0.001 mm	<0.01 mm	
耕层	0~28			14.1	18.8	54.5	12.6	85.9	黏土
亚耕层	28~38			67.4	6.2	18.3	8.1	32.6	中壤
心土层	38~60			67.4	6.2	18.3	8.1	32.6	中壤
	60~80			42.4	12.4	32.9	12.3	57.6	重壤
底土层	80~100			42.4	12.4	32.9	12.3	57.6	重壤

4. 生产性能

黏质厚层灌淤潮土，因其垦殖时间较短，正处于发育阶段，土壤多呈块状结构，其质地黏重，通透性不良，耕作困难，适耕期短。但其有机质含量一般较高，保蓄性能好，潜在肥力高，作物生长有后劲，拔籽。对其应采取的改良利用措施：①疏通完善排灌渠道，有排、有灌，排灌结合，严格控制地下水上升，防止次生盐碱化；②大力增施农家肥，灌砂掺淤，以改善耕层结构，促进土壤熟化；③把握时机，适时耕作，以保证不误农时。

第三节 湿潮土亚类

湿潮土亚类在新乡市的分布面积共 51 729.54 亩，占全市土壤总面积的 0.53%，下含冲积湿潮土1个土属，包括砂质冲积湿潮土、壤质冲积湿潮土和黏质冲积湿潮土3个土种。

（一）砂质冲积湿潮土

代号：11d01-1

1. 归属及分布

砂质冲积湿潮土系在冲积平原季节性积水的低处，急流砂质沉积物上发育的土壤，属潮土类、湿潮土亚类、冲积湿潮土土属。新乡市分布面积35 533.76亩，占全市土壤总面积的0.36%，其中耕地面积17 487.45亩，占全市总耕地面积的0.25%，在新乡市延津县黄河故道区的低洼处分布。

2. 理化性状

砂质冲积湿潮土剖面发生型多为表层、心土层和底土层，地处季节性积水的低洼处，地下水位0.5 m左右，多为荒地。其表层砂质，其下为同质或异质土层，土壤上层多灰黄色，下层多灰黑色，植物根系上多下少，通体石灰反应中等，pH 8.0左右，心土层和底土层有潜育化现象的灰黑色土层出现，表层下部有铁锈斑纹，有机质及各种养分含量极低。

3. 典型剖面

以1984年春在延津县胙城乡东小庄村采集的8-68号剖面为例。

剖面性态特征如下。

表层：0~20 cm，灰黄色，砂土，无结构，土体散，根系较多，pH 8.0，石灰反应中等，下部有铁锈斑纹，容重1.336 g/cm³。

心土层：20~80 cm，灰色，砂土，土体散，根系较少，pH 8.1，石灰反应中、容重1.382 g/cm³。

底土层：80~100 cm，黑灰色，砂土，土体紧，根系少，pH 8.1，石灰反应中等。

剖面理化性质详见表9-98。

表9-98 砂质冲积湿潮土剖面理化性质

层次	深度（cm）	pH	有机质（%）	全氮（%）	全磷（%）	代换量（me/100g土）	容重（g/cm³）
表层	0~20	8.0	0.131	0.030	0.068	2.56	1.336
心土层	20~80	8.1	0.196	0.026	0.068	3.62	1.382
底土层	80~100	8.1	0.196	0.026	0.068	3.62	

层次	深度（cm）	机械组成（卡庆斯基制,%）							质地
		0.25~1 mm	0.05~0.25 mm	0.01~0.05 mm	0.005~0.01 mm	0.001~0.005 mm	<0.001 mm	<0.01 mm	
表层	0~20	58.80	24.32	13.00	0.00	0.40	3.48	3.88	砂土
心土层	20~80	58.80	24.32	13.00	0.00	0.40	3.48	3.88	砂土
底土层	80~100	43.20	39.92	9.00	2.00	0.40	5.48	7.88	砂土

4. 生产性能

砂质冲积湿潮土，其表层砂质，较疏松，但因季节性积水，通透性能较差，各种养分含量低，土壤肥力及保蓄能力均差，一般未种作物，多为天生芦苇、蒲草等。对砂质冲积湿潮土的改良利用措施：①疏通排水渠道，排除地下及地上水，防止内涝及盐碱化；②增施有机肥，培肥地力，改善土壤结构；③扩种水稻或其他水生作物。

（二）壤质冲积湿潮土

代号：11d01-2

1. 归属及分布

壤质冲积湿潮土系在冲积平原季节性积水的低洼处，慢流壤质沉积物上发育的土壤，属潮土类、湿潮土亚类、冲积湿潮土土属。新乡市分布面积 11 217.55 亩，占全市土壤总面积的 0.11%，均为非耕地。其中，原阳县的背河洼地分布面积为 8 495.99 亩，新乡县的洪门乡和翟坡乡分布面积为 2 721.56 亩。

2. 理化性状

（1）剖面性态特征 壤质冲积湿潮土剖面发生型为表层、心土层和底土层，位于季节性积水的低洼处，地下水位 0.5 m 左右，其表层壤质，土壤颜色上浅下深，心土层和底土层有黑色潜育化现象，土体多块状结构，从上至下紧实度由散到极紧，根系上多下少，pH 8.4 左右，通体石灰反应强烈，心土层有铁锈斑纹。

（2）耕层养分状况 据农化样点统计分析：有机质含量平均值 0.940%，标准差 0.190%，变异系数 20.38%；全氮含量平均值 0.060%，标准差 0.020%，变异系数 27.40%；有效磷含量平均值 4.1 mg/kg，标准差 2.0 mg/kg，变异系数 49.51%；速效钾含量平均值 128 mg/kg，标准差 32 mg/kg，变异系数 24.85%（表 9-99）。

表 9-99　壤质冲积湿潮土表层养分状况

项目	有机质（%）	全氮（%）	碱解氮（mg/kg）	有效磷（mg/kg）	速效钾（mg/kg）
样本数	4	4	4	4	4
平均值	0.940	0.060	37.37	4.1	128
标准差	0.190	0.020	8.86	2.0	32
变异系数（%）	20.38	27.40	23.72	49.51	24.85

3. 典型剖面

以 1983 年 4 月在原阳县陡门乡东三李村采集的 15-133 剖面为例。

剖面性态特征如下。

表层：0~35 cm，灰黄色，中壤，块状，土体散，根系较多，pH 8.40，石灰反应强烈，容重 1.43 g/cm³。

心土层：35~50 cm，棕黄色，轻壤，块状，土体较紧，根系较少，pH 8.75，石灰反应强烈，有大量铁锈斑纹，容重 1.65 g/cm³。

心土层：50~80 cm，灰褐色，黏土，块状，土体紧，根系少，pH 8.35，石灰反应强烈，有大量铁锈斑纹，土体有潜育化现象。

底土层：80~100 cm，灰褐色，黏土，团块状，土体极紧，pH 3.35，石灰反应强烈。

剖面理化性质详见表9-100。

表9-100　壤质冲积湿潮土剖面理化性质

层次	深度（cm）	pH	有机质（%）	全氮（%）	全磷（%）	代换量（me/100g 土）	容重（g/cm³）
表层	0~35	8.40	0.663	0.062	0.101	10.35	1.43
心土层	35~50	8.75	0.406	0.032	0.125	6.33	1.65
	50~80	8.35	0.723	0.060	0.129	16.54	
底土层	80~100	8.35	0.723	0.060	0.129	16.54	

层次	深度（cm）	机械组成（卡庆斯基制,%）							质地
		0.25~1 mm	0.05~0.25 mm	0.01~0.05 mm	0.005~0.01 mm	0.001~0.005 mm	<0.001 mm	<0.01 mm	
表层	0~35			62.9	13.4	13.3	10.4	37.1	中壤
心土层	35~50			74.5	8.1	14.2	3.2	25.5	轻壤
	50~80			24.1	37.4	37.3	1.2	75.9	黏土
底土层	80~100			24.1	37.4	37.3	1.2	75.9	黏土

4. 生产性能

壤质冲积湿潮土，其表层砂、黏比例适中，土壤养分含量一般，因地处季节性积水区，地下水位高，心土层可见潜育化现象，土层较紧实，表层易板结，耕性差，土体内部的水、肥、气、热和生物活动不易协调，限制了土壤肥力的发挥。因此，该土体目前多为荒地，生长芦苇、蒲草等。对壤质冲积湿潮土应采取的改良利用措施：①疏通排水渠道，排除地上水和地下水，防止内涝及盐碱化；②增施有机肥料，培肥地力，改善土壤结构；③有条件的可改种水稻或其他水生作物。

（三）黏质冲积湿潮土

代号：11d01-3

1. 归属及分布

黏质冲积湿潮土系在冲积平原上季节性积水的低洼处，慢流或静流黏质沉积物上发育的土壤，属潮土类、湿潮土亚类、冲积湿潮土土属。新乡市分布面积4 978.23亩，占全市土壤总面积的0.05%，其中延津县古背河洼地分布3 650.73亩，原阳县背河洼地分布1 327.50亩，均系非耕地。

2. 理化性状

黏质冲积湿潮土剖面发生型为表层、心土层和底土层，地处季节性积水区，地下水位0.5 m左右，多为荒地。其表层为黏质，以下为同质或异质土，土壤颜色上浅下深，心土层、底土层有潜育化现象，土体多块状结构，其松紧度多为紧或极紧，植物根系上少下无，pH 8.0左右，通体石灰反应强烈，表层下部有铁锈斑纹，有机质及各种养分含量一般。

· 137 ·

3. 典型剖面

以 1984 年春在延津县东屯乡赵京村采集的 7-38 号剖面为例。

剖面性态特征如下。

表层：0~20 cm，淡黄色，黏土，土体紧，根系较少，pH 8.1，石灰反应强烈，下部有铁锈斑纹，容重 1.585 g/cm³。

心土层：20~80 cm，灰色，重壤，块状，土体较紧，根系少，pH 8.0，石灰反应强烈，有潜育化现象，容重 1.564 g/cm³。

底土层：80~100 cm，褐灰色，重壤，块状，土体极紧，pH 8.0，石灰反应强烈，有潜育化现象。

剖面理化性质详见表 9-101。

表 9-101　黏质冲积湿潮土剖面理化性质

层次	深度（cm）	pH	有机质（%）	全氮（%）	全磷（%）	代换量（me/100g 土）	容重（g/cm³）
表层	0~20	8.1	0.850	0.071	0.136	18.53	1.585
心土层	20~80	8.0	0.763	0.086	0.128	9.69	1.564
底土层	80~100	8.0	0.763	0.086	0.128	9.69	

层次	深度（cm）	机械组成（卡庆斯基制,%）							质地
		0.25~1 mm	0.05~0.25 mm	0.01~0.05 mm	0.005~0.01 mm	0.001~0.005 mm	<0.001 mm	<0.01 mm	
表层	0~20	5.4	18.9	7.0	13.0	34.6	21.1	68.7	黏土
心土层	20~80	16.6	13.7	24.0	2.0	22.6	21.1	45.7	重壤
底土层	80~100	16.6	13.7	24.0	2.0	22.6	21.1	45.7	重壤

4. 生产性能

黏质冲积湿潮土其表层质地黏重，不易耕作，因地处季节性积水区，土体紧实，通透性能差，加之地下水位高，经常内涝。其养分及有机质含量一般，但其代换性能及保蓄性能较强。对其应采取的改良利用措施：①疏浚、深挖排水渠道，防止内涝及盐化；②增施有机肥，有引黄灌溉条件的可放砂掺淤，以改善表层结构；③有水利条件的可改种水稻、种莲、养鱼等。

第四节　脱潮土亚类

脱潮土亚类是新乡市潮土类中又一个大的亚类。新乡市分布面积 887 230.76 亩，占全市土壤总面积的 9.03%，包括砂质脱潮土、壤质脱潮土和黏质脱潮土 3 个土属。

一、砂质脱潮土土属

砂质脱潮土土属在新乡市分布面积共 27 249.02 亩，占全市土壤总面积的 0.28%，包括砂质脱潮土、砂壤质脱潮土、夹黏砂壤质脱潮土和底黏砂壤质脱潮土 4 个土种。

（一）砂质脱潮土

代号：11e01-1

1. 归属及分布

砂质脱潮土系在冲积平原上的地势高起部位，急流砂质沉积物上发育而成的土壤，属潮土类、脱潮土亚类、砂质脱潮土土属。新乡市分布面积 5 542.41 亩，占全市土壤总面积的 0.056%，其中耕地面积 3 969.7 亩，占全市总耕地面积的 0.057%。分布在原阳县高滩区的桥北乡 2 256.75 亩，延津县的古阳堤两侧 3 285.66 亩。

2. 理化性状

砂质脱潮土剖面发生型为耕层、亚耕层、心土层和底土层。耕层为砂质，以下为砂质或砂壤质。土壤颜色多浅灰色和灰黄色，土体多无结构或耕层以下为碎块状，由上而下土体紧实度从松到较紧，根系上多下少，通体石灰反应中等或弱，pH 8.68 左右，亚耕层和心土层有碳酸钙淀积，耕层有机质及各种养分含量偏低。

3. 典型剖面

以 1983 年 4 月在原阳县桥北乡马井村采集的 5-157 号剖面为例。

剖面性态特征如下。

耕层：0~23 cm，浅灰色，砂土，无结构，土体松，根系多，pH 8.65，石灰反应中等，容重 1.34 g/cm³。

亚耕层：23~33 cm，浅灰色，砂壤，碎块状结构，土体散，根系较多，pH 8.68，石灰反应弱，有明显的碳酸钙淀积；容重 1.35 g/cm³。

心土层：33~80 cm，浅灰色，砂壤，碎块状结构，土体散，植物根系较少，pH 8.68，石灰反应弱，有明显的碳酸钙淀积。

底土层：80~100 cm，灰黄色，砂壤，碎块状结构，土体较紧，根系少，pH 8.60，石灰反应中等，有不明显的铁锈斑纹。

剖面理化性质详见表 9-102。

表 9-102　砂质脱潮土剖面理化性质

层次	深度（cm）	pH	有机质（%）	全氮（%）	全磷（%）	代换量（me/100g 土）	容重（g/cm³）
耕层	0~23	8.65	0.459	0.021	0.104	3.52	1.34
亚耕层	23~33	8.68	0.347	0.021	0.118	4.11	1.35
心土层	33~80	8.68	0.347	0.021	0.118	4.11	
底土层	80~100	8.60	0.354	0.034	0.126	4.48	

层次	深度（cm）	机械组成（卡庆斯基制,%）							质地
		0.25~1 mm	0.05~0.25 mm	0.01~0.05 mm	0.005~0.01 mm	0.001~0.005 mm	<0.001 mm	<0.01 mm	
耕层	0~23		26.4	67.1	2.1	2.0	2.4	6.5	砂土
亚耕层	23~33		22.6	66.7	10.1	0	0.6	10.7	砂壤
心土层	33~80		22.6	66.7	10.1	0	0.6	10.7	砂壤
底土层	80~100			84.3	15.1	0	0.6	15.7	砂壤

4. 生产性能

砂质脱潮土耕层为砂土，疏松易耕，适耕期长，通透性能良好，有机质分解快，土性热，发小苗。但有机质及各种养分含量低，代换能力弱，肥效短，不发老苗。对于砂质脱潮土的改良利用措施：①大力增施农家肥，以提高耕层有机质含量；②有引黄灌溉条件的可引水放淤，以增加耕层黏粒含量，改善耕层结构，提高土壤代换能力和保蓄能力；③搞好田间水利工程配套，勤浇水，勤施肥、少用量，以便作物吸收；④因地制宜地种植花生、大豆、西瓜等适种性作物。

（二）砂壤质脱潮土

代号：11e01-2

1. 归属及分布

砂壤质脱潮土系在冲积平原上地势高起部位，急流砂壤质沉积物上发育的土壤，属潮土类、脱潮土亚类、砂质脱潮土土属。新乡市分布面积 15 887.69 亩，占全市土壤总面积的 0.16%，其中耕地面积 12 846.30 亩，占全市总耕地面积的 0.19%。原阳县和封丘县的高滩区分布面积分别为 12 345.74 亩和 3 337.83 亩，新乡县的古固寨乡分布面积为 204.12 亩。

2. 理化性状

（1）剖面性态特征　砂壤质脱潮土剖面发生型为耕层、亚耕层、心土层和底土层。其耕层质地为砂壤质，其下为同质土或为仅差一级的异质土层，土壤多浅灰色或黄棕色，土体多块状或碎块状结构，其松紧度多为松散，植物根系上多下少，pH 8.35 左右，通体石灰反应强烈或中等，亚耕层、心土层有碳酸钙淀积，底土层有不明显的铁锈斑纹。

（2）耕层养分状况　据农化样点统计分析：有机质含量平均值 0.690%，标准差 0.150%，变异系数 21.67%；全氮含量平均值 0.040%，标准差 0.005%，变异系数 13.01%；有效磷含量平均值 4.1 mg/kg，标准差 2.7 mg/kg，变异系数 65.89%；速效钾含量平均值 115 mg/kg，标准差 14 mg/kg，变异系数 12.45%（表 9-103）。

表 9-103　砂壤质脱潮土耕层养分状况

项目	有机质 （%）	全氮 （%）	碱解氮 （mg/kg）	有效磷 （mg/kg）	速效钾 （mg/kg）
样本数	9	6	10	10	10
平均值	0.690	0.040	32.07	4.1	115
标准差	0.150	0.005	4.77	2.7	14
变异系数（%）	21.67	13.01	14.87	65.89	12.45

3. 典型剖面

以 1983 年 4 月在原阳县桥北乡季庄村采集的 7-71 号剖面为例。

剖面性态特征如下。

耕层：0~20 cm，浅灰色，砂壤，碎块状，土体松，根系多，pH 8.32，石灰反应强烈，容重 1.54 g/cm³。

亚耕层：20~34 cm，浅灰色，砂壤，碎块状结构，土体较紧，根系较多，pH

8.20，石灰反应强烈，下端有少量碳酸钙淀积，容重 1.52 g/cm³。

心土层：34～47 cm，黄棕色，轻壤，块状结构，土体散，植物根系较少，pH 8.40，石灰反应强烈，有少量碳酸钙淀积。

心土层：47～80 cm，浅灰色，砂壤，碎快状，土体散，根系少，pH 8.35，石灰反应中等。

底土层：80～100 cm，砂壤，碎块状，土体散，根系极少，pH 8.35，石灰反应中等，有不明显的铁锈斑纹。

剖面理化性质详见表9-104。

表 9-104　砂壤质脱潮土剖面理化性质

层次	深度（cm）	pH	有机质（%）	全氮（%）	全磷（%）	代换量（me/100g 土）	容重（g/cm³）
耕层	0～20	8.32	0.732	0.050	0.129	5.67	1.54
亚耕层	20～34	8.20	0.602	0.045	0.120	5.90	1.52
心土层	34～47	8.40	0.436	0.028	0.120	5.87	
	47～80	8.35	0.308	0.021	0.113	4.91	
底土层	80～100	8.35	0.308	0.021	0.113	4.91	

层次	深度（cm）	机械组成（卡庆斯基制,%）							
		0.25～1 mm	0.05～0.25 mm	0.01～0.05 mm	0.005～0.01 mm	0.001～0.005 mm	<0.001 mm	<0.01 mm	质地
耕层	0～20		3.8	78.6	5.1	9.1	3.4	17.6	砂壤
亚耕层	20～34		2.9	77.4	6.1	8.1	5.5	19.7	砂壤
心土层	34～47		1.3	75.7	7.2	13.3	2.5	23.0	轻壤
	47～80			86.4	4.1	6.1	3.4	13.6	砂壤
底土层	80～100			86.4	4.1	6.1	3.4	13.6	砂壤

4. 生产性能

砂壤质脱潮土耕层疏松易耕，适耕期长，通透性能好，有机质分解快，土性热，发小苗。但有机质含量偏低，代换能力弱，供蓄能力差，作物后期易脱肥，不发老苗，不拔籽。对于砂壤质脱潮土应采取的改良利用措施：①增施农家肥，以提高耕层有机质含量；②有引黄灌溉条件的可引水放淤，以增加耕层黏粒含量，改善耕层结构，提高其保蓄及代换能力；③因地制宜地种植花生、大豆、西瓜、果树、棉花等适种性作物，肥力较高者亦可种植小麦、玉米等高产作物；④实行科学管理，勤浇水，勤施肥，但需少用量，以便作物吸收。

（三）夹黏砂壤质脱潮土

代号：11e01-3

1. 归属及分布

夹黏砂壤质脱潮土系在冲积平原上地势高起部位，急流砂壤质沉积物覆盖在距地表

30 cm 以上 10~20 cm 的黏质土上发育的土壤，属潮土类、脱潮土亚类、砂质脱潮土土属。新乡市分布面积 1 703.67 亩，占全市土壤总面积的 0.017%，其中耕地面积 1 154.83 亩，占全市总耕地面积的 0.017%，分布在延津县的古河堤两侧。

2. 理化性状

夹黏砂壤质脱潮土，其剖面发生型为耕层、亚耕层、心土层和底土层。耕层质地为砂壤质，剖面 30 cm 以上出现 10~20 cm 的黏土层（包括重壤）。耕层多灰黄色，亚耕层多棕黄色，以下为淡黄色，土体多碎块状、块状结构，植物根系上多下少，通体石灰反应强烈或中等，亚耕层和心土层有碳酸钙淀积，底土层有不明显的铁锈斑纹，有机质及各种养分含量偏低。

3. 生产性能

夹黏砂壤质脱潮土耕层砂壤质，疏松易耕，适耕期长，通透性能好，有机质分解快，发小苗，因夹层为 10~20 cm 的黏土层，故保蓄、托水、托肥性能较好。但夹黏砂壤质脱潮土有机质及各种养分含量低，代换性能弱，作物后期易脱水，脱肥，不拔籽。对夹黏砂壤质脱潮土应采取的改良利用措施：①大力增施农家肥，提高耕层有机质及各种养分含量；②有引黄灌溉条件的可引水放淤，以增加耕层黏粒含量，改善耕层结构，提高其保蓄及代换性能；③搞好田间水利工程配套，实行科学管理，勤浇水、勤施肥，但要少用量，以便作物吸收；④因地制宜地种植花生、棉花、大豆、西瓜、果树等适种性作物，肥力较高的可种植小麦、玉米等高产作物。

（四）底黏砂壤质脱潮土

代号：11e01-4

1. 归属及分布

底黏砂壤质脱潮土系在冲积平原上地势高起部位，急流砂壤质沉积物覆盖在距地表 50 cm 以下 20~50 cm 的黏质土上发育的土壤，属潮土类、脱潮土亚类、砂质脱潮土土属。新乡市分布面积 4 115.25 亩，占全市土壤总面积的 0.04%，其中耕地面积 3 177.53 亩，占全市耕地面积的 0.046%，分布在原阳县的高滩区和古河堤两侧。

2. 理化性状

（1）剖面性态特征　底黏砂壤质脱潮土，其剖面发生型为耕层、亚耕层、心土层和底土层。耕层为砂壤质，剖面下部出现 20~50 cm 的黏土层（包括重壤）。土壤颜色上层浅，多为淡黄色，下层深，多为棕红色，土体多碎块状和块状结构，上散、下紧，植物根系上多下少，通体石灰反应强烈，心土层有碳酸钙淀积，底土层有不明显的铁锈斑纹。

（2）耕层养分状况　据农化样点统计分析：有机质含量平均值 0.790%，标准差 0.150%，变异系数 18.37%；全氮含量平均值 0.055%，标准差 0.020%，变异系数 33.40%；有效磷含量平均值 6.6 mg/kg，标准差 0.9 mg/kg，变异系数 13.22%，速效钾含量平均值 121 mg/kg，标准差 16 mg/kg，变异系数 13.25%（表 9-105）。

表 9-105　底黏砂壤质脱潮土耕层养分状况

项目	有机质（%）	全氮（%）	碱解氮（mg/kg）	有效磷（mg/kg）	速效钾（mg/kg）
样本数	5	2	5	4	5
平均值	0.790	0.055	34.10	6.6	121
标准差	0.150	0.020	5.14	0.9	16
变异系数（%）	18.37	33.40	15.08	13.22	13.25

3. 典型剖面

以 1983 年 4 月在原阳黑羊山乡黑羊山村采集的 4-23 号剖面为例。

剖面性态特征如下。

耕层：0~25 cm，淡黄色，砂壤，碎块状结构，植物根系多，土体散，石灰反应强烈。

亚耕层：25~35 cm，淡黄色，砂壤，碎块状结构，土体散，根系较多，石灰反应强烈。

心土层：35~80 cm，棕色，轻壤，块状结构，土体较紧，根系较少，石灰反应强烈，有明显的碳酸钙淀积。

底土层：80~100 cm，棕红色，黏土，团块状结构，根系少，石灰反应强烈，有不明显的铁锈斑纹。

4. 生产性能

底黏砂壤质脱潮土耕层疏松易耕，适耕期长，通透性能良好，土性热，有机质分解快，发小苗，加之底土层有 20~50 cm 的黏土层，所以具有一定的托水、托肥能力。但底黏砂壤质脱潮土代换能力弱，有机质及各种养分含量偏低，作物生长后期易脱水、脱肥，不拔籽。对底黏砂壤质脱潮土应采取的改良利用措施：①大力增施农家肥，以提高耕层有机质及各种养分含量；②有引黄灌溉条件的可引水放淤，以增加耕层黏粒含量，改善耕层结构，提高其保蓄及代换能力；③因地处较高部位，应注意田间工程配套，防止旱灾；④因地制宜地种植花生、棉花、西瓜、大豆、果树等适种性作物，肥力较高的亦可种植小麦、玉米等高产作物。

二、壤质脱潮土土属

壤质脱潮土土属在新乡市的分布面积共 792 970.35 亩，占全市土壤总面积的 8.08%，包括轻壤质脱潮土、腰黏轻壤质脱潮土、体黏轻壤质脱潮土、底黏轻壤质脱潮土、底砂轻壤质脱潮土、壤质脱潮土、腰砂壤质脱潮土、体砂壤质脱潮土、底砂壤质脱潮土、腰黏壤质脱潮土、体黏壤质脱潮土、底黏壤质脱潮土 12 个土种。

（一）轻壤质脱潮土

代号：11e02-1

1. 归属及分布

轻壤质脱潮土系在冲积平原上地势高起部位，慢流轻壤质土上发育的土壤，属潮土类、脱潮土亚类、壤质脱潮土土属。新乡市分布面积 324 911.48 亩，占全市土壤总面积的 3.31%，其中耕地面积 241 562.55 亩，占全市总耕地面积的 3.50%。在新乡市的新乡、原阳、汲县、获嘉、封丘、延津、辉县 7 县的黄河高滩区和古河堤及其两侧均有分布（各县分布面积详见表 9-106）。

表 9-106 轻壤质脱潮土面积分布 单位：亩

项目	新乡	原阳	汲县	获嘉	封丘	延津	辉县	合计
面积	35 380.28	32 523.72	28 324.34	26 505.38	20 412.12	176 330.18	5 435.46	324 911.48

2. 理化性状

（1）剖面性态特征 轻壤质脱潮土剖面发生型为耕层、亚耕层、心土层和底土层。耕层轻壤质，以下各层与耕层同质地或为仅差一级的异质土层。土壤颜色多褐色和棕色，亚耕层为片状结构，其他各层多为块状、碎块状，土体紧实度多散或较紧，植物根系上多下少，pH 8.5 左右，通体石灰反应中等或强烈，心土层有明显的碳酸钙淀积，剖面底部可见铁锈斑纹。

（2）耕层养分状况 据农化样点统计分析：有机质含量平均值 0.860%，标准差 0.210%，变异系数 24.94%；全氮含量平均值 0.069%，标准差 0.023%，变异系数 33.80%；有效磷含量平均值 8.1 mg/kg，标准差 7.8 mg/kg，变异系数 96.83%；速效钾含量平均值 139 mg/kg，标准差 51 mg/kg，变异系数 36.73%（表 9-107）。

表 9-107 轻壤质脱潮土耕层养分状况

项目	有机质（%）	全氮（%）	碱解氮（mg/kg）	有效磷（mg/kg）	速效钾（mg/kg）
样本数	196	147	240	193	195
平均值	0.860	0.069	64.12	8.1	139
标准差	0.210	0.023	40.18	7.8	51
变异系数（%）	24.94	33.80	62.66	96.83	36.73

3. 典型剖面

以 1983 年秋季在新乡县朗公庙乡曲水村采集的 7-79 号剖面为例。

剖面性态特征如下。

耕层：0~30 cm，灰褐色，轻壤，碎块状结构，土体散，根系多，pH 8.4，石灰反应中等，容重 1.15 g/cm³。

亚耕层：30~40 cm，浅棕色，轻壤，片状结构，土体较紧，根系较多，pH 8.5，石灰反应强烈，容重 1.37 g/cm³。

心土层：40~75 cm，浅棕色，轻壤，碎块状结构，土体较紧，根系较少，pH 8.5，石灰反应中等，有明显的碳酸钙淀积。

底土层：75~100 cm，浅褐色，砂壤，碎块状结构，土体散，根系极少，pH 8.8，石灰反应中等，有铁锈斑纹。

剖面理化性质详见表9-108。

表 9-108　轻壤质脱潮土剖面理化性质

层次	深度（cm）	pH	有机质（%）	全氮（%）	全磷（%）	代换量（me/100g 土）	容重（g/cm³）
耕层	0~30	8.4	0.810	0.050	0.150	8.1	1.15
亚耕层	30~40	8.5	0.410	0.030	0.129	8.2	1.37
心土层	40~75	8.5	0.410	0.030	0.129	8.2	
底土层	75~100	8.8	0.210	0.019	0.129	5.6	

层次	深度（cm）	机械组成（卡庆斯基制,%）							质地
		0.25~1 mm	0.05~0.25 mm	0.01~0.05 mm	0.005~0.01 mm	0.001~0.005 mm	<0.001 mm	<0.01 mm	
耕层	0~30		25.10	48.50	8.10	12.51	5.79	26.40	轻壤
亚耕层	30~40		24.87	46.70	6.09	12.19	10.15	28.43	轻壤
心土层	40~75		24.87	46.70	6.09	12.19	10.15	28.43	轻壤
底土层	75~100		15.07	66.73	4.04	10.12	4.04	18.20	砂壤

4. 生产性能

轻壤质脱潮土耕层质地较适中，较易耕作，适耕期较长，通透性能较好，有机质分解快，保蓄性能一般，土体中水、肥、气、热协调。但其有机质及各种养分含量一般，代换性能不强。对其应采取的改良利用措施：①增施农家肥，以地养地，养用结合，以培肥地力；②实行科学配方施肥，协调土壤三要素比例，提高施肥效益；③有引黄灌溉条件的可引水放淤，以增加耕层黏粒含量，提高其保蓄及代换性能；④搞好农田工程配套，建设高产、稳产保收农田。

（二）腰黏轻壤质脱潮土

代号：11e02-2

1. 归属及分布

腰黏轻壤质脱潮土系在冲积平原上地势高起部位，慢流壤质沉积物覆盖在距地表50 cm以上大于20 cm的黏质土上发育而成的土壤，属潮土类、脱潮土亚类、壤质脱潮土土属。新乡市分布面积4 540.08亩，占全市土壤总面积的0.046%，其中耕地面积2 494.51亩，占全市耕地面积的0.036%。分布在原阳、封丘的黄河高滩区和延津、汲县的古河堤两侧（表9-109）。

表 9-109　腰黏轻壤质脱潮土面积分布　　　单位：亩

项目	原阳	封丘	延津	汲县	合计
面积	1 327.50	1 027.03	730.15	1 455.40	4 540.08

2. 理化性状

（1）剖面性态特征　腰黏轻壤质脱潮土，其剖面发生型为耕层、亚耕层、心土层和底土层。耕层质地为轻壤，剖面中部有大于 20 cm 的黏质土层，土壤多灰褐色和灰黄色，亚耕层为片状结构，其他多为碎块状和块状结构，植物根系上多下少，pH 7.85 左右，通体石灰反应强烈，心土层有碳酸钙淀积，底土层多见铁锈斑纹。

（2）耕层养分状况　据农化样点统计分析：有机质含量平均值 0.92%，标准差 0.09%，变异系数 9.88%；全氮含量平均值 0.058%，标准差 0.002%，变异系数 3.69%；有效磷含量平均值 3.2 mg/kg，标准差 0.1 mg/kg，变异系数 4.42%；速效钾含量平均值 137 mg/kg，标准差 0 mg/kg，变异系数 0.05%（表 9-110）。

表 9-110　腰黏轻壤质脱潮土耕层养分状况

项目	有机质（%）	全氮（%）	碱解氮（mg/kg）	有效磷（mg/kg）	速效钾（mg/kg）
样本数	2	2	2	2	2
平均值	0.92	0.058	53.90	3.20	137
标准差	0.09	0.002	14.85	0.14	0
变异系数（%）	9.88	3.69	27.54	4.42	0.05

3. 典型剖面

以 1983 年冬季在汲县庞赛乡梨园村采集的 12-160 号剖面为例。

剖面性态特征如下。

耕层：0~30 cm，灰褐色，轻壤，块状结构，土体散，根系多，pH 7.92，石灰反应强烈。

亚耕层：30~43 cm，灰褐色，轻壤，片状结构，土体较紧，根系较多，pH 7.92，石灰反应强烈。

心土层：43~75 cm，棕褐色，黏土，块状结构，土体紧，根系较少，pH 7.75，石灰反应强烈，有碳酸钙淀积。

底土层：75~100 cm，灰黄色，砂壤，碎块状，土体散，根系少，pH 7.90，石灰反应强烈，有铁锈斑纹。

剖面理化性质详见表 9-111。

4. 生产性能

腰黏轻壤质脱潮土耕层质地较适中，较易耕作，适耕期较长，因剖面中部有大于 20 cm 的黏质土层，所以其保蓄性及托水、托肥性能较强，土体中水、肥、气、热因素比较协调。但该土壤类型有机质含量一般，代换能力偏低。因此，对其应采取的改良利用措施：①增施农家肥，实行秸秆还田，以地养地，培肥地力；②推行科学配方施肥，协调土壤三要素比例，提高施肥效益；③有引黄灌溉条件的可引水放淤，或采取加深耕层的办法，翻淤掺壤，以改善耕层结构，提高耕层代换和保蓄能力；④搞好田间工程配套，建设高产、稳产保收农田。

表 9-111　腰黏轻壤质脱潮土剖面理化性质

层次	深度（cm）	pH	有机质（%）	全氮（%）	全磷（%）	代换量（me/100g 土）	容重（g/cm³）
耕层	0~30	7.92	0.702	0.051	0.117	8.18	
亚耕层	30~43	7.92	0.702	0.051	0.117	8.18	
心土层	43~75	7.75	0.866	0.069	0.107	24.70	
底土层	75~100	7.90	0.179	0.018	0.130	5.50	

层次	深度（cm）	机械组成（卡庆斯基制,%）							质地
		0.25~1 mm	0.05~0.25 mm	0.01~0.05 mm	0.005~0.01 mm	0.001~0.005 mm	<0.001 mm	<0.01 mm	
耕层	0~30		27.8	37.5	28.4	4.1	2.2	34.7	轻壤
亚耕层	30~43		27.8	37.5	28.4	4.1	2.2	34.7	轻壤
心土层	43~75			16.6	16.7	64.4	2.3	83.4	黏土
底土层	75~100		19.2	66.5	10.1	1.0	3.2	14.3	砂壤

（三）体黏轻壤质脱潮土

代号：11e02-3

1. 归属及分布

体黏轻壤质脱潮土系在冲积平原上地势高起部位，慢流轻壤沉积物覆盖在距地表 50 cm 以内大于 50 cm 的黏质土上发育而成的土壤，属潮土类、脱潮土亚类、壤质脱潮土土属。新乡市分布面积 11 120.06 亩，占全市土壤总面积的 0.11%，其中耕地面积 8 619.66 亩，占全市总耕地面积的 0.12%，分布在封丘、原阳两县的黄河高滩区和延津、汲县两县的古河堤两侧（表 9-112）。

表 9-112　体黏轻壤质脱潮土面积分布　　　　　　　　　　　　　单位：亩

项目	延津	封丘	原阳	汲县	合计
面积	5 962.86	3 029.45	1 327.50	335.86	11 120.06

2. 理化性状

（1）剖面性态特征　体黏轻壤质脱潮土，其剖面发生型为耕层、亚耕层、心土层和底土层。其耕层为轻壤质，剖面上部 50 cm 以内出现黏土层，厚度大于 50 cm。土壤颜色上部浅，多灰黄色，下部深，多黄褐色，亚耕层多片状结构，其他层多块状、碎块状结构，土体上散下紧，植物根系上多下少，pH 8.1 左右，通体石灰反应强烈，亚耕层下端和心土层多见碳酸钙淀积，底土层有铁锈斑纹。

（2）耕层养分状况　据农化样点统计分析：有机质含量平均值 0.810%，标准差 0.290%，变异系数 35.68%；全氮含量平均值 0.063%，标准差 0.020%，变异系数 33.65%；有效磷含量平均值 1.8 mg/kg，标准差 2.0 mg/kg，变异系数 39.90%，速效钾含量平均值 153 mg/kg，标准差 51 mg/kg，变异系数 33.35%（表 9-113）。

表 9-113　体黏轻壤质脱潮土耕层养分状况

项目	有机质 （%）	全氮 （%）	碱解氮 （mg/kg）	有效磷 （mg/kg）	速效钾 （mg/kg）
样本数	5	5	5	5	5
平均值	0.810	0.063	44.14	1.8	153
标准差	0.290	0.020	20.17	2.0	51
变异系数（%）	35.68	33.65	45.60	39.90	33.35

3. 典型剖面

以 1984 年春在延津县司寨乡小屯村采集的 11-2 号剖面为例。

剖面性态特征如下。

耕层：0~20 cm，灰黄色，轻壤，碎块状结构，土体散，根系多，pH 8.2，石灰反应强烈，容重 1.361 g/cm³。

亚耕层：20~30 cm，灰黄色，中壤，片状结构，土体较紧，根系较多，pH 8.1，石灰反应强烈，有碳酸钙淀积；容重 1.501 g/cm³。

心土层：30~43 cm，灰黄色，中壤，块状结构，土体较紧，根系较多，pH 植 8.1，石灰反应强烈，有碳酸钙淀积。

心土层：43~80 cm，黄褐色，黏土，块状结构，土体紧，根系较少，pH 8.2，石灰反应强烈。

底土层：80~100 cm，黄褐色，黏土，块状结构，土体极紧，根系少，pH 8.2，石灰反应强烈，有铁锈斑纹。

剖面理化性质详见表 9-114。

表 9-114　体黏轻壤质脱潮土剖面理化性质

层次	深度 （cm）	pH	有机质 （%）	全氮 （%）	全磷 （%）	代换量 （me/100g 土）	容重 （g/cm³）
耕层	0~20	8.2	0.807	0.073	0.148	9.37	1.361
亚耕层	20~30	8.1	0.436	0.059	0.148	14.27	1.501
心土层	30~43	8.1	0.436	0.059	0.148	14.27	
	43~80	8.2	0.263	0.050	0.136	28.65	
底土层	80~100	8.2	0.263	0.050	0.136	28.65	

层次	深度 （cm）	机械组成（卡庆斯基制,%）							质地
		0.25~1 mm	0.05~ 0.25 mm	0.01~ 0.05 mm	0.005~ 0.01 mm	0.001~ 0.005 mm	<0.001 mm	<0.01 mm	
耕层	0~20	11.2	34.5	30.0	4.0	10.6	9.7	24.3	轻壤
亚耕层	20~30	1.8	32.9	35.0	5.0	10.6	14.7	30.3	中壤
心土层	30~43	1.8	32.9	35.0	5.0	10.6	14.7	30.3	中壤
	43~80		12.1	4.0	16.0	58.2	9.7	83.9	黏土
底土层	80~100		12.1	4.0	16.0	58.2	9.7	83.9	黏土

4. 生产性能

体黏轻壤质脱潮土耕层质地较适中，较易耕作，耕期较长，通透性能一般良好，土体上部有大于 50 cm 的黏质土层，其保蓄性能及托水，托肥性能良好。但其耕层代换能力差，有机质及各种养分含量偏低，土壤多属中产水平。对体黏轻壤质脱潮土应采取的改良利用措施：①增施农家肥料，实行秸秆还田，以地养地，养用结合，以培肥地力；②推行科学配方施肥，协调土壤三要素比例，提高施肥效益；③逐年深翻，加深耕层，以增加耕层黏粒含量，提高其代换及保蓄能力；④搞好田间工程配套，建设高产、稳产保收农田。

（四）底黏轻壤质脱潮土

代号：11e02-4

1. 归属及分布

底黏轻壤质脱潮土系在冲积平原上地势高起部位，慢流轻壤质沉积物覆盖在距地表 50 cm 以下大于 20 cm 的黏质土上发育的土壤，属潮土类、脱潮土亚类、壤质脱潮土土属。新乡市分布面积 43 388.23 亩，占全市土壤总面积的 0.44%，其中耕地面积 34 199.18 亩，占全市总耕地面积的 0.50%。分布在原阳、新乡、延津、封丘、汲县、获嘉 6 县的高滩区或古河堤及其两侧（表 9-115）。

表 9-115　底黏轻壤质脱潮土面积分布　　　　　　　　单位：亩

项目	原阳	新乡	延津	封丘	汲县	获嘉	合计
面积	26 018.98	4 762.73	4 259.18	3 722.97	2 462.99	2 161.38	43 388.23

2. 理化性状

（1）剖面性态特征　底黏轻壤质脱潮土剖面发生型为耕层、亚耕层、心土层和底土层。其耕层为轻壤质，剖面下部有大于 20 cm 的黏质土层。土壤颜色上部浅，多灰黄色，下部深，多为红棕色或灰褐色，土体上、中部为块状、碎块状，下部为团块状，其松紧度为上散下紧，根系上多下少，pH 8.5 左右，通体石灰反应强烈，亚耕层底部和心土层有碳酸钙淀积，底土层有铁锈斑纹。

（2）耕层养分状况　据农化样点化验统计分析：有机质含量平均值 0.890%，标准差 0.120%，变异系数 14.40%；全氮含量平均值 0.057%，标准差 0.010%，变异系数 17.54%；有效磷含量平均值 5.0 mg/kg，标准差 2.7 mg/kg，变异系数 52.90%；速效钾含量平均值 139 mg/kg，标准差 49 mg/kg，变异系数 35.60%（表 9-116）。

表 9-116　底黏轻壤质脱潮土耕层养分状况

项目	有机质 （%）	全氮 （%）	碱解氮 （mg/kg）	有效磷 （mg/kg）	速效钾 （mg/kg）
样本数	42	23	42	43	43
平均值	0.890	0.057	45.9	5.0	139
标准差	0.120	0.010	22.8	2.7	49
变异系数（%）	14.40	17.54	49.70	52.90	35.60

3. 典型剖面

以 1983 年 4 月在原阳县韩董庄乡韩董庄村采集的 8-49 号剖面为例。

剖面性态特征如下。

耕层：0~25 cm，灰黄色，轻壤，碎块状结构，土体散，根系多，pH 8.45，石灰反应强烈，容重 1.62 g/cm³。

亚耕层 25~35 cm，灰黄色，砂壤，碎块状结构，土体较散，根系较多，pH 8.45，石灰反应强烈，有碳酸钙淀积，容重 1.62 g/cm³。

心土层：35~60 cm，灰黄色，砂壤，碎块状结构，土体散，根系较少，pH 8.58，石灰反应强烈。

心土层：60~80 cm，红棕色，重壤，块状结构，土体紧，根系少，pH 8.40，石灰反应强烈，有碳酸钙淀积。

底土层：80~100 cm，灰褐色，轻壤，块状结构，土体较紧，根系极少，pH 8.60，石灰反应强烈，有铁锈斑纹。

剖面理化性质详见表 9-117。

表 9-117 底黏轻壤质脱潮土剖面理化性质

层次	深度（cm）	pH	有机质（%）	全氮（%）	全磷（%）	代换量（me/100g 土）	容重（g/cm³）
耕层	0~25	8.45	0.720	0.054	0.136	4.89	1.62
亚耕层	25~35	8.45	0.281	0.025	0.117	3.47	1.62
心土层	35~60	8.58	0.281	0.025	0.117	3.47	
	60~80	8.40	0.567	0.038	0.128	10.08	
底土层	80~100	8.60	0.292	0.025	0.135	4.11	

层次	深度（cm）	机械组成（卡庆斯基制,%）							质地
		0.25~1 mm	0.05~0.25 mm	0.01~0.05 mm	0.005~0.01 mm	0.001~0.005 mm	<0.001 mm	<0.01 mm	
耕层	0~25		76.3	6.1	10.1	7.5	23.7		轻壤
亚耕层	25~35		84.4	4.0	6.1	5.5	15.6		砂壤
心土层	35~60		84.4	4.0	6.1	5.5	15.6		砂壤
	60~80		47.4	22.6	24.5	5.5	52.6		重壤
底土层	80~100		77.3	9.1	6.1	7.5	22.7		轻壤

4. 生产性能

底黏轻壤质脱潮土，其耕层质地较适中，较易耕作，适耕期较长，通透性能良好，土体中水、肥、气、热比较协调。但其耕层代换能力差，有机质及各种养分含量偏低。对底黏轻壤质脱潮土应采取的改良利用措施：①增施农家肥，实行秸秆还田，提高耕层有机质含量，以培肥地力；②推行科学配方施肥，协调土壤三要素比例，以提高施肥效益；③有引黄灌溉条件的可引水放淤，以增加耕层黏粒含量，提高保蓄及代换性能；④搞好农田工程配套，建设高产、稳产保收农田。

（五）底砂轻壤质脱潮土

代号：11e02-5

1. 归属及分布

底砂轻壤质脱潮土系在冲积平原上地势高起部位，慢流轻壤质沉积物覆盖在距地表 50 cm 以下，大于 20 cm 的砂质土上发育的土壤，属潮土类、脱潮土亚类、壤质脱潮土土属。新乡市分布面积 6 545.33 亩，占全市土壤总面积的 0.067%，其中耕地面积 5 261.04 亩，占全市总耕地面积的 0.076%，分布在新乡县的小吉镇和七里营 4 082.34 亩，汲县的后河乡 2 462.99 亩。

2. 理化性状

（1）剖面性态特征　底砂轻壤质脱潮土，其剖面发生型为耕层、亚耕层、心土层和底土层。耕层轻壤质，剖面下部有大于 20 cm 的砂质土层。土壤多灰黄色和灰褐色，亚耕层多片状结构，其他层多块状和碎块状结构，其松紧度上、下松或散，中间紧，植物根系上多下少，pH 8.4 左右，石灰反应中等或强烈，心土层有碳酸钙淀积，底土层多见铁锈斑纹。

（2）耕层养分状况　据分析：有机质含量 0.649%，全氮含量 0.071%，有效磷含量 3.4 mg/kg，速效钾含量 164 mg/kg（表 9-118）。

表 9-118　底砂轻壤质脱潮土耕层养分状况

项目	有机质（%）	全氮（%）	碱解氮（mg/kg）	有效磷（mg/kg）	速效钾（mg/kg）
样本数	1	1	1	1	1
含量	0.649	0.071	52.20	3.4	164

3. 典型剖面

以 1983 年冬在汲县后河乡杨庄村采集的 10-143 号剖面为例。

剖面性态特征如下。

耕层：0~25 cm，灰褐色，轻壤，碎块状结构，土体散，根系多，pH 8.25，石灰反应强烈，容重 1.53 g/cm³。

亚耕层：25~35 cm，灰黄色，中壤，片状结构，土体较紧，根系较多，pH 8.10，石灰反应强烈，容重 1.62 g/cm³。

心土层：35~80 cm，灰黄色，中壤，块状结构，土体紧，根系较少，pH 8.10，石灰反应强烈，有少量碳酸钙淀积。

底土层：80~100 cm，浅黄色，砂土，土体散，根系少，pH 8.65，石灰反应中等，有中量碳酸钙淀积。

剖面理化性质详见表 9-119。

4. 生产性能

底砂轻壤质脱潮土耕层质地较适中，较疏松易耕，适耕期较长，其剖面下部有 20~50 cm 的砂质土层，有漏水、漏肥现象，有机质含量一般，代换性能不强，作物产量属中低产水平。对底砂轻壤质脱潮土应采取的改良利用措施：①增施有机肥，推广秸秆还田，以地养地，培肥地力；②实行科学配方施肥，协调土壤三要素比例，提高施肥效益；③有引黄灌溉条件的，可引水放淤，以增加耕层黏粒含量，提高耕层保蓄及代换能力；④搞好田间工程配套，抗旱、排涝两手抓，建设高产、稳产保收农田。

表9-119 底砂轻壤质脱潮土剖面理化性质

层次	深度（cm）	pH	有机质（%）	全氮（%）	全磷（%）	代换量（me/100g 土）	容重（g/cm³）
耕层	0~25	8.25	1.276	0.075	0.162	8.57	1.53
亚耕层	25~35	8.10	0.527	0.037	0.127	11.73	1.62
心土层	35~80	8.10	0.527	0.037	0.127	11.73	
底土层	80~100	8.65	0.189	0.007	0.150	4.92	

层次	深度（cm）	机械组成（卡庆斯基制,%）							质地
		0.25~1 mm	0.05~0.25 mm	0.01~0.05 mm	0.005~0.01 mm	0.001~0.005 mm	<0.001 mm	<0.01 mm	
耕层	0~25	19.4	59.8	8.1	8.1	4.6		20.8	轻壤
亚耕层	25~35	11.3	47.6	16.2	21.3	3.6		41.1	中壤
心土层	35~80	11.3	47.6	16.2	21.3	3.6		41.1	中壤
底土层	80~100	70.0	26.1	3.1	0.0	0.8		3.9	砂土

（六）壤质脱潮土

代号：11e02-6

1. 归属及分布

壤质脱潮土系在冲积平原上地势高起部位，慢流壤质沉积物上发育的土壤，属潮土类、脱潮土亚类、壤质脱潮土土属。新乡市分布面积373 779.44亩，占全市土壤总面积的3.81%，其中耕地面积294 418.11亩，占全市总耕地面积的4.27%。在新乡市的新乡、获嘉、汲县、延津、原阳、封丘、辉县7县以及新郊均有分布（表9-120）。

表9-120 壤质脱潮土面积分布 单位：亩

项目	新乡	获嘉	汲县	延津	原阳	封丘	辉县	新郊	合计
面积	93 893.82	93 621.99	76 574.47	40 401.40	22 567.48	21 054.01	15 174.0	10 490.27	373 779.44

2. 理化性状

（1）剖面性态特征 壤质脱潮土剖面发生型为耕层、亚耕层、心土层和底土层。其耕层为壤质，以下各层为同质地或为与耕层仅差一级的异质土层。土壤多褐黄色和棕黄色，耕层多团粒状结构，亚耕层为片状结构，其他层多块状结构，其松紧度为上散下紧，植物根系上多下少，pH 8.2左右，通体石灰反应中等，心土层和底土层有碳酸钙淀积，底土层可见铁锈斑纹。

（2）耕层养分状况 据农化样点统计分析：有机质含量平均值1.090%，标准差

0.410%，变异系数 37.3%；全氮含量平均值 0.080%，标准差 0.030%，变异系数 32.9%；有效磷含量平均值 8.8 mg/kg，标准差 7.7 mg/kg，变异系数 87.7%；速效钾含量平均值 146 mg/kg，标准差 50 mg/kg，变异系数 34.1%（表 9-121）。

表 9-121　壤质脱潮土耕层养分状况

项目	有机质（%）	全氮（%）	碱解氮（mg/kg）	有效磷（mg/kg）	速效钾（mg/kg）
样本数	284	188	270	286	287
平均值	1.090	0.080	71.30	8.8	146
标准差	0.410	0.030	32.40	7.7	50
变异系数（%）	37.3	32.9	45.4	87.7	34.1

3. 典型剖面

以 1983 年冬在新乡县大召营乡李大召村采集的 3-3 号剖面为例。

剖面性态特征如下。

耕层：0~26 cm，褐黄色，中壤，团粒状结构，土体松，根系多，pH 8.4，石灰反应中等，容重 1.41 g/cm³。

亚耕层：26~36 cm，棕黄色，中壤，片状结构，土体紧，根系较多，pH 8.3，石灰反应中等，容重 1.37 g/cm³。

心土层：36~80 cm，棕黄色，中壤，块状结构，土体较紧，根系较少，pH 8.1，石灰反应中等，有少量碳酸钙淀积。

底土层：80~100 cm，棕黄色，中壤，块状结构，土体紧，根系少，pH 8.2，石灰反应中等，有大量碳酸钙淀积，并有铁锈斑纹。

剖面理化性质详见表 9-122。

表 9-122　壤质脱潮土剖面理化性质

层次	深度（cm）	pH	有机质（%）	全氮（%）	全磷（%）	代换量（me/100g 土）	容重（g/cm³）
耕层	0~26	8.4	1.070	0.062	0.176	10.9	1.41
亚耕层	26~36	8.3	1.610	0.044	0.156	12.1	1.37
心土层	36~80	8.1	0.540	0.036	0.142	12.6	
底土层	80~100	8.2	0.470	0.034	0.143	11.4	

层次	深度（cm）	机械组成（卡庆斯基制,%）							质地
		0.25~1 mm	0.05~0.25 mm	0.01~0.05 mm	0.005~0.01 mm	0.001~0.005 mm	<0.001 mm	<0.01 mm	
耕层	0~26		0.79	66.66	12.20	14.25	6.10	32.55	中壤
亚耕层	26~36		10.70	50.52	10.20	24.50	4.08	38.78	中壤
心土层	36~80		14.02	45.49	9.78	26.62	4.09	40.49	中壤
底土层	80~100		16.33	46.94	10.20	18.37	8.16	36.73	中壤

4. 生产性能

壤质脱潮土耕层质地适中，较易耕作，适耕期较长，代换性能较高，保蓄、供肥性能较好，土体中水、肥、气、热协调，为新乡市的高产土壤类型之一。对壤质脱潮土应采取的改良利用措施：①增施有机肥，推广秸秆还田，以地养地，以培肥地力；②实行科学配方施肥，协调土壤三要素比例，提高施肥效益；③搞好田间工程配套，建设高产、稳产保收农田。

（七）腰砂壤质脱潮土

代号：11e02-7

1. 归属及分布

腰砂壤质脱潮土系在冲积平原上地势高起部位，慢流壤质沉积物覆盖在距地表50 cm 以上大于 20 cm 的砂质土上发育而成的土壤，属潮土类、脱潮土亚类、壤质脱潮土土属。新乡市分布面积 2 306.32 亩，占全市土壤总面积的 0.023%，其中耕地面积1 770.85 亩，占全市总耕地面积的 0.025%。原阳县的高滩区分布面积为 1 858.50 亩，汲县孙杏村乡分布面积为 447.82 亩。

2. 理化性状

（1）剖面性态特征　腰砂壤质脱潮土剖面发生型为耕层、亚耕层、心土层和底土层。耕层壤质，剖面上部有大于 20 cm 的砂质土层。土壤多为灰黄色和棕红色，其松紧度多散和较紧，亚耕层为片状结构，其他为碎块状和块状结构，植物根系上多下少，通体石灰反应强烈或中等，心土层有碳酸钙淀积，底土层可见铁锈斑纹。

（2）耕层养分状况　据分析：有机质含量 0.86%，全氮含量 0.06%，有效磷含量2.8 mg/kg，速效钾含量 137.8 mg/kg。

3. 典型剖面

以 1983 年冬在汲县孙杏村乡南辛庄村采集的 8-173 号剖面为例。

剖面性态特征如下。

耕层：0~20 cm，灰黄色，中壤，碎块状结构，土体散，根系多，石灰反应强烈。

亚耕层：20~30 cm，灰黄色，中壤，片状结构，土体较紧，根系较多，石灰反应强烈。

心土层：30~65 cm，浅黄色，砂壤，碎块状结构，土体散，根系较少，石灰反应强烈，有碳酸钙淀积。

心土层：65~85 cm，褐红色，重壤，块状结构，土体紧，根系少，石灰反应强烈，有铁锈斑纹。

底土层：85~100 cm，灰黄色，中壤，块状结构，土体较紧，石灰反应中等，有铁锈斑纹。

4. 生产性能

腰砂壤质脱潮土耕层质地适中，较易耕作，适耕期较长，其剖面上部有大于 20 cm的砂土层，有一定的漏水、漏肥现象。对其应采取的改良利用措施：①增施有机肥料，推广秸秆还田，实行以地养地，养用结合，以培肥地力；②实行科学配方施肥，协调土壤三要素比例，提高施肥效益；③加强田间管理，勤浇水，勤施肥，但要少用量，以便作物吸收，不致流失；④搞好田间工程配套，建设高产、稳产保收农田。

（八）体砂壤质脱潮土

代号：11e02-8

1. 归属及分布

体砂壤质脱潮土系在冲积平原上地势高起部位，慢流壤质沉积物覆盖在砂质土上发育的土壤，属潮土类、脱潮土亚类、壤质脱潮土土属。新乡市分布面积 2 041.17 亩，占全市土壤总面积的 0.021%，其中耕地面积 1 950.84 亩，占全市总耕地面积的0.028%。分布在新乡县的小吉镇一带。

2. 理化性状

（1）剖面性态特征　体砂壤质脱潮土剖面发生型为耕层、亚耕层、心土层和底土层。其耕层为壤质，剖面上部出现大于 50 cm 的砂质土层，土壤表层多灰褐色，中、下部为浅黄色或灰黄色，亚耕层为片状结构，其他为块状、碎块状结构，土体上、下部为松、散，中间紧或极紧，植物根系上多下少，pH 8.2 左右，通体石灰反应中等，心土层有碳酸钙淀积，底土层有铁锈斑纹。

（2）耕层养分状况　据农化样点统计分析：有机质含量平均值 1.082%，标准差0.002%，变异系数 0.14%；全氮含量平均值 0.060%，标准差 0.006%，变异系数9.20%；有效磷含量平均值 5.0 mg/kg，标准差 2.5 mg/kg，变异系数 51.40%；速效钾含量平均值 132 mg/kg，标准差 1 mg/kg，变异系数 0.61%（表 9-123）。

表 9-123　体砂壤质脱潮土耕层养分状况

项目	有机质（%）	全氮（%）	碱解氮（mg/kg）	有效磷（mg/kg）	速效钾（mg/kg）
样本数	3	3	3	3	3
平均值	1.082	0.060	52.30	5.0	132
标准差	0.002	0.006	0.80	2.5	1
变异系数（%）	0.14	9.20	4.50	51.40	0.61

3. 典型剖面

以 1983 年冬在新乡县小吉镇采集的 5-87 号剖面为例。

剖面性态特征如下。

耕层：0~20 cm，灰褐色，中壤，碎块状结构，土体松，根系多，pH 8.3，石灰反应中等，容重 1.23 g/cm³。

亚耕层：20~30 cm，灰黄色，中壤，片状结构，土体紧，根系较多，pH 8.2，石灰反应中等，容重 1.39 g/cm³。

心土层：30~49 cm，灰黄色，中壤，块状结构，土体较紧，根系较少，pH 8.2，石灰反应中等。

心土层：49~80 cm，浅黄色，砂壤，碎块状结构，土体散，根系少，pH 8.3，石灰反应中等，有少量碳酸钙淀积。

底土层：80～100 cm，浅黄色，砂壤，碎块状结构，土体较紧，根系极少，pH 8.3，石灰反应中等，有铁锈斑纹。

剖面理化性质详见表9-124。

表9-124　体砂壤质脱潮土剖面理化性质

层次	深度（cm）	pH	有机质（%）	全氮（%）	全磷（%）	代换量（me/100g 土）	容重（g/cm³）
耕层	0～20	8.3	1.050	0.065	0.157	10.6	1.23
亚耕层	20～30	8.2	0.460	0.039	0.131	10.3	1.39
心土层	30～49	8.2	0.460	0.039	0.131	10.3	
	49～80	8.3	0.190	0.022	0.115		
底土层	80～100	8.3	0.190	0.022	0.115		

层次	深度（cm）	机械组成（卡庆斯基制,%）							质地
		0.25～1 mm	0.05～0.25 mm	0.01～0.05 mm	0.005～0.01 mm	0.001～0.005 mm	<0.001 mm	<0.01 mm	
耕层	0～20		14.35	48.95	8.16	18.35	10.19	36.70	中壤
亚耕层	20～30		12.16	49.02	12.26	18.39	8.17	38.82	中壤
心土层	30～49		12.16	49.02	12.26	18.39	8.17	38.82	中壤
	49～80		33.27	54.60	4.04	4.05	4.04	12.13	砂壤
底土层	80～100		33.27	54.60	4.04	4.05	4.04	12.13	砂壤

4. 生产性能

体砂壤质脱潮土耕层质地适中，较易耕作，适耕期较长，其剖面上部出现大于50 cm的砂质土层，漏水、漏肥现象严重，是壤质脱潮土中性能最差的一个土种。对其应采取的改良利用措施：①增施有机肥，实行秸秆还田，以地养地，培肥地力；②推行科学配方施肥，协调土壤三要素比例，提高施肥效益；③加强作物田间科学管理，勤浇水，勤施肥、少用量，以便作物吸收；④搞好田间工程配套，建设高产、稳产保收农田。

（九）底砂壤质脱潮土

代号：11e02-9

1. 归属及分布

底砂壤质脱潮土系在冲积平原上地势高起部位，壤质沉积物覆盖在距地表50 cm以下大于20 cm的砂质土上发育的土壤，属潮土类、脱潮土亚类、壤质脱潮土土属。新乡市分布面积14 304.24亩，占全市土壤总面积的0.14%，其中耕地面积11 181.13亩，占全市总耕地面积的0.16%，分布在汲县、新乡、原阳和获嘉4县（表9-125）。

表 9-125 底砂壤质脱潮土面积分布　　　　　　　　单位：亩

项目	汲县	新乡	原阳	获嘉	合计
面积	6 941.41	4 062.34	3 053.25	227.51	14 304.24

2. 理化性状

（1）剖面性态特征　底砂壤质脱潮土剖面发生型为耕层、亚耕层、心土层和底土层。耕层为壤质，剖面下部出现大于 20 cm 的砂质土层。土壤颜色上层多为灰褐色，下层多为灰黄色和浅黄色，亚耕层结构多片状，其他各层多为块状、碎块状，土体上下多松散，中间多紧或较紧，植物根系上多下少，pH 8.3 左右，通体石灰反应中等或强烈，心土层有碳酸钙淀积，底土层有铁锈斑纹。

（2）耕层养分状况　据农化样点统计分析：有机质含量平均值 0.970%，标准差 0.270%，变异系数 28.5%；全氮含量平均值 0.060%，标准差 0.010%，变异系数 18.3%；有效磷含量平均值 5.8 mg/kg，标准差 2.80 mg/kg，变异系数 50.3%；速效钾含量平均值 159 mg/kg，标准差 67 mg/kg，变异系数 41.7%（表 9-126）。

表 9-126 底砂壤质脱潮土耕层养分状况

项目	有机质（%）	全氮（%）	碱解氮（mg/kg）	有效磷（mg/kg）	速效钾（mg/kg）
样本数	13	13	14	13	14
平均值	0.970	0.060	52.80	5.8	159
标准差	0.270	0.010	9.00	2.8	67
变异系数（%）	28.5	18.3	17.2	50.3	41.7

3. 典型剖面

以 1983 年冬在新乡县小吉镇张青村采集的 5-15 号剖面为例。

剖面性态特征如下。

耕层：0~25 cm，灰褐色，中壤，块状结构，土体散，根系多，pH 8.3，石灰反应中等，容重 1.58 g/cm³。

亚耕层：25~35 cm，灰黄色，黏土，片状结构，土体紧，根系较多，pH 8.3，石灰反应强烈，容重 1.54 g/cm³。

心土层：35~55 cm，灰黄色，黏土，块状结构，土体较紧，根系较少，pH 8.3，石灰反应强烈。

心土层：55~80 cm，浅黄色，砂土，土体松，根系较少，pH 8.7，石灰反应中等，有碳酸钙淀积。

底土层：80~100 cm，浅黄色，砂土，土体散，根系少，pH 8.7，石灰反应中等，有铁锈斑纹。

剖面理化性质详见表 9-127。

表 9-127 底砂壤质脱潮土剖面理化性质

层次	深度（cm）	pH	有机质（%）	全氮（%）	全磷（%）	代换量（me/100g 土）	容重（g/cm³）
耕层	0~25	8.3	1.520	0.072	0.175	11.2	1.58
亚耕层	25~35	8.3	0.750	0.054	0.128	15.1	1.54
心土层	35~55	8.3	0.750	0.054	0.128	15.1	
	55~80	8.7	0.190	0.011	0.106	3.6	
底土层	80~100	8.7	0.190	0.011	0.106	3.6	

层次	深度（cm）	机械组成（卡庆斯基制,%）							
		0.25~1 mm	0.05~0.25 mm	0.01~0.05 mm	0.005~0.01 mm	0.001~0.005 mm	<0.001 mm	<0.01 mm	质地
耕层	0~25		12.24	46.94	12.25	16.33	12.24	40.82	中壤
亚耕层	25~35		3.09	32.99	18.56	32.99	12.37	63.92	黏土
心土层	35~55		3.09	32.99	18.56	32.99	12.37	63.92	黏土
	55~80	18.24	55.60	18.11	4.03	0.00	4.02	8.05	砂土
底土层	80~100	18.24	55.60	18.11	4.03	0.00	4.02	8.05	砂土

4. 生产性能

底砂壤质脱潮土耕层质地适中，较易耕作，适耕期较长，因底土层有一砂质土层，故有一定的漏水、漏肥现象。对底砂壤质脱潮土应采取的改良利用措施：①增施农家肥，推广秸秆还田，以地养地，养用结合，以培肥地力；②实行科学配方施肥，协调土壤三要素比例，提高施肥效益；③搞好田间工程配套，抗旱、防涝两手抓，建设高产、稳产保收农田。

（十）腰黏壤质脱潮土

代号：11e02-10

1. 归属及分布

腰黏壤质脱潮土系在冲积平原上地势高起部位，慢流壤质沉积物覆盖在距地表50 cm 以上大于 20 cm 的黏质土上发育而成的土壤，属潮土类、脱潮土亚类、壤质脱潮土土属。新乡市分布面积 796.50 亩，占全市土壤总面积的 0.008%，其中耕地面积615.01 亩，占全市耕地总面积的 0.009%，分布在原阳县的师岙乡。

2. 理化性状

腰黏壤质脱潮土剖面发生型为耕层、亚耕层、心土层和底土层。耕层为壤质，剖面上部有大于 20 cm 的黏质土层。土壤颜色上层多浅黄色、浅灰色，下层为棕色。耕层多团粒状结构，其他多为块状结构，土体上散下紧，植物根系下少上多，通体石灰反应强烈，心土层和底土层多见碳酸钙淀积，底土层有铁锈斑纹，有机质及各种养分含量一般。

3. 典型剖面

以 1983 年春在原阳县师砦乡采集的 5-231 号剖面为例。

剖面性态特征如下。

耕层：0~20 cm，浅黄色，中壤，粒状结构，土体散，根系多，石灰反应强烈。

亚耕层：20~30 cm，浅灰色，轻壤，碎块状结构，土体较紧，根系较多，石灰反应强烈。

心土层：30~40 cm，浅灰色，轻壤，碎块状结构，土体较紧，根系较少，石灰反应强烈。

心土层：40~60 cm，灰黄色，黏土，块状结构，土体紧，根系较少，石灰反应强烈。

心土层：60~80 cm，棕色，中壤，块状结构，土体紧，根系少，石灰反应强烈，有碳酸钙淀积。

底土层：80~100 cm，棕色，中壤，块状结构，土体紧，植物根系极少，石灰反应强烈，有铁锈斑纹。

4. 生产性能

腰黏壤质脱潮土耕层质地适中，耕性良好，适耕期较长，土体中水、肥、气、热比较协调，适合多种作物生长。因中部有一黏质土层，所以其通透性能稍差，但其保蓄托水、托肥性能强。对腰黏壤质脱潮土应采取的改良利用措施：①增施有机肥料，以培肥地力；②推行科学配方施肥，协调土壤三要素比例，提高施肥效益；③搞好田间工程配套，防旱、除涝两手抓，建设高产、稳产保收农田。

（十一）体黏壤质脱潮土

代号：11e02-11

1. 归属及分布

体黏壤质脱潮土系在冲积平原上地势高起部位，慢流壤质沉积物覆盖在距地表 50 cm 以上大于 50 cm 的黏质土上发育而成的土壤，属潮土类、脱潮土亚类、壤质脱潮土土属。新乡市分布面积 6 043.53 亩，占全市土壤总面积的 0.061%，其中耕地面积 4 628.2 亩，占全市总耕地面积的 0.067%。原阳县的师砦乡一带分布 3 186.00 亩，汲县柳庄乡一带分布 2 686.89 亩，获嘉县分布 170.64 亩。

2. 理化性状

（1）剖面性态特征　体黏壤质脱潮土剖面发生型为耕层、亚耕层、心土层和底土层。耕层为壤质，剖面上部出现大于 50 cm 的黏质土层，土壤颜色上层为深黄色，下层为棕红色，土体多块状和碎块状结构，上散、下紧，植物根系上多下少，通体石灰反应强烈，心土层和底土层有碳酸钙淀积，底土层有铁锈斑纹。

（2）耕层养分状况　据农化样点统计分析：有机质含量平均值 1.010%，标准差 0.340%，变异系数 33.8%；全氮含量平均值 0.610%，标准差 0.020%，变异系数 38.7%；有效磷含量平均值 4.9 mg/kg，标准差 3.6 mg/kg，变异系数 74.3%；速效钾含量平均值 128 mg/kg，标准差 70 mg/kg，变异系数 54.8%（表 9-128）。

表 9-128　体黏壤质脱潮土耕层养分状况

项目	有机质（%）	全氮（%）	碱解氮（mg/kg）	有效磷（mg/kg）	速效钾（mg/kg）
样本数	12	8	12	12	12
平均值	1.010	0.610	46.90	4.9	128
标准差	0.340	0.020	20.40	3.6	70
变异系数（%）	33.8	38.7	43.5	74.3	54.8

3. 典型剖面

以 1983 年冬在汲县柳庄乡李进宝村采集的 9-20 号剖面为例。

剖面性态特征如下。

耕层：0~20 cm，深黄色，中壤，碎块状结构，土体散，根系多，石灰反应强烈。

亚耕层：20~30 cm，棕红色，黏土，块状结构，土体较紧，根系较多，石灰反应强烈。

心土层：30~80 cm，棕红色，黏土，块状结构，土体紧，根系较少，石灰反应强烈，有碳酸钙淀积。

底土层：80~100 cm，棕红色，黏土，块状结构，土体紧，根系少，石灰反应强烈，有铁锈斑纹。

4. 生产性能

体黏壤质脱潮土耕层质地适中，较易耕作，适耕期较长，保肥、供肥性能良好，水、肥、气、热较协调，为新乡市较理想土壤之一。对其应采取的改良利用措施：①增施有机肥，以地养地，养用结合，以培肥地力；②推行科学配方施肥，协调土壤三要素比例，提高施肥效益；③搞好农田工程配套，建设高产、稳产保收农田。

（十二）底黏壤质脱潮土

代号：11e02-12

1. 归属及分布

底黏壤质脱潮土系在冲积平原上地势高起部位，慢流壤质沉积物覆盖在距地表 50 cm 以下大于 20 cm 的黏质土上发育而成的土壤，属潮土类、脱潮土亚类、壤质脱潮土土属。新乡市分布面积 3 193.97 亩，占全市土壤总面积的 0.032%，其中耕地面积 2 451.27 亩，占全市总耕地的 0.035%，分布在原阳县的师砦乡一带 2 522.25 亩，汲县的柳庄乡 671.22 亩。

2. 理化性状

底黏壤质脱潮土剖面发生型为耕层、亚耕层、心土层和底土层。耕层为壤质，剖面 50 cm 以下有大于 20 cm 的黏土层。土壤颜色多暗黄色和棕黄色，亚耕层多片状结构，其他层为块状结构，土体上散下紧，根系上多下少，pH 8.0 左右，通体石灰反应强烈，心土层和底土层多见碳酸钙淀积和铁锈斑纹。耕层有机质及各种养分含量较高。

3. 典型剖面

以 1983 年冬季在汲县柳庄乡八里庄村采集的 9-51 号剖面为例。

剖面性态特征如下。

耕层：0~30 cm，暗灰黄色，中壤，块状结构，土体散，根系多，pH 8.10，石灰反应强烈。

亚耕层：30~40 cm，暗黄色，重壤，片状结构，土体较紧，根系较多，pH 7.95，石灰反应强烈。

心土层：40~53 cm，暗黄色，重壤，块状结构，土体较紧，根系较少，pH 7.95，石灰反应强烈，有碳酸钙淀积。

心土层：53~80 cm，棕黄色，黏土，块状结构，土体紧，根系少，pH 7.85，石灰反应强烈。

底土层：80~100 cm，棕黄色，黏土，块状结构，土体极紧，pH 7.85，石灰反应强烈，有铁锈斑纹。

剖面理化性质详见表9-129。

表9-129 底黏壤质脱潮土剖面理化性质

层次	深度（cm）	pH	有机质（%）	全氮（%）	全磷（%）	代换量（me/100g 土）	容重（g/cm³）
耕层	0~30	8.10	1.078	0.070	0.127	13.38	
亚耕层	30~40	7.95	0.687	0.053	0.140	12.37	
心土层	40~53	7.95	0.687	0.053	0.140	12.37	
	53~80	7.85	0.731	0.052	0.120	14.50	
底土层	80~100	7.85	0.731	0.052	0.120	14.50	

层次	深度（cm）	机械组成（卡庆斯基制,%）							质地
		0.25~1 mm	0.05~0.25 mm	0.01~0.05 mm	0.005~0.01 mm	0.001~0.005 mm	<0.001 mm	<0.01 mm	
耕层	0~30		1.0	53.0	32.9	9.2	3.9	46.0	中壤
亚耕层	30~40		0.4	48.8	21.4	27.6	1.8	50.8	重壤
心土层	40~53		0.4	48.8	21.4	27.6	1.8	50.8	重壤
	53~80			30.7	16.4	48.0	4.9	69.3	黏土
底土层	80~100			30.7	16.4	48.0	4.9	69.3	黏土

4. 生产性能

底黏壤质脱潮土耕层质地适中，较易耕作，适耕期较长，保蓄及代换性能较强，水、肥、气、热因素协调。对底黏壤质脱潮土应采取的改良利用措施：①增施有机肥，以地养地，以培肥地力；②推行科学配方施肥，协调土壤三要素比例，以提高施肥效益；③搞好田间工程配套，防旱、排涝同时抓，建设高产、稳产保收农田。

三、黏质脱潮土土属

黏质脱潮土土属在新乡市的分布面积为67 011.39 亩，占全市土壤总面积的

0.68%，包括黏质脱潮土、底砂黏质脱潮土和底壤黏质脱潮土 3 个土种。

（一）黏质脱潮土

代号：11e03-1

1. 归属及分布

黏质脱潮土系在冲积平原上地势高起部位，慢流或静流黏质沉积物上发育的土壤，属潮土类、脱潮土亚类、黏质脱潮土土属。新乡市分布面积 56 711.63 亩，占全市土壤总面积的 0.58%，其中耕地面积 44 026.14 亩，占全市总耕地面积的 0.64%，分布在新乡、获嘉、汲县、原阳 4 县的古河堤及其两侧（各县分布面积详见表 9-130）。

表 9-130　黏质脱潮土面积分布　　　　　　　　单位：亩

项目	汲县	新乡	获嘉	原阳	合计
面积	30 003.65	15 648.97	6 996.05	2 124.00	56 711.63

2. 理化性状

（1）剖面性态特征　黏质脱潮土剖面发生型为耕层、亚耕层、心土层和底土层。耕层质地为重壤以上，其下与耕层同质地或为仅差一级的异质土层。土壤多褐色、红褐色，亚耕层多片状结构，其他层为块状结构，土体上散下紧，根系上多下少，pH 8.3 左右，通体石灰反应强烈，心土层有碳酸钙淀积，底土层有铁锈斑纹。

（2）耕层养分状况　据农化样点统计分析：有机质含量平均值 1.220%，标准差 0.400%，变异系数 32.9%；全氮含量平均值 0.070%，标准差 0.020%，变异系数 26.8%；有效磷含量平均值 6.4 mg/kg，标准差 3.6 mg/kg，变异系数 55.9%；速效钾含量平均值 142 mg/kg，标准差 47 mg/kg，变异系数 32.8%（表 9-131）。

表 9-131　黏质脱潮土耕层养分状况

项目	有机质（%）	全氮（%）	碱解氮（mg/kg）	有效磷（mg/kg）	速效钾（mg/kg）
样本数	31	15	32	31	30
平均值	1.220	0.070	63.90	6.4	142
标准差	0.400	0.020	32.40	3.6	47
变异系数（%）	32.9	26.8	50.6	55.9	32.8

3. 典型剖面

以 1983 年冬季在汲县孙杏村乡张武店村采集的 8-12 号剖面为例。

剖面性态特征如下。

耕层：0~20 cm，褐色，重壤，块状结构，土体散，根系多，pH 9.45，石灰反应强烈，容重 1.49 g/cm³。

亚耕层：20~30 cm，褐色，重壤，片状结构，土体较紧，根系较多，pH 9.45，石灰反应强烈，容重 1.58 g/cm³。

心土层：30~70 cm，红褐色，黏土，块状结构，土体紧，根系较少，pH 9.3，石灰反应强烈，有碳酸钙淀积。

底土层：70~100 cm，红褐色，黏土，块状结构，土体极紧，pH 9.3，石灰反应强烈，有铁锈斑纹。

剖面理化性质详见表9-132。

表9-132 黏质脱潮土剖面理化性质

层次	深度（cm）	pH	有机质（%）	全氮（%）	全磷（%）	代换量（me/100g 土）	容重（g/cm³）
耕层	0~20	9.4	1.443	0.089	0.068	18.15	1.49
亚耕层	20~30	9.4	1.443	0.089	0.068	18.15	1.58
心土层	30~70	9.3	0.929	0.060	0.047	21.03	
底土层	70~100	9.3	0.726	0.045	0.058	17.07	

层次	深度（cm）	机械组成（卡庆斯基制,%）							
		0.25~1 mm	0.05~0.25 mm	0.01~0.05 mm	0.005~0.01 mm	0.001~0.005 mm	<0.001 mm	<0.01 mm	质地
耕层	0~20		0.8	39.1	33.4	26.5	0.2	60.1	重壤
亚耕层	20~30		0.8	39.1	33.4	26.5	0.2	60.1	重壤
心土层	30~70		0.1	20.7	10.8	68.2	0.2	79.2	黏土
底土层	70~100		0.4	26.8	14.9	56.7	1.2	72.8	黏土

4. 生产性能

黏质脱潮土耕层质地黏重，耕作困难，适耕期短，群众称之为"三蛋地"，其通透性能差，土性凉，不发小苗。但其耕地有机质含量较高，其代换能力较强，保蓄性能良好，作物生长有后劲，发老苗，拔籽。对其应采取的改良利用措施：①增施有机肥，提倡多施炉渣肥和砂土圈肥，以增加有机质含量，改善耕层结构；②有引黄灌溉条件的可引水放砂，以增加耕层的通透性和可耕性；③把好适耕期，及时耕作、管理，以不误农时；④完善田间工程，建设高产、稳产保收农田。

（二）底砂黏质脱潮土

代号：11e03-2

1. 归属及分布

底砂黏质脱潮土系在冲积平原上地势高起部位，慢流或静流黏质沉积物覆盖在距地表50 cm以下大于20 cm的砂质土上发育的土壤，属潮土类、脱潮土亚类、黏质脱潮土土属。新乡市分布面积6 269.42亩，占全市土壤总面积的0.06%，其中耕地面积4 701.64亩，分布在汲县的孙杏村乡一带。

2. 理化性状

（1）剖面性态特征 底砂黏质脱潮土剖面发生型为耕层、亚耕层、心土层和底土层。耕层质地为重壤以上，剖面下部有大于20 cm的砂质土层，土壤颜色上部多棕红色，下部为灰黄色，亚耕层多片状结构，其他层为块状、碎块状结构，土体上、中部紧或较紧，下部为散，根系上多下少，通体石灰反应强烈，心土层多见碳酸钙淀积，底土层可见铁锈斑纹。

（2）耕层养分状况　据农化样点统计分析：有机质含量平均值 1.350%，标准差 0.300%，变异系数 22.00%；全氮含量平均值 0.070%，标准差 0.020%，变异系数 32.30%；有效磷含量平均值 9.3 mg/kg，标准差 2.5 mg/kg，变异系数 27.30%；速效钾含量平均值 234 mg/kg，标准差 56 mg/kg，变异系数 24.04%（表 9-133）。

表 9-133　底砂黏质脱潮土耕层养分状况

项目	有机质（%）	全氮（%）	碱解氮（mg/kg）	有效磷（mg/kg）	速效钾（mg/kg）
样本数	5	4	4	5	5
平均值	1.350	0.070	73.90	9.3	234
标准差	0.300	0.02	5.13	2.5	56
变异系数（%）	22.00	32.30	6.90	27.30	24.04

3. 典型剖面

以 1983 年冬在汲县孙杏村乡南辛庄村采集的 8-177 号剖面为例。

剖面性态特征如下。

耕层：0~20 cm，棕红色，重壤，块状结构，土体较紧，根系多，石灰反应强烈。

亚耕层：20~30 cm，棕红色，重壤，片状结构，土体紧，根系较多，石灰反应强烈。

心土层：30~50 cm，棕红色，重壤，块状结构，土体紧，根系较少，石灰反应强烈，有碳酸钙淀积。

心土层：50~70 cm，浅黄色，砂壤，碎块状结构，土体散，根系少，石灰反应强烈，有铁锈斑纹。

底土层：70~100 cm，灰黄色，砂壤，碎块状结构，土体散，石灰反应强烈，有铁锈斑纹。

4. 生产性能

底砂黏质脱潮土耕层质地黏重，不易耕作，适耕期短，土性凉，不发小苗。但其代换性能强，有机质及各种养分含量较高，保蓄性能好，作物生长有后劲，拔籽。对底砂黏质脱潮土应采取的改良利用措施：①增施农家肥，提倡多施炉渣肥和砂土圈肥，以提高耕层有机质含量和改善耕层土体结构；②有引黄灌溉条件的可引水放砂，以增加耕层砂粒含量，提高耕层的通透性和可耕性；③掌握适耕期及时耕作管理，以不误农时；④搞好田间工程配套，做到旱能浇、涝能排，建设高产、稳产保收农田。

（三）底壤黏质脱潮土

代号：11e03-3

1. 归属及分布

底壤黏质脱潮土系在冲积平原上地势高起部位，慢流或静流黏质沉积物覆盖在距地表 50 cm 以下大于 20 cm 的壤质土上发育而成的土壤，属潮土类、脱潮土亚类、黏质脱潮土土属。新乡市分布面积 4 030.34 亩，占全市土壤总面积的 0.041%，其中耕地面积 3 022.49 亩，占全市总耕地面积的 0.043%，分布在汲县的后河乡一带。

2. 理化性状

（1）剖面性态特征 底壤黏质脱潮土剖面发生型为耕层、亚耕层、心土层和底土层。耕层质地为重壤以上，剖面下部有大于 20 cm 的壤质土层。土壤颜色多暗黄色和棕红色，亚耕层多片状结构，其他层多块状、碎块状，土体上、下散或较紧，中间紧，植物根系上多下少，pH 8.1 左右，通体石灰反应强烈或中等，亚耕层和心土层有碳酸钙淀积，底土层多见铁锈斑纹。

（2）耕层养分状况 据分析：有机质含量 0.990%，全氮含量 0.060%，有效磷含量 3.1 mg/kg，速效钾含量 205 mg/kg。

3. 典型剖面

以 1983 年冬在汲县后河乡邢李庄采集的 10-24 号剖面为例。

剖面性态特征如下。

耕层：0~25 cm，暗黄色，重壤，碎块状结构，土体散，根系多，pH 8.2，石灰反应强烈，容重 1.64 g/cm³。

亚耕层：25~35 cm，棕红色，黏土，片状结构，土体紧，根系多，pH 8.0，石灰反应强烈，有大量碳酸钙淀积，容重 1.58 g/cm³。

心土层：35~80 cm，棕红色，黏土，块状结构，土体紧，根系较少，pH 8.0，石灰反应强烈，有大量碳酸钙淀积。

底土层：80~100 cm，浅黄色，砂壤，碎块状结构，土体较紧，根系少，pH 8.0，石灰反应中等，有铁锈斑纹。

剖面理化性质详见表 9-134。

表 9-134 底壤黏质脱潮土剖面理化性质

层次	深度（cm）	pH	有机质（%）	全氮（%）	全磷（%）	代换量（me/100g 土）	容重（g/cm³）
耕层	0~25	8.2	1.124	0.063	0.182	14.61	1.64
亚耕层	25~35	8.0	0.903	0.064	0.159	19.17	1.58
心土层	35~80	8.0	0.903	0.064	0.159	19.17	
底土层	30~100	8.0	0.359	0.020	0.153	6.19	

层次	深度（cm）	机械组成（卡庆斯基制,%）							质地
		0.25~1 mm	0.05~0.25 mm	0.01~0.05 mm	0.005~0.01 mm	0.001~0.005 mm	<0.001 mm	<0.01 mm	
耕层	0~25		1.9	42.0	41.1	14.4	0.6	56.1	重壤
亚耕层	25~35		0.3	30.8	22.7	46.2	0.0	68.9	黏土
心土层	35~80		0.3	30.8	22.7	46.2	0.0	68.9	黏土
底土层	80~100		1.9	87.3	10.2	0.6	0.0	10.8	砂壤

4. 生产性能

底壤黏质脱潮土耕层质地黏重，耕作困难，适耕期短，通透性能较差，土性凉，不发小苗。但其代换性能强，有机质含量较高，保蓄能力强，作物生长有后劲，拔籽。对其应采取的改良利用措施：①增施有机肥，提倡多施炉渣肥和砂土圈肥，以提高有机质含量和改善耕层结构；②有引黄灌溉条件的可引水放砂，以增加耕层砂粒含量，提高耕层的通透性和可耕性；③搞好农田工程配套，建设高产、稳产保收农田。

第五节　盐化潮土亚类

盐化潮土亚类有氯化物盐化潮土和硫酸盐盐化潮土2个土属。

一、氯化物盐化潮土土属

该土属有砂壤质轻度氯化物盐化潮土、砂壤质底黏轻度氯化物盐化潮土、壤质轻度氯化物盐化潮土等19个土种。

（一）砂壤质轻度氯化物盐化潮土

代号：11f01-1

1. 归属与分布

该土种属潮土土类、盐化潮土亚类、氯化物盐化潮土土属，是在黄河泛滥急流砂质沉积母质上发育而成的土种，通体砂壤，表层以氯化物为主的盐分含量0.2%～0.4%。该土种主要分布在新乡市封丘、长垣2县背河洼地起伏的较低部位，面积38 008.47亩，占全市土壤总面积的0.053%，其中耕地37 203.08亩，占该土种面积的97.88%。

2. 理化性质

（1）剖面性态特征　砂壤质轻度氯化物盐化潮土通体砂壤，剖面发生层次一般为耕层、犁底层、心土层、底土层4层。耕层0～20 cm，有机质含量较以下各层高，颜色稍深，呈灰黄色，紧实度为松，多碎粒状结构，且有侵入体，植物根系多。犁底层10 cm左右，浅灰黄色，土体较松，碎粒状，根系较多。心土层50 cm左右，浅黄色，土体松，碎粒状，有明显铁锈斑纹，根系少。底土层80～100 cm，浅黄色，土体松，碎粒状，根系极少或无。整个剖面石灰反应中等或强烈，pH 8.6左右。由于地下水位较高，毛管水常作用于地表，故冬春旱季土壤表面易积盐，形成薄盐卤层，发煊发暗，耕层盐分含量达0.2%～0.4%，夏秋多雨，季节性脱盐。

（2）耕层养分状况　据农化样点统计分析：有机质含量平均值0.593%，标准差0.103%，变异系数16.9%；全氮含量平均值0.012%，标准差0.014%，变异系数114.2%；有效磷含量平均值2.3 mg/kg，标准差1.3 mg/kg，变异系数56.4%；速效钾含量平均值108 mg/kg，标准差21 mg/kg，变异系数19.6%；碳氮比28.19（表9-135）。

表 9-135　砂壤质轻度氯化物盐化潮土耕层养分状况

项目	有机质（%）	全氮（%）	碱解氮（mg/kg）	有效磷（mg/kg）	速效钾（mg/kg）	碳氮比
样本数	25	7	15	27	27	
平均值	0.593	0.012	40.96	2.3	108	28.19
标准差	0.103	0.014	10.16	1.3	21	
变异系数（%）	16.9	114.2	49.2	56.4	19.6	

3. 典型剖面

以采自封丘县司庄乡时寺村第 9-80 号剖面为例。

剖面性态特征如下。

耕层：0～20 cm，灰黄色，砂壤，粒状，土体松，石灰反应强烈，根系多，pH 8.6。

犁底层：20～30 cm，浅黄色，砂壤，粒状，土体较松，石灰反应中等，根系较多，pH 8.9。

心土层：30～82 cm，浅黄色，砂壤，粒状，土体松，石灰反应中等，根系少，pH 8.9，大量铁锈斑纹。

底土层：82～100 cm，浅黄色，砂壤，粒状，土体松，石灰反应中等，根系极少，pH 8.7，有铁锈斑纹。

剖面理化性质详见表 9-136、表 9-137。

表 9-136　砂壤质轻度氯化物盐化潮土剖面理化性质

层次	深度（cm）	pH	碳酸钙（%）	有机质（%）	全氮（%）	碱解氮（mg/kg）	全磷（%）	有效磷（mg/kg）	全钾（%）	速效钾（mg/kg）	代换量（me/100g 土）	容重（g/cm³）
耕层	0～20	8.6		0.519	0.026		0.123				4.3	1.395
犁底层	20～30	8.9		0.285	0.019		0.137				5.0	
心土层	30～82	8.9		0.285	0.019		0.137				5.0	
底土层	82～100	8.7		0.314	0.015		0.093				5.3	

层次	深度（cm）	机械组成（卡庆斯基制,%）							质地
		0.25～1 mm	0.05～0.25 mm	0.01～0.05 mm	0.005～0.01 mm	0.001～0.005 mm	<0.001 mm	<0.01 mm	
耕层	0～20		35.95	47.98	4.05	6.07	5.95	16.07	砂壤
犁底层	20～30		38.34	45.59	2.02	6.07	7.98	16.07	砂壤
心土层	30～82		38.34	45.59	2.02	6.07	7.98	16.07	砂壤
底土层	82～100		44.05	37.74	2.04	2.04	14.13	18.21	砂壤

表 9-137　砂壤质轻度氯化物盐化潮土盐分组成

深度 （cm）	全盐 （%）	阴离子（me/100g 土）				阳离子（me/100g 土）		
		HCO_3^-	CO_3^{2-}	Cl^-	SO_4^{2-}	Ca^{2+}	Mg^{2+}	$K^+ + Na^+$
0~5	0.129	0.092	0.003	0.067	0.029	0.004	0.006	0.080
5~10	0.132	0.019	0.003	0.072	0.031	0.006	0.005	0.082
10~20	0.291	0.050	0.008	0.036	0.075	0.003	0.004	0.142
0~20 加权平均	0.021	0.052	0.006	0.050	0.050	0.005	0.005	0.112

4. 土壤生产性能

该土种通体砂壤，机械组成以粗粉砂为主，故耕层疏松易耕，适耕期长，通透性较好，但有机质含量低，保肥、保水性能差，较易捉苗，发小苗，不发老苗，水、肥、气、热状况不协调，易旱、易涝，土壤表面昼夜温差较大，土质瘠薄，适宜花生、大豆等抗涝、耐旱、耐瘠薄作物生长。由于地下水位高，冬春干旱多风，蒸发量大大超过降水量，以氯化物为主的盐分随毛管水上行，聚集于地表，形成轻盐危害，作物缺苗 1~2成，产量水平较低，在改良利用上应实行路、林、排、灌等综合治理措施，并注重增施有机肥和磷肥，科学施用氮肥，以"少吃多餐"为佳，普及推广微肥、秸秆还田，秸秆覆盖等新农业技术，因地制宜淤灌稻改。

（二）砂壤质体黏轻度氯化物盐化潮土

代号：11f01-2

1. 归属与分布

砂壤质体黏轻度氯化物盐化潮土属潮土土类、盐化潮土亚类、氯化物盐化潮土土属，是在黄河泛滥急流沉积母质上发育而成的土种，耕层质地为砂壤，耕层以下出现大于 50 cm 的黏土层。分布在新乡市封丘县背河洼地起伏的较低部位，面积 898.65 亩，占全市土壤总面积的 0.009%，其中耕地面积 852.7 亩，占该土种面积的 94.89%。

2. 理化性质

（1）剖面性态特征　耕层砂壤，灰黄色，碎粒状，土体松，根系多。耕层以下出现大于 50 cm 的黏土层，红褐色或棕褐色，块状结构，土体紧。犁底层，根系较多，心土层根系少，有明显的铁锈斑纹，底土层根系极少。通体石灰反应强烈，pH 8.0 左右。春秋旱，表层轻微积盐，土色发暗，夏秋多雨，暂时脱盐。

（2）耕层养分状况　据分析：有机质含量 1.042%，全氮含量 0.068%，有效磷含量 6.8 mg/kg，速效钾含量 149 mg/kg，碳氮比 8.89。

3. 土壤生产性能

耕层砂壤，疏松易耕，适耕期长，通透性较好，耕层以下有大于 50 cm 的黏土层，保肥、保水性能强，群众称之为"蒙金地"，水、肥、气、热状况协调，发小苗，亦发老苗，是较理想的土体构型，但美中不足的是其地下水位低，有轻盐危害，适合小麦、玉米、花生、大豆等各种农作物生长。在改良利用上应以排为主，排灌结合，增施有机肥，发展农桐间作等综合治理。

（三）砂壤质底黏轻度氯化物盐化潮土

代号：11f01-3

1. 归属与分布

该土种属潮土土类、盐化潮土亚类、氯化物盐化潮土土属，是在黄河泛滥急流砂质沉积母质上发育而成的土种。土体深位出现厚黏土层，耕层以氯化物为主的盐分含量达0.2%~0.4%。在新乡市主要分布在封丘、长垣2县背河洼地起伏的较低部位，面积31 741.94亩，占全市土壤总面积的0.313%，其中耕地面积29 056.39亩，占该土种面积的91.54%。

2. 理化性质

（1）剖面性态特征　与砂壤质体黏轻度氯化物盐化潮土不同的是，该土种黏土层出现在50 cm以下，部位较深。

（2）耕层养分状况　据农化样点统计分析：有机质含量平均值0.668%，标准差0.217%，变异系数32.5；全氮含量平均值0.047%，标准差0.013%，变异系数27.1%；有效磷含量平均值4.0 mg/kg，标准差2.1 mg/kg，变异系数57.0%；速效钾含量平均值105 mg/kg、标准差13 mg/kg，变异系数12.4%；碳氮比8.20（表9-138）。

表9-138　砂壤质底黏轻度氯化物盐化潮土耕层养分状况

项目	有机质（%）	全氮（%）	碱解氮（mg/kg）	有效磷（mg/kg）	速效钾（mg/kg）	碳氮比
样本数	9	3	3	9	9	
平均值	0.668	0.047	37.00	4.0	105	8.20
标准差	0.217	0.013		2.1	13	
变异系数（%）	32.5	27.1		57.0	12.4	

3. 典型剖面

以采自封丘县獐鹿市乡同庄村第13-8号剖面为例。

剖面性态特征如下。

耕层：0~20 cm，灰黄色，砂壤，碎粒状，土体松，石灰反应强烈，有砖渣，根系多，pH 8.3。

犁底层：20~30 cm，浅灰黄色，砂壤，碎粒状，土体较松，石灰反应强烈，根系多，pH 8.8。

心土层：30~65 cm，浅灰黄色，砂壤，碎粒状，土体松，大量铁锈斑纹，石灰反应强烈，根系少，pH 8.8。

心土层：65~80 cm，灰褐色，轻黏，块状，土体紧，大量铁锈斑纹，根系极少，pH 8.4。

底土层：80~95 cm，根系无，其他同上层。

底土层：95~120 cm，与上层基本相同。

剖面理化性质详见表9-139、表9-140。

表 9-139　砂壤质底黏轻度氯化物盐化潮土剖面理化性质

层次	深度（cm）	pH	碳酸钙（%）	有机质（%）	全氮（%）	碱解氮（mg/kg）	全磷（%）	有效磷（mg/kg）	全钾（%）	速效钾（mg/kg）	代换量（me/100g 土）	容重（g/cm³）
耕层	0~20	8.3		0.59	0.037		0.127				6.3	1.28
犁底层	20~30	8.8		0.196	0.014		0.113				4.1	1.39
心土层	30~65	8.8		0.196	0.014		0.113				4.1	1.37
	65~80	8.4		0.506	0.037		0.115				30.8	
底土层	80~95	8.4		0.506	0.037		0.115				30.8	
	95~120	8.4		0.213	0.017		0.128				5.3	

表 9-140　砂壤质底黏轻度氯化物盐化潮土盐分组成

深度（cm）	全盐（%）	阴离子（me/100g 土）				阳离子（me/100g 土）		
		HCO_3^-	CO_3^{2-}	Cl^-	SO_4^{2-}	Ca^{2+}	Mg^{2+}	K^++Na^+
盐结皮	0.377							
0~5	0.156							
5~10	0.096							
10~20	0.086							
20~65	0.029							
65~95	0.217							
95~120	0.215							
0~20 加权平均	0.177							

4. 土壤生产性能

该土种保肥、保水性能优于砂壤质轻度氯化物盐化潮土，低于砂壤质体黏轻度氯化物盐化潮土，淋洗脱盐难易程度介于二者之间，施肥应以"少吃多餐"为好。

（四）砂壤质重度氯化物盐化潮土

代号：11f01-4

1. 归属与分布

该土种属潮土土类、盐化潮土亚类、氯化物盐化潮土土属，是在黄河泛滥急流砂质沉积母质上发育而成的土种，通体砂壤，耕层以氯化物为主的盐分含量达 0.5%~1.0%，主要分布在新乡市的封丘县背河洼地起伏的最高部位，面积 3 466.21 亩，占全市土壤总面积的 0.035%，其中耕地 3 289.21 亩，占该土种面积的 94.89%。

2. 理化性质

（1）剖面性态特征　该土种通体砂壤，性态特征与砂壤质轻度氯化物盐化潮土不同的是，该土种耕层以氯化物为主的盐分积累达 0.5%~1.0%，地下水位稍高。

（2）耕层养分状况　据农化样点统计分析：有机质含量平均值 0.677%，标准差 0.203%，变异系数 30.7%；全氮含量平均值 0.054%，标准差 0.009%，变异系数 15.7%；碱解氮含量平均值 34.00 mg/kg，标准差 9.90 mg/kg，变异系数 29.1%；有效磷含量平均值 4.1 mg/kg，标准差 2.7 mg/kg，变异系数 66.6%；速效钾含量平均值

112 mg/kg，标准差 58 mg/kg，变异系数 52.1%；碳氮比 7.72（表 9-141）。

表 9-141 砂壤质重度氯化物盐化潮土耕层养分状况

项目	有机质（%）	全氮（%）	碱解氮（mg/kg）	有效磷（mg/kg）	速效钾（mg/kg）	碳氮比
样本数	4	2	3	4	4	
平均值	0.677	0.054	34.00	4.1	112	7.72
标准差	0.203	0.009	9.90	2.7	58	
变异系数（%）	30.7	15.7	29.1	66.6	52.1	

3. 典型剖面

以采自封丘县司庄乡李七寨村 9-13 号剖面为例。

剖面性态特征如下。

耕层：0~20 cm，浅黄色，砂壤，碎粒状，土体松，石灰反应中等，根系多，pH 8.7。

犁底层：20~29 cm，浅棕黄色，砂壤，碎块状，土体稍松，石灰反应中等，根系较多，pH 8.7。

心土层：29~80 cm，浅黄色，砂壤，碎块状，土体松，石灰反应中等，大量铁锈斑纹，根系少，pH 8.9。

底土层：80~150 cm，浅黄色，砂壤，碎粒状，土体松，石灰反应弱，有铁锈斑纹，pH 8.9。

剖面理化性质详见表 9-142、表 9-143。

表 9-142 砂壤质重度氯化物盐化潮土剖面理化性质

层次	深度（cm）	pH	碳酸钙（%）	有机质（%）	全氮（%）	碱解氮（mg/kg）	全磷（%）	有效磷（mg/kg）	全钾（%）	速效钾（mg/kg）	代换量（me/100g 土）	容重（g/cm³）
耕层	0~20	8.6		0.260	0.112		0.113				5.4	1.13
犁底层	20~29	8.7		0.195	0.053		0.117				19.9	
心土层	29~80	8.9		0.176	0.013		0.088				3.4	
底土层	80~150	8.9		0.179	0.013		0.088				3.4	

表 9-143 砂壤质重度氯化物盐化潮土盐分组成

深度（cm）	全盐（%）	阴离子（me/100g 土）				阳离子（me/100g 土）		
		HCO_3^-	CO_3^{2-}	Cl^-	SO_4^{2-}	Ca^{2+}	Mg^{2+}	$K^+ + Na^+$
0~5	2.450							
5~10	0.284							
10~20	0.191							
20~29	0.101							
29~150	0.081							
0~20 加权平均	0.779							

4. 土壤生产性能

该土种通体砂壤，耕性良好，但土壤表层积盐重，雨后易板结，通透性较差，作物不易捉苗，水、肥、气、热状况不协调，不发小苗和老苗，脱肥、漏水，盐分易脱、易集，是新乡市土壤性状最恶化的土种之一，仅有高粱、棉花等抗盐、耐碱作物可以生长。在改良利用上应以综合治理为主，或实行淤灌稻改。

（五）砂壤质体壤重度氯化物盐化潮土

代号：11f01-5

1. 归属与分布

该土种属潮土土类、盐化潮土亚类、氯化物盐化潮土土属，是在黄河泛滥急流砂质沉积母质上发育而成的土种，耕层以下为壤质，耕层以氯化物为主的盐分积累达0.5%~1.0%，在新乡市分布在封丘县背河洼地起伏的较高部位，面积128.38亩，占新乡市土壤总面积的0.001%，全部为非耕地或弃耕地。

2. 理化性质

与砂壤质重度氯化物盐化潮土不同的是，该土种表层或耕层以下为壤质土，其他剖面性态与之大同小异。

3. 土壤生产性能

由于耕层以下为壤质土，该土种保肥、保水性能略优于砂壤质重度氯化物盐化潮土，但其淋洗脱盐稍难，在改良利用上应进行综合治理，或实行淤灌稻改。

（六）砂壤质底黏重度氯化物盐化潮土

代号：11f01-6

1. 归属与分布

该土种属潮土土类、盐化潮土亚类、氯化物盐化潮土土属，也是在黄河泛滥急流砂质沉积母质上发育而成的土种，土体50 cm以下出现厚黏土层，耕层以氯化物为主的盐分积累达0.5%~1.0%，分布在新乡市封丘县背河洼地起伏的顶部，面积385.13亩，占全市土壤总面积的0.004%，其中耕地365.47亩，占该土种面积的94.9%。

2. 理化性质

该土种剖面发生层次为4层。50 cm以上为砂壤，浅灰黄色，碎粒状结构，耕层松，犁底层较松，犁底层以下松；50 cm以下土体为黏土，颜色红棕色或棕褐色，块状结构，土体紧，心土层有明显铁锈斑纹。剖面通体石灰反应强烈，根系自上而下逐渐减少，pH 8.0以上。土壤表面重度积盐，潮卤层厚，耕层养分含量与砂壤质重度氯化物盐化潮土相似。

3. 土壤生产性能

与砂壤质重度氯化物盐化潮土不同的是，该土体中位以下出现厚黏土层，这对保肥、保水有利，但对淋洗脱盐有害，属障碍层次。

（七）壤质轻度氯化物盐化潮土

代号：11f01-7

1. 归属与分布

壤质轻度氯化物盐化潮土属潮土土类、盐化潮土亚类、氯化物盐化潮土土属，是在黄河泛溢缓流壤质沉积母质上发育而成的一个土种。通体壤质，耕层以氯化物为主的盐分积累达 0.2%~0.4%。在新乡市主要分布在长垣、封丘、延津、原阳等 7 县沿河一带的低洼平原上。新乡市分布面积 466 408.65 亩，占全市土壤总面积的 4.76%，其中耕地面积 394 663.55 亩，占该土种面积的 84.62%（表 9-144）。

表 9-144 壤质轻度氯化物盐化潮土分布情况

单位：亩

项目	长垣	封丘	延津	原阳	汲县	新乡	获嘉	合计
土地面积	47 044.67	18 878.12	107 696.97	39 293.97	30 003.65	17 690.14	5 801.61	466 408.65
耕地面积	31 772.19	17 680.75	73 001.85	30 340.33	22 500.88	13 655.88	5 203.08	394 663.55

2. 理化性质

（1）剖面性态特征 该土种通体壤质，耕层 20 cm 左右，灰黄色，块状结构，土体松，根系多；犁底层 10 cm 左右，灰黄色，土体稍紧，块状结构，根系较多；心土层 50 cm，浅灰黄色，块状结构，土体较松，根系少，大量铁锈斑纹；底土层为土体 80 cm 以下，浅灰黄色，块状结构，土体较松，少量铁锈斑纹，根系极少。剖面通体石灰反应强烈，pH 8.0 以上。由于地势低洼易涝，地下水位较高，毛管作用强烈，地下水常作用于地表，盐分随水上行，土壤表面轻微积盐，耕层以氯化物为主的盐分积累达 0.2%~0.4%，脱盐较易。

（2）耕层养分状况 据农化样点统计分析：有机质含量平均值 0.814%，标准差 0.275%，变异系数 33.8%；全氮含量平均值 0.116%，标准差 0.121%，变异系数 104.3%；有效磷含量平均值 11.2 mg/kg，标准差 8.7 mg/kg，变异系数 77.7%；速效钾含量平均值 107 mg/kg，标准差 77 mg/kg，变异系数 71.3%；碳氮比 4.07（表 9-145）。

表 9-145 壤质轻度氯化物盐化潮土耕层养分状况

项目	有机质（%）	全氮（%）	碱解氮（mg/kg）	有效磷（mg/kg）	速效钾（mg/kg）	碳氮比
样本数	63	63		58	62	
平均值	0.814	0.116		11.2	107	4.07
标准差	0.275	0.121		8.7	77	
变异系数（%）	33.8	104.3		77.7	71.3	

3. 典型剖面

以采自封丘县娄堤乡董堤村 12-65 号剖面为例。

剖面性态特征如下。

耕层：0~21 cm，灰黄色，轻壤，碎块状，土体松，石灰反应强烈，根系多，pH 9.0。

犁底层：21~33 cm，灰黄色，轻壤，块状，土体稍紧，石灰反应强烈，根系较多，pH 8.9。

心土层：33~80 cm，浅灰黄色，轻壤，碎块状，土体较松，石灰反应强烈，褐色铁锈斑纹，根系少，pH 8.7。

底土层：80~100 cm，棕黄色，中壤，块状，土体紧，石灰反应强烈，棕色铁锈斑纹，根系无，pH 8.7。

剖面理化性质详见表9-146、表9-147。

表9-146 壤质轻度氯化物盐化潮土剖面理化性质

层次	深度（cm）	pH	碳酸钙（%）	有机质（%）	全氮（%）	碱解氮（mg/kg）	全磷（%）	有效磷（mg/kg）	全钾（%）	速效钾（mg/kg）	代换量（me/100g 土）	容重（g/cm³）
耕层	0~21	9.0		0.646	0.037		0.118				5.6	1.127
犁底层	21~33	8.9		0.341	0.020		0.101				5.3	
心土层	33~80	8.7		0.191	0.017		0.112				4.9	
底土层	80~100	8.7		0.354	0.022		0.119				5.8	

层次	深度（cm）	机械组成（卡庆斯基制,%）							质地
		0.25~1 mm	0.05~0.25 mm	0.01~0.05 mm	0.005~0.01 mm	0.001~0.005 mm	<0.001 mm	<0.01 mm	
耕层	0~21		13.13	62.65	10.14	4.06	10.02	24.22	轻壤
犁底层	21~33		13.13	64.43	6.01	2.32	14.11	22.44	轻壤
心土层	33~80		15.17	68.23	4.05	4.02	8.53	16.60	轻壤
底土层	80~100		1.65	60.69	13.05	8.42	16.19	37.66	中壤

表9-147 壤质轻度氯化物盐化潮土盐分组成

深度（cm）	全盐（%）	阴离子（me/100g 土）				阳离子（me/100g 土）		
		HCO_3^-	CO_3^{2-}	Cl^-	SO_4^{2-}	Ca^{2+}	Mg^{2+}	$K^+ + Na^+$
盐结皮	4.781	0.034	0.004	0.988	0.196	0.110	0.183	0.789
0~5	0.077	0.041	0.004	0.050	0.216	0.007	0.053	0.046
5~10	0.092	0.044	0.003	0.046	0.041	0.006	0.007	0.048
10~21	0.099	0.045	0.004	0.048	0.041	0.005	0.008	0.049
0~21 加权平均	0.320	0.045	0.004	0.095	0.091	0.013	0.027	0.086

4. 土壤生产性能

壤质轻度氯化物盐化潮土一般分布在低洼平原或背河洼地的较低部位，地下水位较高，排水不畅。该土种通体壤质，砂黏比例适中，耕层疏松宜耕，适耕期较长，通透性好，保肥、保水性能较强。由于有轻盐危害，浇水、雨后易轻微板结，水、肥、气、热不十分协调，土温偏低，捉苗不整齐，不发小苗，发老苗，一般适宜小麦、棉花、玉米、大豆、高粱等粮经作物生长。在改良利用上应注意平整深耕，增施有机肥，在统一规划的基础上实行路、林、渠、井、机、电相结合的综合治理措施，作物布局应以抗盐耐碱作物为主，大力推广秸秆还田、秸秆覆盖、地膜覆盖、配方施肥等新技术，管理上要加强中耕。

（八）壤质体砂轻度氯化物盐化潮土

代号：11f01-8

1. 归属与分布

该土种属潮土土类、盐化潮土亚类、氯化物盐化潮土土属，是在黄河泛滥缓流壤质沉积母质上发育而成的土种，耕层为壤质，以氯化物为主的盐分积累达 0.2%~0.4%，耕层以下为厚砂层。在新乡市主要分布在封丘县潘店等乡的低洼平地上，面积 6 418.91亩，占全市土壤总面积的 0.065%，其中耕地 6 091.14 亩，占该土种面积的 94.89%。

2. 理化性质

（1）剖面性态特征 与壤质轻度氯化物盐化潮土不同的是，该土种耕层以下出现了大于 50 cm 的厚砂层。

（2）耕层养分状况 据农化样点统计分析：有机质含量平均值 0.593%，标准差 0.154%，变异系数 26.0%；全氮含量平均值 0.038%；有效磷含量平均值 2.1 mg/kg，速效钾含量平均值 101 mg/kg，标准差 16 mg/kg，变异系数 15.7%；碳氮比 8.20（表9-148）。

表 9-148　壤质体砂轻度氯化物盐化潮土耕层养分状况

项目	有机质 （%）	全氮 （%）	碱解氮 （mg/kg）	有效磷 （mg/kg）	速效钾 （mg/kg）	碳氮比
样本数	3	2	1	3	3	
平均值	0.593	0.038	21.00	2.1	101	8.20
标准差	0.154				16	
变异系数（%）	26.0				15.7	

3. 典型剖面

以采自封丘县潘店乡蔡东村第 17-74 号剖面为例。

剖面性态特征如下。

耕层：0~20 cm，黄褐色，中壤，碎块状，土体松，石灰反应强烈，根系多，pH 9.4。

犁底层：20~27 cm，黄褐色，中壤，块状，土体较紧，石灰反应强烈，根系较多，pH 9.4。

心土层：27~80 cm，浅黄色，砂壤，碎粒状，土体松，石灰反应强烈，大量铁锈斑纹，根系少，pH 9.1。

底土层：80~97 cm，浅黄色，砂壤，碎粒状，土体松，石灰反应强烈，大量铁锈斑纹，根系无，pH 9.1。

底土层：97~150 cm，红棕色，重壤，块状，土体紧，石灰反应中等，少量铁锈斑纹，根系无，pH 8.4。

剖面理化性质详见表9-149、表9-150。

表9-149　壤质体砂轻度氯化物盐化潮土剖面理化性质

层次	深度 (cm)	pH	碳酸钙 (%)	有机质 (%)	全氮 (%)	碱解氮 (mg/kg)	全磷 (%)	有效磷 (mg/kg)	全钾 (%)	速效钾 (mg/kg)	代换量 (me/100g 土)	容重 (g/cm³)
耕层	0~20	9.4		0.400	0.025		0.127				5.9	
犁底层	20~27	9.4		0.392	0.026		0.119				6.6	
心土层	27~80	9.1		0.260	0.023		0.135				4.9	
底土层	80~97	9.1		0.260	0.023		0.135				4.9	
	97~150	8.4		0.674	0.015		0.106				17.8	

表9-150　壤质体砂轻度氯化物盐化潮土盐分组成

深度 (cm)	全盐 (%)	阴离子（me/100g 土）				阳离子（me/100g 土）		
		HCO_3^-	CO_3^{2-}	Cl^-	SO_4^{2-}	Ca^{2+}	Mg^{2+}	$K^+ + Na^+$
盐结皮	0.323							
0~5	0.299							
5~10	0.176							
10~20	0.100							
20~27	0.070							
27~97	0.181							
97~150	0.057							
0~20 加权平均	0.225							

4. 土壤生产性能

与壤质轻度氯化物盐化潮土不同的是，该土种耕层以下为砂壤，漏肥、漏水，不发小苗和老苗，群众称之为"漏风地"，但对脱盐有利，生产水平偏低。

（九）壤质底砂轻度氯化物盐化潮土

代号：11f01-9

1. 归属与分布

该土种属潮土土类、盐化潮土亚类、氯化物盐化潮土土属，是在黄河泛滥缓流壤质沉积母质上发育而成的土种，耕层以氯化物为主的盐分积累达0.2%~0.4%，土体50 cm以下出现厚砂层。在新乡市主要分布在封丘县境内的低洼平地上，面积1 283.78亩，占全市土壤总面积的0.013%，其中耕地为1 218.23亩，占该土种面积的94.89%。

2. 理化性质

（1）剖面性态特征　与壤质轻度氯化物盐化潮土不同的是，该土种土体 50 cm 以下出现厚砂层，比壤质体砂轻度氯化物砂层出现部位低。

（2）耕层养分状况　据农化样点统计分析：有机质含量平均值 0.813%，标准差0.315%，变异系数 38.7%；全氮含量 0.041%，有效磷含量平均值 3.5 mg/kg；标准差2.1 mg/kg，变异系数 59.6%；速效钾含量平均值 127 mg/kg，标准差 18 mg/kg，变异系数 14.4%；碳氮比 11.50（表 9-151）。

表 9-151　壤质底砂轻度氯化物盐化潮土耕层养分状况

项目	有机质（%）	全氮（%）	有效磷（mg/kg）	速效钾（mg/kg）	碱解氮（mg/kg）	碳氮比
样本数	2	1	2	2	1	
平均值	0.813	0.041	3.5	127	43	11.50
标准差	0.315		2.1	18		
变异系数（%）	38.7		59.6	14.4		

3. 土壤生产性能

砂层出现部位较深，对保肥、保水性能略有影响，该土种生产性能优于壤质体砂轻度氯化物盐化潮土，劣于壤质轻度氯化物盐化潮土，脱盐速度介于二者之间。

（十）壤质腰黏轻度氯化物盐化潮土

代号：11f01-10

1. 归属与分布

该土种属潮土土类、盐化潮土亚类、氯化物盐化潮土土属，是在黄河泛滥缓流壤质沉积母质上发育而成的土种，土体中位出现大于 20 cm 的黏土层，耕层以氯化物为主的盐分积累达 0.2% ~ 0.4%，在新乡市主要分布在长垣、封丘 2 县低洼平原上，面积10 902.27 亩，占全市土壤总面积的 0.111%，其中耕地面积 10 251.18 亩，占该土种面积的 94.03%。

2. 理化性质

（1）剖面性态特征　该土种土体中位出现大于 20 cm 的黏土层，上下层为壤质，土壤表面轻微积盐，通体石灰反应强烈，pH 8.5 左右，心土层中有大量铁锈斑纹，根系自上而下减少。

（2）耕层养分状况　据农化样点统计分析：有机质含量平均值 0.73%，标准差0.25%，变异系数 34.9%；全氮含量平均值 0.056%，标准差 0.017%，变异系数30.3%；有效磷含量平均值 10.3 mg/kg，标准差 12.7 mg/kg，变异系数 123.0%；速效钾含量平均值 170 mg/kg，标准差 80 mg/kg，变异系数 47.2%；碳氮比 7.56（表 9-152）。

表 9-152　壤质腰黏轻度氯化物盐化潮土耕层养分状况

项目	有机质（%）	全氮（%）	碱解氮（mg/kg）	有效磷（mg/kg）	速效钾（mg/kg）	碳氮比
样本数	7	3	3	7	7	
平均值	0.73	0.056	35.33	10.3	170	7.56
标准差	0.25	0.017	21.20	12.7	80	
变异系数（%）	34.9	30.3	60.0	123.0	47.2	

3. 典型剖面

以采自封丘油房乡吴寨村 15-7 号剖面为例。

剖面性态特征如下。

耕层：0~20 cm，棕黄色，中壤，碎块状，土体松，石灰反应强烈，根系多，pH 8.5。

犁底层：20~30 cm，棕黄色，中壤，块状，土体稍紧，石灰反应强烈，根系较多，pH 8.5。

心土层：30~37 cm，棕黄色，中壤，块状，土体稍松，石灰反应强烈，根系较多，pH 8.5。

心土层：37~69 cm，红棕色，重黏，大块状，土体紧，石灰反应强烈，大量铁锈斑纹，根系少，pH 8.2。

心土层：69~80 cm，黄褐色，砂壤，碎粒状，土体较松，石灰反应强烈，少量铁锈斑纹，根系极少，pH 8.7。

底土层：80~128 cm，黄褐色，砂壤，碎粒状，土体较松，石灰反应强烈，少量铁锈斑纹，根系极少，pH 8.7。

底土层：128~150 cm，红褐色，中壤，块状，土体较紧，石灰反应强烈，根系无，pH 8.6。

剖面理化性质详见表 9-153、表 9-154。

表 9-153　壤质腰黏轻度氯化物盐化潮土剖面理化性质

层次	深度（cm）	pH	碳酸钙（%）	有机质（%）	全氮（%）	碱解氮（mg/kg）	全磷（%）	有效磷（mg/kg）	全钾（%）	速效钾（mg/kg）	代换量（me/100g土）	容重（g/cm³）
耕层	0~20	8.5		0.781	0.051		0.130				9.7	1.263
犁底层	20~30	8.5		0.646	0.037		0.119				9.0	1.264
心土层	30~37	8.5		0.646	0.037		0.119				9.0	1.264
	37~69	8.2		0.937	0.084		0.118				2.3	
	69~80	8.7		0.423	0.034		0.127				6.2	
底土层	80~128	8.7		0.423	0.034		0.127				6.2	
	128~150	8.6		0.392	0.031		0.136					

表 9-154 壤质腰黏轻度氯化物盐化潮土盐分组成

深度（cm）	全盐（％）	阴离子（me/100g 土）				阳离子（me/100g 土）		
		HCO_3^-	CO_3^{2-}	Cl^-	SO_4^{2-}	Ca^{2+}	Mg^{2+}	K^++Na^+
0~5	0.499	0.041	0.006	0.199	0.074	0.006	0.006	0.165
5~10	0.375	0.042	0.001	0.135	0.068	0.013	0.006	0.110
10~20	0.306	0.044	0.002	0.090	0.069	0.007	0.008	0.066
0~20加权平均	0.372	0.041	0.003	0.129	0.070	0.009	0.007	0.102

4. 土壤生产性能

由于土体中位出现大于 20 cm 黏土层，该土种保肥、保水性能优于壤质轻度氯化物盐化潮土，群众称之为"小蒙金"，但这对淋洗脱盐不利。

（十一）壤质体黏轻度氯化物盐化潮土

代号：11f0l-11

1. 归属与分布

该土种属潮土土类、盐化潮土亚类、氯化物盐化潮土土属，是在黄河泛滥缓流壤质沉积母质上发育而成的土种，耕层壤质以氯化物为主的盐分积累量达 0.2%~0.4%，耕层以下出现大于 50 cm 的黏土层，在新乡市主要分布在封丘县獐鹿市乡和曹岗乡一带的低洼平原上，面积 1 668.92 亩，占全市土壤总面积的 0.017%，其中耕地面积 1 583.7 亩，占该土种面积的 94.89%。

2. 理化性质

（1）剖面性态特征 剖面发生层次为 4 层。耕层为壤质，灰黄色，碎块状，土体松，有侵入体。耕层以下出现大于 50 cm 黏土层，棕褐色，块状，土体紧。

剖面通体石灰反应强烈，根系上多下少，pH 9.0 左右，表层轻度积盐。

（2）耕层养分状况 据分析：有机质含量 0.612%，全氮含量 0.043%，有效磷含量 122.00 mg/kg，碳氮比 8.26。

3. 典型剖面

以采自封丘县獐鹿市乡后蒋寨大队 13-5 号剖面为例。

剖面性态特征如下。

耕层：0~20 cm，灰黄色，轻壤，碎块状，土体松，石灰反应强烈，有煤渣，根系多，pH 8.9。

犁底层：20~30 cm，棕褐色，轻黏，块状，土体紧，石灰反应强烈，根系较多，pH 9.1。

心土层：30~80 cm，棕褐色，轻黏，块状，土体紧，大量铁锈斑纹，根系少，pH 9.1。

底土层：80~88 cm，棕褐色，轻黏，块状，土体紧，中量铁锈斑纹，根系极少，石灰反应强烈，pH 9.1。

底土层：88～120 cm，棕黄色，轻黏，大块状，土体极紧，石灰反应强烈，有铁锈斑纹，pH 8.5。

剖面理化性质详见表 9-155、表 9-156。

表 9-155　壤质体黏轻度氯化物盐化潮土剖面理化性质

层次	深度（cm）	pH	碳酸钙（%）	有机质（%）	全氮（%）	碱解氮（mg/kg）	全磷（%）	有效磷（mg/kg）	全钾（%）	速效钾（mg/kg）	代换量（me/100g 土）	容重（g/cm³）
耕层	0～20	8.9		0.697	0.045		0.126				6.6	1.347
犁底层	20～30	9.1		0.569	0.048		0.112				6.7	
心土层	30～80	9.1		0.569	0.048		0.112				6.7	
底土层	80～88	9.1		0.569	0.048		0.112				6.7	
	88～120	8.5		0.659	0.057		0.116				14.5	

表 9-156　壤质体黏轻度氯化物盐化潮土盐分组成

深度（cm）	全盐（%）	阴离子（me/100g 土）				阳离子（me/100g 土）		
		HCO_3^-	CO_3^{2-}	Cl^-	SO_4^{2-}	Ca^{2+}	Mg^{2+}	$K^+ + Na^+$
0～5	0.181							
5～10	0.091							
10～20	0.081							
20～88	0.126							
88～120	0.542							
0～20加权平均	0.114							

4. 土壤生产性能

该土种耕层为壤质，其下出现大于 50 cm 的黏土层，保肥、保水性能好，优于其他土种，发小苗和老苗，群众称之为"蒙金地"，水、肥、气、热较协调，是理想的土体结构之一。不足的是，该土种分布区地势低洼，地下水位较高，排水不良，有轻盐危害，淋洗脱盐困难。

（十二）壤质底黏轻度氯化物盐化潮土

代号：11f01-12

1. 归属与分布

该土种属潮土土类、盐化潮土亚类、氯化物盐化潮土土属，是在黄河泛滥缓流壤质沉积母质上发育而成的土种。土体 50 cm 以下出现厚黏土层，其上为壤质土，耕层以氯化物为主的盐分积累达 0.2%～0.4%，在新乡市主要分布在原阳、封丘 2 县低洼平原上。新乡市分布面积 3 779.8 亩，占全市土壤总面积的 0.039%，其中耕地面积 3 246.66 亩，占该土种面积的 86.77%。

2. 理化性质

（1）剖面性态特征 剖面发生层次为4层。土体50 cm以上为壤质，50 cm以下出现厚黏土层，心土层有明显铁锈斑纹，通体石灰反应强烈，根系上多下少，pH 9.0左右，土壤表面有轻盐聚集。

（2）耕层养分状况 据农化样点统计分析：有机质含量平均值0.847%，标准差0.358%，变异系数42.2%；全氮含量平均值0.078%；有效磷含量平均值3.0 mg/kg，标准差1.7 mg/kg，变异系数56.7%；速效钾含量平均值154 mg/kg，标准差58 mg/kg，变异系数37.6%，碳氮比6.30（表9-157）。

表9-157 壤质底黏轻度氯化物盐化潮土耕层养分状况

项目	有机质（%）	全氮（%）	碱解氮（mg/kg）	有效磷（mg/kg）	速效钾（mg/kg）	碳氮比
样本数	3	2	3	3	3	
平均值	0.847	0.078	43.50	3.0	154	6.30
标准差	0.358		21.90	1.7	58	
变异系数（%）	42.2		50.4	56.7	37.6	

3. 典型剖面

以采自原阳县原武乡七里村第9-60号剖面为例。

剖面性态特征如下。

耕层：0～20 cm，暗黄色，轻壤，碎块状，土体松，根系多，石灰反应强烈，pH 9.3。

犁底层：20～30 cm，暗黄色，轻壤，块状，土体较松，根系多，石灰反应强烈，pH 9.1。

心土层：30～62 cm，棕黄色，轻壤，块状，土体松，根系少，中量铁锈斑纹，石灰反应强烈，pH 9.1。

心土层：62～80 cm，红棕色，黏土，团块状，土体紧，根系极少，石灰反应强烈，中量铁锈斑纹，pH 8.8。

底土层：80～100 cm，红棕色，黏土，团块状，土体紧，根系无，少量铁锈斑纹，pH 8.8。

剖面理化性质详见表9-158、表9-159。

表9-158 壤质底黏轻度氯化物盐化潮土剖面理化性质

层次	深度（cm）	pH	碳酸钙（%）	有机质（%）	全氮（%）	碱解氮（mg/kg）	全磷（%）	有效磷（mg/kg）	全钾（%）	速效钾（mg/kg）	代换量（me/100g 土）	容重（g/cm³）
耕层	0～20	9.3		0.041	0.025		0.120				3.7	1.59
犁底层	20～30	9.1		0.302	0.025		0.136				5.3	
心土层	30～62	9.1		0.302	0.025		0.136				5.3	
	62～80	8.8		0.706	0.053		0.143				11.2	
底土层	80～100	8.8		0.706	0.053		0.143				11.2	

表 9-159　壤质底黏轻度氯化物盐化潮土盐分组成

深度（cm）	全盐（%）	阴离子（me/100g 土）				阳离子（me/100g 土）		
		HCO_3^-	CO_3^{2-}	Cl^-	SO_4^{2-}	Ca^{2+}	Mg^{2+}	$K^+ + Na^+$
0~5	0.861	0.209		0.409	0.081	0.002	0.002	0.142
5~10	0.176	0.074		0.038	0.020	0.009	0.009	0.039
10~20	0.153	0.067		0.032	0.025	0.008	0.008	0.030
0~20加权平均	0.309	0.104		0.137	0.037	0.006	0.007	0.058

4. 土壤生产性能

该土种生产性能、保肥、保水能力优于壤质轻度氯化物盐化潮土，劣于壤质体黏轻度氯化物盐化潮土，脱盐速度、生产水平介于二者之间，改良利用措施与它们基本相同。

（十三）壤质体砂中度氯化物盐化潮土

代号：11f01-13

1. 归属与分布

该土种属潮土土类、盐化潮土亚类、氯化物盐化潮土土属，是在黄河泛滥缓流壤质沉积母质上发育而成的土种，耕层为壤质，耕层以下出现大于 50 cm 的砂层，耕层以氯化物为主的盐分积累达 0.4%～0.5%。在新乡市主要分布在封丘县獐鹿市乡等低洼平原起伏的二坡地上，面积 898.65 亩，占全市土壤总面积的 0.009%，其中耕地面积 852.76 亩，占该土种面积的 94.89%。

2. 理化性质

（1）剖面性态特征　耕层为壤质，以氯化物为主的盐分积累达 0.4%～0.5%，耕层以下出现大于 50 cm 的砂层。根系上多下少，颜色上深下浅，通体石灰反应强烈，pH 9.0 左右，心土层中有明显的铁锈斑纹。

（2）耕层养分状况　据农化样点统计分析：有机质含量平均值 0.588%，标准差 0.070%，变异系数 11.9%；全氮含量平均值 0.034%；有效磷含量平均值 3.2 mg/kg，标准差 2.9 mg/kg，变异系数 90.8%；速效钾含量平均值 132 mg/kg；碳氮比 10.03（表 9-160）。

表 9-160　壤质体砂中度氯化物盐化潮土耕层养分状况

项目	有机质（%）	全氮（%）	碱解氮（mg/kg）	有效磷（mg/kg）	速效钾（mg/kg）	碳氮比
样本数	2	2	1	2	2	
平均值	0.588	0.034	45.70	3.2	132	10.03
标准差	0.070			2.9		
变异系数（%）	11.9			90.8		

3. 土壤生产性能

耕层为壤质，较宜耕作，适耕期适中。由于表层中度积盐，灌水或雨后易板结，土壤通透性差，水、肥、气、热状况不协调，作物捉苗困难，一般缺苗3~5成。耕层以下为砂层，漏肥、漏水，不发小苗，亦不发老苗，群众称之为"漏风地"。适宜高粱、棉花等抗盐耐碱作物生长，产量水平低下。在改良利用上，以综合治理为佳，施用氮肥应注意"少吃多餐"，有条件可淤灌稻改。

（十四）壤质底黏中度氯化物盐化潮土

代号：11f01-14

1. 归属与分布

该土种属潮土土类、盐化潮土亚类、氯化物盐化潮土土属，是在黄河泛滥缓流壤质沉积母质上发育而成的土种。土体50 cm以下出现厚黏土层，其上为壤质，耕层以氯化物为主的盐分积累达0.4%~0.5%，在新乡市主要分布在封丘县司庄乡一带低洼平地起伏的二坡地上，面积3 337.83亩，占全市土壤总面积的0.034%，其中耕地面积3 167.39亩，占该土种面积的94.89%。

2. 理化性质

（1）剖面性态特征　土体50 cm以下为黏质，以上为壤质土，耕层中度积盐，心土层中有明显的铁锈斑纹，通体石灰反应强烈，pH 8.5左右，根系自上而下逐渐减少。

（2）耕层养分状况　据农化样点统计分析：耕层有机质含量平均值1.013%，标准差0.051%，变异系数5.0%；全氮含量平均值0.053%，标准差0.019%，变异系数36.0%；有效磷含量平均值2.8 mg/kg，标准差2.8 mg/kg，变异系数99.6%；速效钾含量平均值111 mg/kg，标准差50 mg/kg，变异系数45.1%；碳氮比11.09（表9-161）。

表9-161　壤质底黏中度氯化物盐化潮土耕层养分状况

项目	有机质（%）	全氮（%）	碱解氮（mg/kg）	有效磷（mg/kg）	速效钾（mg/kg）	碳氮比
样本数	2	2	1	2	2	
平均值	1.013	0.053	47.00	2.8	111	11.09
标准差	0.051	0.019		2.8	50	
变异系数（%）	5.0	36.0		99.6	45.1	

3. 典型剖面

以采自封丘县司庄乡关帝庙村9-2号剖面为例。

剖面性态特征如下。

耕层：0~20 cm，灰黄色，轻壤，碎粒状，土体松，石灰反应强烈，根系多，pH 8.5。

犁底层：20~28 cm，灰黄色，轻壤，碎块状，土体稍紧，石灰反应强烈，根系较多，pH 8.5。

心土层：28~55 cm，棕黄色，中壤，土体较紧，块状，石灰反应强烈，根系少，大量铁锈斑纹，pH 8.4。

心土层：55～77 cm，浅黄色，砂壤，碎粒状，土体松，石灰反应强烈，根系少，有铁锈斑纹，pH 8.7。

底土层：77～98 cm，灰棕色，轻黏，块状，土体紧，石灰反应强烈，根系无，pH 8.5。

底土层：98～120 cm，灰棕色，轻黏，块状，土体紧，石灰反应强烈，根系无，pH 8.7。

剖面理化性质详见表9-162、表9-163。

表9-162　壤质底黏中度氯化物盐化潮土剖面理化性质

层次	深度（cm）	pH	碳酸钙（%）	有机质（%）	全氮（%）	碱解氮（mg/kg）	全磷（%）	有效磷（mg/kg）	全钾（%）	速效钾（mg/kg）	代换量（me/100g土）	容重（g/cm³）
耕层	0～20	8.5		0.364	0.036		0.122				6.2	1.139
犁底层	20～28	8.5		0.364	0.036		0.122				6.2	1.139
心土层	28～55	8.4		0.721	0.040		0.120				10.2	1.139
	55～77	8.7		0.358	0.032		0.110				7.5	
底土层	77～98	8.5		0.863	0.054		0.110				16.1	
	98～120	8.7		0.466	0.029		0.120				6.7	

表9-163　壤质底黏中度氯化物盐化潮土盐分组成

深度（cm）	全盐（%）	阴离子（me/100g土）				阳离子（me/100g土）		
		HCO_3^-	CO_3^{2-}	Cl^-	SO_4^{2-}	Ca^{2+}	Mg^{2+}	$K^+ + Na^+$
0～5	0.677	0.060		0.142	0.097	0.007	0.005	0.133
5～10	0.574	0.061		0.259	0.109	0.017	0.010	0.205
10～20	0.297	0.071		0.071	0.031	0.006	0.005	0.071
20～26	0.297	0.071		0.071	0.031	0.006	0.005	0.071
0～20加权平均	0.412	0.066		0.136	0.067	0.009	0.0063	0.120

4. 土壤生产性能

耕层为壤质，疏松易耕，以氯化物为主的盐分含量较高，作物捉苗困难，一般缺苗3～5成，雨后板结，通透性不良，水、肥、气、热状况不协调，不发小苗，较发老苗，适宜抗盐耐碱作物如高粱、棉花等生长。底位有黏土层，脱盐较困难，属障碍层次，在改良利用上应以水改为主、辅以农业综合治理措施。

（十五）壤质体黏重度氯化物盐化潮土

代号：11f01-15

1. 归属与分布

该土种属潮土土类、盐化潮土亚类、氯化物盐化潮土土属,是在黄河泛滥壤质沉积母质上发育而成的土种。耕层为壤质,以氯化物为主的盐分积累达 0.5%~1.0%,耕层以下出现大于 50 cm 的黏土层。主要分布在新乡市封丘县居厢乡一带低洼平原起伏的顶部,面积 6 932.24 亩,占全市土壤总面积的 0.071%,其中耕地面积为 6 578.43 亩,占该土种面积的 94.89%。

2. 理化性质

(1)剖面性态特征 与壤质体黏轻度氯化物不同的是,该土种耕层以氯化物为主的盐分积累达 0.5%~1.0%,剖面性态特征基本和壤质轻度或中度氯化物盐化潮土相同。

(2)耕层养分状况 据农化样点统计分析:有机质含量平均值 0.939%,标准差 0.148%,变异系数 15.7%;全氮含量 0.059%;有效磷含量平均值 1.3 mg/kg,标准差 1.8 mg/kg,变异系数 141.4%;速效钾含量平均值 201 mg/kg,标准差 47 mg/kg,变异系数 23.3%;碳氮比 9.23(表 9-164)。

表 9-164 壤质体黏重度氯化物盐化潮土耕层养分状况

项目	有机质 (%)	全氮 (%)	碱解氮 (mg/kg)	有效磷 (mg/kg)	速效钾 (mg/kg)	碳氮比
样本数	3	1	2	3	3	
平均值	0.939	0.059	43.50	1.3	201	9.23
标准差	0.148		17.68	1.8	47	
变异系数(%)	15.7		40.6	141.4	23.3	

3. 典型剖面

以采自封丘县居厢乡小马寺村第 6-91 号剖面为例。

剖面性态特征如下。

耕层:0~20 cm,灰黄色,中壤,碎块状,土体松,石灰反应强烈,根系多,pH 8.7。

犁底层:20~30 cm,红棕色,黏土,块状,土体紧,石灰反应强烈,根系较多,pH 8.6。

心土层:30~80 cm,红棕色,黏土,块状,土体紧,石灰反应强烈,根系少,有明显铁锈斑纹,pH 8.6。

底土层:80~90 cm,红棕色,黏土,块状,土体紧,石灰反应强烈,根系无,pH 8.6。

底土层:90~116 cm,浅黄色,轻壤,块状,土体较紧,石灰反应强烈,pH 8.6。

剖面理化性质详见表 9-165、表 9-166。

表 9-165　壤质体黏重度氯化物盐化潮土剖面理化性质

层次	深度 (cm)	pH	碳酸钙 (%)	有机质 (%)	全氮 (%)	碱解氮 (mg/kg)	全磷 (%)	有效磷 (mg/kg)	全钾 (%)	速效钾 (mg/kg)	代换量 (me/100g 土)	容重 (g/cm³)
耕层	0~20	8.7		0.518	0.039		0.130				9.0	1.421
犁底层	20~30	8.6		0.573	0.050		0.114				17.2	1.516
心土层	30~80	8.6		0.573	0.050		0.114				17.2	1.516
底土层	80~90	8.6		0.573	0.050		0.114				17.2	
	98~116	8.6		0.316	0.020		0.111				7.1	

表 9-166　壤质体黏重度氯化物盐化潮土盐分组成

深度 (cm)	全盐 (%)	阴离子 (me/100g 土)				阳离子 (me/100g 土)		
		HCO₃⁻	CO₃²⁻	Cl⁻	SO₄²⁻	Ca²⁺	Mg²⁺	K⁺+Na⁺
0~5	3.068	0.061	0.002	2.544	0.023	0.165	0.144	0.128
5~10	0.391	0.072	0.002	0.133	0.050	0.008	0.004	0.120
10~20	0.344	0.076	0.002	0.111	0.039	0.006	0.005	0.150
0~20 加权平均	0.951	0.713	0.002	0.727	0.038	0.046	0.040	0.115

4. 土壤生产性能

该土种耕层为壤质，宜于耕作，但耕层含盐量较高，冬春旱季往往形成厚潮卤层，危害作物生长，缺苗 5 成以上，浇水或雨后板结，因此，水、肥、气、热状况不协调，理化性状极端恶化，保肥、保水性能虽好，但供肥、供水性能极差，假墒严重，不发小苗，发老苗，仅有抗盐耐碱作物如高粱等可以生长，在改良利用上应以水利措施为主，发展水稻生产或引进综合治理措施，发展抗盐耐碱作物。

（十六）壤质腰黏重度氯化物盐化潮土

代号：11f01-16

1. 归属与分布

该土种属潮土土类、盐化潮土亚类、氯化物盐化潮土土属，是在黄河泛滥缓流壤质冲积母质上发育而成的土种。土体中位出现大于 20 cm 黏土层，上下各层为壤质，耕层以氯化物为主的盐分积累达 0.5%~1.0%，在新乡市主要分布在封丘县冯村乡野诚村一带背河洼地起伏的顶部，面积 770.27 亩，占全市土壤总面积的 0.008%，其中耕地面积 730.94 亩，占该土种面积的 94.89%。

2. 理化性质

除耕层以氯化物为主的盐分积累达 0.5%~1.0%外，剖面性态特征及耕层养分状况基本同壤质腰黏轻度氯化物盐化潮土。

3. 典型剖面

以采自封丘县冯村乡野城村第 21-29 号剖面为例。

剖面性态特征如下。

耕层：0～20 cm，灰黄色，中壤，碎块状，土体松，石灰反应强烈，根系较多，pH 8.5。

犁底层：20～30 cm，棕黄色，中壤，块状，土体较紧，石灰反应强烈，根系多，pH 8.7。

心土层：30～43 cm，棕黄色，中壤，块状，土体较紧，石灰反应强烈，根系少，pH 8.9。

心土层：43～86 cm，黄棕色，黏土，大块状，土体极紧，石灰反应强烈，根系极少，有铁锈斑纹，pH 8.9。

底土层：86～100 cm，棕黄色，中壤，块状，土体较紧，石灰反应强烈，根系无，pH 9.1。

剖面理化性质详见表9-167、表9-168。

表9-167　壤质腰黏重度氯化物盐化潮土剖面理化性质

层次	深度（cm）	pH	碳酸钙（%）	有机质（%）	全氮（%）	碱解氮（mg/kg）	全磷（%）	有效磷（mg/kg）	全钾（%）	速效钾（mg/kg）	代换量（me/100g 土）	容重（g/cm³）
耕层	0～20	8.5		0.677	0.040		0.137				8.9	1.204
犁底层	20～30	8.7		0.536	0.038		0.165				9.9	1.233
心土层	30～43	8.9		0.536	0.038		0.165				9.9	1.233
	43～86	8.9		0.518	0.035		0.113				14.3	
底土层	86～100	9.1		0.317	0.020		0.104				8.7	

表9-168　壤质腰黏重度氯化物盐化潮土盐分组成

深度（cm）	全盐（%）	阴离子（me/100g 土）				阳离子（me/100g 土）		
		HCO_3^-	CO_3^{2-}	Cl^-	SO_4^{2-}	Ca^{2+}	Mg^{2+}	$K^+ + Na^+$
0～5	0.812							
5～10	0.646							
10～20	0.565							
0～20 加权平均	0.674							

4. 土壤生产性能

保肥、保水性能仅次于壤质体黏重度氯化物盐化潮土，其他大同小异。

（十七）壤质底黏重度氯化物盐化潮土

代号：11f01-17

1. 归属与分布

该土种属潮土土类、盐化潮土亚类、氯化物盐化潮土土属，是在黄河泛滥缓流壤质沉积母质上发育而成的土种，土体50 cm以下出现厚黏层，50 cm以上为壤质，耕层以氯化物为主的盐分积累达 0.5%~1.0%，在新乡市主要分布在封丘县王村一带低洼易涝，背河洼地起伏的顶部，呈斑块状分布，面积 1 283.78 亩，占全市土壤总面积的 0.013%，其中耕地 1 218.23 亩，占该土种面积的 94.89%。

2. 理化性质

耕层为壤质，以氯化物为主的盐分积累达 0.5%~1.0%，剖面 50 cm 以下为黏质土，心土层中有铁锈斑纹，通体石灰反应强烈，根系上层多下层少，pH 8.5 左右。耕层养分一般低于壤质体黏重度氯化物盐化潮土。

3. 土壤生产性能

生产性能基本上与壤质腰黏重度氯化物盐化潮土相似，改良利用措施等与之相同。

（十八）黏质轻度氯化物盐化潮土

代号：11f01-18

1. 归属与分布

该土种属潮土土类、盐化潮土亚类、氯化物盐化潮土土属，是在黄河泛滥漫流黏质沉积母质上发育而成的土种，通体黏质，耕层以氯化物为主的盐分积累达 0.2%~0.4%，在新乡市主要分布在长垣县的低洼平地上，面积 3 813.15 亩，占全市土壤总面积的 0.039%，其中耕地面积 3 417.11 亩，占该土种面积的 89.61%。

2. 理化性质

（1）剖面性态特征 耕层为黏质，棕褐色，块状，土体较紧，石灰反应强烈，根系多。以下各层红棕色或棕色，块状，土体极紧，石灰反应强烈，心土层中有明显的铁锈斑纹，pH 8.0 左右，根系自上而下逐渐减少。

（2）耕层养分状况 据农化样点统计分析：有机质含量平均值 0.967%，标准差 0.004%，变异系数 0.36%；全氮含量平均值 0.057%，标准差 0.013%，变异系数 22.30%；有效磷含量平均值 8.6 mg/kg，标准差 10.4 mg/kg，变异系数 121.10%；速效钾含量平均值 197 mg/kg，标准差 32 mg/kg，变异系数 16.39%；碳氮比 9.84（表 9-169）。

表 9-169 黏质轻度氯化物盐化潮土耕层养分状况

项目	有机质（%）	全氮（%）	碱解氮（mg/kg）	有效磷（mg/kg）	速效钾（mg/kg）	碳氮比
样本数	2	2	1	2	2	
平均值	0.967	0.057	5.50	8.6	197	9.84
标准差	0.004	0.013		10.4	32	
变异系数（%）	0.36	22.30		121.10	16.39	

3. 土壤生产性能

通体重壤，耕层质地黏重，不易耕作，适耕期短，群众称之为"三蛋地"，湿时是"泥蛋"，干时是"铁蛋"，不湿不干是"肉蛋"，并有以氯化物为主的轻盐危害，缺苗1~2 成。土壤保肥、保水性能强，但供肥、供水性能差，水、肥、气、热状况不协调，不发小苗，发老苗，淋洗脱盐困难，适宜小麦、玉米、高粱、棉花等多种农经作物生长。在改良利用上应增施有机肥，搞好农田基本建设，推广秸秆还田、秸秆覆盖和一次施足底肥等技术，有条件的应发展水稻生产，以充分挖掘生产潜力。

（十九）黏质体壤轻度氯化物盐化潮土

代号：11f01-19

1. 归属与分布

该土种属潮土土类、盐化潮土亚类、氯化物盐化潮土土属，是在黄河泛溢漫流黏质沉积母质上发育而成的土种。耕层为黏质，以氯化物为主的盐分积累达 0.2%~0.4%，耕层以下出现大于 50 cm 的壤质土。在新乡市主要分布在长垣县的低洼平地上，面积 3 181.6 亩，占全市土壤总面积的 0.032%，其中耕地面积 2 851.15 亩，占该土种面积的 89.61%。

2. 理化性能

（1）剖面性态特征 耕层为黏质，耕层以下各层为壤质。心土层中有明显的铁锈斑纹，通体石灰反应强烈，根系上层多下层少，颜色上为棕褐色，下为浅灰黄色，pH 8.0 以上。

（2）耕层养分状况 据农化样点统计分析：有机质含量平均值 0.610%，标准差 0.021%，变异系数 19.4%，全氮含量平均值 0.075%，标准差 0.001%，变异系数 0.9%；有效磷含量平均值 14.3 mg/kg，标准差 5.7 mg/kg，变异系数 39.6%；速效钾含量平均值 288 mg/kg；碳氮比 4.70（表 9-170）。

表 9-170 黏质体壤轻度氯化物盐化潮土耕层养分状况

项目	有机质（%）	全氮（%）	碱解氮（mg/kg）	有效磷（mg/kg）	速效钾（mg/kg）	碳氮比
样本数	2	2		2	2	
平均值	0.610	0.075		14.3	288	4.70
标准差	0.021	0.001		5.7		
变异系数（%）	19.4	0.9		39.6		

3. 典型剖面

以来自长垣县凡相乡农场东村第 15-53 号剖面为例。

剖面性态特征如下。

耕层：0~23 cm，棕褐色，重壤，块状，土体紧，根系多，石灰反应强烈，pH 9.50。

犁底层：23~33 cm，灰黄色，中壤，碎块状，土体紧，根系较多，石灰反应强烈，pH 9.35。

心土层：33~41 cm，浅灰黄色，中壤，碎块状，土体紧，根系少，有铁锈斑纹，石灰反应强烈，pH 9.35。

心土层：41~80 cm，浅灰黄色，中壤，碎块状，土体紧，根系少，有铁锈斑纹，石灰反应强烈，pH 9.15。

底土层：80~96 cm，浅灰黄色，中壤，碎块状，土体紧，根系极少，石灰反应强烈，pH 9.15。

底土层：96~115 cm，棕黄色，黏土，块状，土体紧，石灰反应强烈，pH 8.85。

底土层：115~150 cm，浅灰黄色，中壤，块状，土体紧，石灰反应强烈，pH 9.05。

剖面理化性质详见表 9-171、表 9-172。

表 9-171　黏质体壤轻度氯化物盐化潮土剖面理化性质

层次	深度 （cm）	pH	碳酸钙 （%）	有机质 （%）	全氮 （%）	碱解氮 （mg/kg）	全磷 （%）	有效磷 （mg/kg）	全钾 （%）	速效钾 （mg/kg）	代换量 （me/100g 土）	容重 （g/cm³）
耕层	0~23	9.50		0.611	0.038		0.059				6.91	1.41
犁底层	23~33	9.35		0.443	0.030		0.057				5.92	
心土层	33~41	9.35		0.443	0.030		0.057				5.92	1.42
	41~80	9.15		0.389	0.028		0.054				7.61	1.42
	80~96	9.15		0.389	0.028		0.054				7.61	
底土层	96~115	8.85		0.543	0.027		0.055				9.18	
	115~150	9.05		0.543	0.037		0.054				5.03	

表 9-172　黏质体壤轻度氯化物盐化潮土盐分组成

深度 （cm）	全盐 （%）	阴离子（me/100g 土）				阳离子（me/100g 土）		
		HCO_3^-	CO_3^{2-}	Cl^-	SO_4^{2-}	Ca^{2+}	Mg^{2+}	$K^+ + Na^+$
0~20	0.284	0.045	0.018	0.268	0.079	0.014	0.009	0.150
20~41	0.208	0.012	0.007	0.023	0.002	0.003	0.003	0.058
41~96	0.182	0.094	0.004	0.021	0.009	0.004	0.004	0.045
96~115	0.149	0.076	0.005	0.018	0.009	0.004	0.004	0.037
115~150	0.138	0.067	0.003	0.017	0.009	0.004	0.004	0.032
0~20 加权平均	0.284	0.045	0.018	0.268	0.079	0.014	0.009	0.150

4. 土壤生产性能

耕层质地黏重，不易耕作，适耕期短，群众称之为"三蛋地"。与黏质轻度氯化物盐化潮土不同的是，该土种耕层以下为壤质土，对淋洗脱盐较为有利，保肥、保水性能稍差，在改良利用上可深翻改土，增施有机肥，以改善耕层土壤结构。水利上应以排为主，实行排灌结合，以降低地下水位，有条件的可实行淤灌稻改。

二、硫酸盐盐化潮土土属

该土属包括砂壤质轻度硫酸盐盐化潮土等 22 个土种。

（一）砂壤质轻度硫酸盐盐化潮土

代号：11f02-1

1. 归属与分布

该土种属潮土土类、盐化潮土亚类、硫酸盐盐化潮土土属，是在黄河泛滥急流砂质沉积母质上发育而成的土种，通体壤质，耕层以硫酸盐为主的盐分积累达 0.2%~0.4%，在新乡市主要分布在原阳、延津 2 县背河洼地起伏的较低部位，面积 21 704.67 亩，占全市土壤总面积的 0.211%，其中耕地面积为 16 552.44 亩，占该土种面积的 72.26%。

2. 理化性质

（1）剖面性态特征 该土种通体砂壤，剖面发生型为耕层、犁底层、心土层、底土层。耕层灰黄色，下部各层为浅灰黄色，结构碎粒状，心土层中有明显的铁锈斑纹，通体石灰反应强烈，根系自上而下逐渐减少，pH 8.5 左右。冬、春旱季土壤表面轻微积盐形成"白盐霜"，群众称之为"白不咸"；夏、秋多雨易发生季节性脱盐。

（2）耕层养分状况 据农化样点统计分析：有机质含量平均值 0.804%，标准差 0.369%，变异系数 42.7；全氮含量平均值 0.065%，标准差 0.027%，变异系数 41.6%；有效磷含量平均值 4.9 mg/kg，标准差 1.8 mg/kg，变异系数 37.1%；速效钾含量平均值 169 mg/kg，标准差 70 mg/kg，变异系数 41.3%；碳氮比 7.17（表 9-173）。

表 9-173 砂壤质轻度硫酸盐盐化潮土耕层养分状况

项目	有机质（%）	全氮（%）	碱解氮（mg/kg）	有效磷（mg/kg）	速效钾（mg/kg）	碳氮比
样本数	8	5	8	8	8	
平均值	0.804	0.065	40.40	4.9	169	7.17
标准差	0.369	0.027	19.60	1.8	70	
变异系数（%）	42.7	41.6	49.0	37.1	41.3	

3. 典型剖面

以采自原阳县原武乡徐庄村 9-62 号剖面为例。

剖面性态特征如下。

耕层：0~20 cm，浅灰黄色，砂壤，碎粒状，土体松，根系多，石灰反应强烈，pH 9.8。

犁底层：20~32 cm，浅棕黄，砂壤，碎粒状，土体较松，石灰反应强烈，根系较多，pH 9.6。

心土层：32~80 cm，浅棕黄色，砂壤，碎粒状，土体松，根系少，石灰反应强烈，大量铁锈斑纹，pH 9.5。

底土层：80~100 cm，浅棕黄，砂壤，碎粒状，土体松，石灰反应中等，根系无，少量铁锈斑纹，pH 9.5。

剖面理化性状详见表 9-174、表 9-175。

表 9-174　砂壤质轻度硫酸盐盐化潮土剖面理化性质

层次	深度（cm）	pH	碳酸钙（%）	有机质（%）	全氮（%）	碱解氮（mg/kg）	全磷（%）	有效磷（mg/kg）	全钾（%）	速效钾（mg/kg）	代换量（me/100g 土）	容重（g/cm³）
耕层	0~20	9.8		0.376	0.023		0.102				3.91	
犁底层	20~32	9.6		0.293	0.027		0.105				4.15	
心土层	32~80	9.5		0.195	0.019		0.119				3.17	
底土层	80~100	9.5		0.195	0.019		0.119				3.17	

表 9-175　砂壤质轻度硫酸盐盐化潮土盐分组成

深度（cm）	全盐（%）	阴离子（me/100g 土）				阳离子（me/100g 土）		
		HCO_3^-	CO_3^{2-}	Cl^-	SO_4^{2-}	Ca^{2+}	Mg^{2+}	$K^+ + Na^+$
0~5	0.360	0.060		0.059	0.071	0.003	0.025	0.087
5~10	0.298	0.200		0.038	0.022	0.004	0.003	0.077
10~20	0.261	0.132		0.022	0.020	0.003	0.006	0.058
0~20 加权平均	0.293			0.035	0.032			0.070

4. 土壤生产性能

耕层为砂壤，耕性良好，适耕期长，通透性较好。但有机质含量低，保肥、保水性能差，漏肥、漏水，易干涝，水、肥、气、热状况不协调。耕层以硫酸盐为主的盐分积累达 0.2%~0.4%，危害作物生长，缺苗率 1~2 成。适宜棉花、花生、甘薯等抗盐碱耐瘠薄作物生长，产量水平低。在改良利用上应以排涝为主，排灌配套，并增施有机肥，发展绿肥，科学施用氮、磷肥，以挖掘其生产潜力。

（二）砂壤质腰黏轻度硫酸盐盐化潮土

代号：11f02-2

1. 归属与分布

该土种属潮土土类、盐化潮土亚类、硫酸盐盐化潮土土属，是在黄河泛滥急流砂质沉积母质上发育而成的土种。耕层砂质，以硫酸盐为主的盐分积累达 0.2%~0.4%，土体中位出现大于 20 cm 的黏土层。在新乡市主要分布在原阳、延津 2 县背河洼地起伏的较低部位，面积 1 581.94 亩，占全市土壤总面积的 0.016%，其中耕地面积 1 121.8 亩，占该土种面积的 70.9%。

2. 理化性质

与砂壤质轻度硫酸盐盐化潮土不同的是，该土种心土层中出现大于 20 cm 的黏土层，耕层各种养分含量稍高。

3. 土壤生产性能

由于心土层中有大于 20 cm 的黏土层，该土种保肥、保水性能较强，群众称之为"二蒙金"，水、肥、气、热状况较协调，适宜小麦、花生等各种农作物生长，改良利用措施同砂壤质轻度硫酸盐盐化潮土。

（三）砂壤质中度硫酸盐盐化潮土

代号：11f02-3

1. 归属与分布

该土种属潮土土类、盐化潮土亚类、硫酸盐盐化潮土土属，是在黄河泛滥急流砂质沉积母质上发育而成的土种，通体砂壤，耕层以硫酸盐为主的盐分积累量达 0.4%～0.5%，在新乡市主要分布在原阳、延津 2 县背河洼地起伏的二坡地上，面积 7 721.7 亩，占全市土壤总面积的 0.028%，其中耕地面积 5 673.28 亩，占该土种面积的 73.4%。

2. 理化性质

（1）剖面性态特征　通体砂壤，耕层以硫酸盐为主的盐分积累达 0.4%～0.5%，冬、春土壤表面积有较厚的"白盐霜"，群众称之为"白不咸"，心土层中有明显的铁锈斑纹，通体石灰反应强烈，根上多下少，结构碎粒状。

（2）耕层养分状况　据农化样点统计分析：有机质含量平均值 0.656%，标准差 0.095%，变异系数 14.5%；全氮含量 0.033%；有效磷含量平均值 5.4 mg/kg，标准差 2.6 mg/kg，变异系数 52.1%；速效钾含量平均值 132 mg/kg，标准差 30 mg/kg，变异系数 22.6%；碳氮比 11.53（表 9-176）。

表 9-176　砂壤质中度硫酸盐盐化潮土耕层养分状况

项目	有机质（%）	全氮（%）	碱解氮（mg/kg）	有效磷（mg/kg）	速效钾（mg/kg）	碳氮比
样本数	4	1	4	4	4	
平均值	0.656	0.033	31.10	5.4	132	11.53
标准差	0.095		5.09	2.6	30	
变异系数（%）	14.5		16.4	52.1	22.6	

3. 典型剖面

以采自原阳县齐街乡太平镇村 17-148 号剖面为例。

剖面性态特征如下。

耕层：0～24 cm，灰白色，砂壤，碎粒状，土体松，根系多，石灰反应强烈，pH 9.9。

犁底层：24～34 cm，灰褐色，轻壤，碎块状，土体稍紧，根系较多，石灰反应强烈，pH 9.9。

心土层：34～80 cm，灰褐色，轻壤，碎块状，根系少，石灰反应强烈，少量铁锈斑纹，pH 9.9。

底土层：80～93 cm，灰褐色，轻壤，碎块状，根系无，石灰反应强烈，少量铁锈斑纹，pH 9.9。

底土层：93～100 cm，红棕色，黏土，大块状，土体极紧，石灰反应强烈，

pH 9.8。

剖面理化性质详见表9-177、表9-178。

表9-177 砂壤质中度硫酸盐盐化潮土剖面理化性质

层次	深度 (cm)	pH	碳酸钙 (%)	有机质 (%)	全氮 (%)	碱解氮 (mg/kg)	全磷 (%)	有效磷 (mg/kg)	全钾 (%)	速效钾 (mg/kg)	代换量 (me/100g 土)	容重 (g/cm³)
耕层	0~24	9.9		0.365	0.037		0.137				4.30	1.66
犁底层	24~34	9.9		0.304	0.024		0.143				4.85	
心土层	34~80	9.9		0.304	0.024		0.143				4.85	
底土层	80~93	9.9		0.304	0.024		0.143				4.85	
	93~100	9.8		0.605	0.054		0.129				15.88	

表9-178 砂壤质中度硫酸盐盐化潮土盐分组成

深度 (cm)	全盐 (%)	阴离子 (me/100g 土)				阳离子 (me/100g 土)		
		HCO₃⁻	CO₃²⁻	Cl⁻	SO₄²⁻	Ca²⁺	Mg²⁺	K⁺+Na⁺
0~5	0.869	0.258		0.108	0.265	0.003	0.004	0.221
5~10	0.468	0.171		0.019	0.250	0.003	0.002	0.155
10~24	0.313	0.136		0.043	0.250	0.002	0.006	0.078
0~24 加权平均	0.46	0.127		0.067	0.253	0.003	0.005	0.123

4. 土壤生产性能

耕层为砂壤，耕性良好，适耕期较长，但土壤表面冬春积盐较重，往往形成盐结皮，浇水或雨后易板结，通透性较差，作物出苗生长困难，地下水位高，土温偏低，水、肥、气、热状况不协调，不发小苗和老苗，仅适宜高粱、棉花等抗盐耐碱作物生长。在改良利用上应淤灌稻改，增施有机肥和磷肥，科学施用氮肥，以"少吃多餐"为佳。

（四）砂壤质底黏中度硫酸盐盐化潮土

代号：11f02-4

1. 归属与分布

该土种属潮土土类、盐化潮土亚类、硫酸盐盐化潮土土属，是在黄河泛滥急流砂质沉积母质上发育而成的土种，耕层砂壤，以硫酸盐为主的盐分积累量达0.4%~0.5%。

2. 理化性质

（1）剖面性态特征 与砂壤质中度硫酸盐盐化潮土不同的是，该土种土体50 cm以下出现大于20 cm的黏土层。

（2）耕层养分状况 据分析：有机质含量0.672%，全氮含量0.044%，有效磷含量 3.9 mg/kg，速效钾含量 132 mg/kg，碳氮比 97.4（表 9-179）。

表 9-179　砂壤质底黏中度硫酸盐盐化潮土耕层养分状况

项目	有机质（%）	全氮（%）	碱解氮（mg/kg）	有效磷（mg/kg）	速效钾（mg/kg）	碳氮比
样本数	1	1	1	1	1	
含　量	0.672	0.044	45.70	3.9	132	97.4

3. 土壤生产性能

由于土体深位出现大于 20 cm 的黏土层，保肥、保水性能略优于砂壤质中度硫酸盐盐化潮土，其他与之基本相同。

（五）砂壤质重度硫酸盐盐化潮土

代号：11f02-5

1. 归属与分布

该土种属潮土土类、盐化潮土亚类、硫酸盐盐化潮土土属，是在黄河泛滥急流砂壤沉积母质上发育而成的土种，通体砂壤质，耕层以硫酸盐为主的盐分积累达 0.5%～1.0%，在新乡市主要分布在延津县背河洼地起伏的顶部，呈斑块状，面积 486.76 亩，占全市土壤总面积的 0.005%，其中耕地面积 329.95 亩，占该土种面积的 67.78%。

2. 理化性质

通体砂壤，耕层以硫酸盐为主的盐分积累量达 0.5%～1.0%，土壤表面往往形成 1～2 cm 的盐结壳，结壳表面有白色粉末，背面有蜂窝状孔隙。心土层中有铁锈斑纹，通体石灰反应强烈，根系上多下少，结构多单粒状，pH 9.0 左右。

3. 土壤生产性能

通体砂壤，耕层疏松易耕，适耕期较长，但土壤表面易板结，通透性很差，作物捉苗生长困难，水、肥、气、热状况不协调，不发小苗和老苗，仅适合高粱、谷子、棉花等抗盐耐碱作物生长，生产水平低下，是新乡市土壤理化性状最恶劣的土种之一。在改良利用上应平整土地，搞好以水利为主的农田基本建设，增施有机肥和磷肥，科学施用氮肥，推广秸秆还田技术，随着水利条件的发展，注意发展水稻生产。

（六）壤质腰砂轻度硫酸盐盐化潮土

代号：11f02-6

1. 归属与分布

该土种属潮土土类、盐化潮土亚类、硫酸盐盐化潮土土属，是在黄河泛滥缓流壤质沉积母质上发育而成的土种，耕层为壤质，以硫酸盐为主的盐分积累达 0.2%～0.4%，耕层以下或心土层中出现大于 20 cm 的砂层。在新乡市主要分布在汲县、获嘉县背河洼地起伏的较低部位，面积 842.36 亩，占全市土壤总面积的 0.008%，其中耕地面积 656.93 亩，占该土种面积的 77.99%。

2. 理化性质

（1）剖面性态特征　剖面除心土层中出现大于 20 cm 砂层外，其他各层均为壤质土，心土层中有铁锈斑纹，通体石灰反应强烈，根系上多下少，pH 8.5 左右，冬、春旱季土壤表面往往形成轻微"白盐霜"。

（2）耕层养分状况 据分析：有机质含量 1.384%，全氮含量 0.089%，有效磷含量 12.9 mg/kg，速效钾含量 153 mg/kg，碳氮比 9.02（表 9-180）。

表 9-180　壤质腰砂轻度硫酸盐盐化潮土耕层养分状况

项目	有机质（%）	全氮（%）	碱解氮（mg/kg）	有效磷（mg/kg）	速效钾（mg/kg）	碳氮比
样本数	1	1	1	1	1	
含量	1.384	0.089	63.10	12.9	153	9.02

3. 典型剖面

以采自汲县孙杏村乡七里铺村-189 号剖面为例。

剖面性态特征如下。

耕层：0~20 cm，灰黄色，轻壤，碎块状，土体松，根系多，石灰反应强烈，pH 8.4。

犁底层：20~30 cm，浅灰黄色，砂壤，碎粒状，土体稍紧，根系较多，石灰反应强烈，pH 8.6。

心土层：30~70 cm，浅灰黄色，砂壤，碎粒状，土体松，根系少，有铁锈斑纹，石灰反应强烈，pH 8.6。

心土层：70~80 cm，灰褐色，中壤，块状，土体紧，根系极少，石灰反应强烈，pH 8.5。

底土层：80~100 cm，灰褐色，中壤，块状，土体紧，无根系，石灰反应强烈，pH 8.5。

4. 土壤生产性能

耕层为壤质，疏松易耕，适耕期长，土壤表面易板结，通透性稍差，水、肥、气、热状况不协调。因土体中位的砂层，漏肥、漏水，不发小苗和老苗，适宜小麦、棉花、高粱等农作物生长。改良利用上应以排为主，排灌配套，增施有机肥和磷肥，科学施用氮肥，以提高产量水平。

（七）壤质体砂轻度硫酸盐盐化潮土

代号：11f02-7

1. 归属与分布

该土种属潮土土类、盐化潮土亚类、硫酸盐盐化潮土土属，是在黄河泛滥缓流壤质沉积母质上发育而成的土种，耕层为壤质，以硫酸盐为主的盐分积累量达 0.2%~0.4%，耕层以下土体中位出现大于 50 cm 的砂层。在新乡市主要分布在原阳县背河洼地起伏的较低部位，面积 4 911.75 亩，占全市土壤总面积的 0.05%，其中耕地面积 3 792.54 亩，占该土种面积的 77.21%。

2. 理化性质

（1）剖面性态特征　剖面发生层次为 4 层，耕层为壤质，以硫酸盐为主的盐分积累达 0.2%~0.4%，耕层以下各层均为砂壤质，心土层中有铁锈斑纹，通体石灰反应强烈，根系上多下少，pH 8.5 左右。冬、春土壤表面出现"白盐霜"，夏、秋多雨易发生季节性脱盐。

（2）耕层养分状况　与壤质腰砂轻度硫酸盐盐化潮土基本相同。

3. 典型剖面

以采自原阳县梁寨乡盐运司村 16-90 号剖面为例。

剖面性态特征如下。

耕层：0~22 cm，棕褐色，中壤，块状，土体松，根系多，石灰反应强烈，pH 9.0。

犁底层：22~32 cm，浅橙色，砂壤，碎粒状，土体较松，根系较多，石灰反应强烈，pH 9.0。

心土层：32~80 cm，浅橙色，砂壤，碎粒状，土体松，根系少，石灰反应强烈，中量铁锈斑纹，pH 9.0。

底土层：80~100 cm，浅橙色，砂壤，碎粒状，土体松，石灰反应强烈，pH 8.9。

剖面理化性质详见表 9-181、表 9-182。

表 9-181　壤质体砂轻度硫酸盐盐化潮土剖面理化性质

层次	深度（cm）	pH	碳酸钙（%）	有机质（%）	全氮（%）	碱解碳（mg/kg）	全磷（%）	有效磷（mg/kg）	全钾（%）	速效钾（mg/kg）	代换量（me/100g 土）	容重（g/cm³）
耕层	0~22	9.0		0.736	0.049		0.132				6.46	1.625
犁底层	22~32	9.0		0.260	0.024		0.133				2.61	
心土层	32~80	9.0		0.260	0.024		0.133				2.61	
底土层	80~100	8.9		0.199	0.025		0.132				2.58	

表 9-182　壤质体砂轻度硫酸盐盐化潮土盐分组成

深度（cm）	全盐（%）	阴离子（me/100g 土）				阳离子（me/100g 土）		
		HCO₃⁻	CO₃²⁻	Cl⁻	SO₄²⁻	Ca²⁺	Mg²⁺	K⁺+Na⁺
0~5	0.363	0.040		0.014	0.202	0.024	0.044	0.010
5~10	0.464	0.096		0.024	0.050	0.004	0.005	0.211
10~22	0.228	0.088		0.037	0.045	0.006	0.008	0.043
0~22 加权平均	0.310	0.079		0.030	0.036	0.010	0.015	0.073

4. 土壤生产性能

耕层为壤质，疏松易耕，适耕期较长、但表层易板结，通透性较差，水、肥、气、热状况不协调。耕层以下为砂壤，漏肥、漏水，不发小苗和老苗，群众称之为"漏风地"，生产水平较低。适宜小麦、棉花等农作物生长，改良利用应以排涝、治碱为主，并增施有机肥，发展绿肥，开展综合治理。

（八）壤质底砂轻度硫酸盐盐化潮土

代号：11f02-8

1. 归属与分布

该土种属潮土土类、盐化潮土亚类、硫酸盐盐化潮土土属，是在黄河泛滥缓流壤质沉积母质上发育而成的土种。耕层为壤质，以硫酸盐为主的盐分积累达 0.2%~0.4%，土体 50 cm 以下出现厚砂层。在新乡市主要分布在汲县境内背河洼地起伏的较低部位，面积 4 142.29 亩，占全市土壤总面积的 0.042%，其中耕地面积 4 142.29 亩，占该土种面积的 100%。

2. 理化性质

（1）剖面性态特征　剖面发生层次为 4 层，50 cm 以上为壤质，以下为砂壤质。心土层中有明显铁锈斑纹，根系上多下少，通体石灰反应强烈，pH 8.5 左右，冬、春季土壤表面出现"白盐霜"，夏、秋多雨，易发生季节性脱盐。

（2）耕层养分状况　据分析：有机质含量 0.838%，全氮含量 0.054%，有效磷含量 7.6 mg/kg，速效钾含量 138 mg/kg，碳氮比 9.00（表 9-183）。

表 9-183　壤质底砂轻度硫酸盐盐化潮土耕层养分状况

项目	有机质（%）	全氮（%）	碱解氮（mg/kg）	有效磷（mg/kg）	速效钾（mg/kg）	碳氮比
样本数	1	1	1	1	1	
含　量	0.838	0.054	44.70	7.6	138	9.00

3. 典型剖面

以采自汲县上乐村乡段庄村 13-100 号剖面为例。

剖面性态特征如下。

耕层：0~20 cm，灰黄色，中壤，碎块状，土体松，根系多，石灰反应强烈，pH 8.4。

犁底层：20~30 cm，灰黄色，中壤，片状，土体紧，根系较多，石灰反应强烈，pH 8.6。

心土层：30~64 cm，灰黄色，中壤，片状，土体紧，根系极少，石灰反应强烈，有铁锈斑纹，pH 8.6。

心土层：64~86 cm，灰黄色，中壤，片状，土体紧，根系极少，石灰反应强烈，有铁锈斑纹，pH 8.7。

底土层：88~150 cm，浅黄色，砂壤，片状，土体紧，根系无，石灰反应强烈，pH 8.6。

剖面理化性质详见表 9-184。

表 9-184 壤质底砂轻度硫酸盐盐化潮土剖面理化性质

层次	深度（cm）	pH	碳酸钙（%）	有机质（%）	全氮（%）	碱解氮（mg/kg）	全磷（%）	有效磷（mg/kg）	全钾（%）	速效钾（mg/kg）	代换量（me/100g 土）	容重（g/cm³）
耕层	0~20	8.4		0.751	0.044		0.048				8.67	1.58
犁底层	20~30	8.6		0.791	0.016		0.044				5.56	
心土层	30~64	8.6		0.791	0.016		0.044				5.56	
	64~88	8.7		0.472	0.028		0.046				8.59	
底土层	88~150	8.6		0.361	0.018		0.038				4.49	

4. 土壤生产性能

耕层为壤质，疏松易耕，适耕期较长，但土壤表面有轻盐危害，雨后、水后易板结，通透性较差，水、肥、气、热状况不协调。由于底位出现厚砂层，对保肥、保水性能略有影响，产量水平偏低。适宜小麦、棉花、玉米等农作物生长。改良利用应以排涝为主，排灌结合，增施有机肥和磷肥，合理施用氮肥，管理上应注意及时破除板结，加强中耕。

（九）壤质腰黏轻度硫酸盐盐化潮土

代号：11f02-9

1. 归属与分布

该土种属潮土土类、盐化潮土亚类、硫酸盐盐化潮土土属，是在黄河泛滥缓流壤质沉积母质上发育而成的土种。耕层为壤质，以硫酸盐为主的盐分积累达 0.2%~0.4%，土体中位出现大于 20 cm 黏土层。在新乡市主要分布在原阳、延津 2 县境内背河洼地的较低部位，面积 4 994.97 亩，占全市土壤总面积的 0.027%，其中耕地面积 2 030.46 亩，占该土种面积的 40.65%。

2. 理化性质

（1）剖面性态特征 土体中位出现大于 20 cm 黏土层，其他为壤质，心土层中有明显的铁锈斑纹，根系上多下少，通体石灰反应强烈，pH 8.5 左右，冬、春旱季土壤表面出现薄"白盐霜"，俗称"白不咸"，夏、秋多雨，易发生季节性脱盐。

（2）耕层养分状况 据农化样点分析统计：有机质含量平均值 1.040%，标准差 0.230%，变异系数 22.1%；全氮含量 0.052%；有效磷含量平均值 2.2 mg/kg，标准差 0.8 mg/kg，变异系数 28.3%；速效钾含量平均值 191 mg/kg，标准差 33 mg/kg，变异系数 17.4%；碳氮比 11.60（表 9-185）。

表 9-185 壤质腰黏轻度硫酸盐盐化潮土耕层养分状况

项目	有机质（%）	全氮（%）	碱解氮（mg/kg）	有效磷（mg/kg）	速效钾（mg/kg）	碳氮比
样本数	3	1	3	3	3	
平均值	1.040	0.052	49.60	2.2	191	11.60
标准差	0.230		7.07	0.8	33	
变异系数（%）	22.1		16.9	28.3	17.4	

3. 典型剖面

以采自原阳县原武乡七里村 18-117 号剖面为例。

剖面性态特征如下。

耕层：0~20 cm，暗灰色，轻壤，碎块状，土体松，根系多，石灰反应强烈，pH 8.7。

犁底层：20~27 cm，暗灰色，轻壤，碎块状，土体稍紧，根系较多，石灰反应强烈，pH 8.8。

心土层：27~48 cm，红棕色，黏土，块状，土体极紧，根系少，大量铁锈斑纹，石灰反应强烈，pH 8.5。

心土层：48~80 cm，黄棕色，中壤，块状，土体较紧，根系极少，石灰反应强烈，pH 8.8。

底土层：80~100 cm，黄棕色，中壤，块状，土体较紧，根系无，石灰反应强烈，pH 8.8。

4. 土壤生产性能

耕层为壤质，疏松易耕，适耕期较长。耕层以硫酸盐为主的盐分含达 0.2%~0.4%，土壤表面易板结，通透性稍差，水、肥、气、热状况不太协调，土体中位由于有较厚黏土层，保肥、保水性强，群众称之为"小蒙金"。适宜小麦、棉花、玉米等农作物生长，产量水平中等。改良利用措施以排涝治碱为重点，排灌结合，增施有机肥，推广配方施肥，注意中耕，破除板结，因地制宜发展水稻生产。

（十）壤质体黏轻度硫酸盐盐化潮土

代号：11f02-10

1. 归属与分布

该土种属潮土土类、盐化潮土亚类、硫酸盐盐化潮土土属，是在黄河泛滥缓流壤质沉积母质上发育而成的土种，耕层以硫酸盐为主的盐分积累量达 0.2%~0.4%，耕层以下出现大于 50 cm 的黏土层。在新乡市主要分布在汲县、延津 2 县境内的背河洼地上，新乡市分布面积 2 136.86 亩，占全市土壤总面积的 0.022%，其中耕地面积为 1 593.73 亩，占该土种面积的 74.58%。

2. 理化性质

（1）剖面性态特征　剖面发生层次为 4 层。耕层为壤质，耕层深度 20 cm 左右，碎块状，呈灰黄色，根系多，石灰反应强烈；耕作层以下各层为黏质土，块状，多呈红棕色或灰棕色，石灰反应强烈，pH 8.5 左右，根系少；心土层中有铁锈斑纹。冬、春旱季土壤表面出现薄"白盐霜"，夏、秋多雨，易发生板结。

（2）耕层养分状况　据统计：有机质含量 0.860%，全氮含量 0.054%，有效磷含量 2.6 mg/kg，速效钾含量 118 mg/kg，碳氮比 9.24（表 9-186）。

表9-186 壤质体黏轻度硫酸盐盐化潮土耕层养分状况

项目	有机质（%）	全氮（%）	碱解氮（mg/kg）	有效磷（mg/kg）	速效钾（mg/kg）	碳氮比
样本数	1	1	1	1	1	1
含　量	0.860	0.054	58.10	2.6	118	9.24

3. 典型剖面

以采自汲县庞寨乡小屯村12-108号剖面为例。

剖面性态特征如下。

耕层：0~20 cm，灰黄色，中壤，片状，土体松，根系多，有炉渣、砖渣，石灰反应强烈，pH 8.3。

犁底层：20~30 cm，灰棕色，黏土，块状，土体紧，根系较多，石灰反应强烈，pH 8.1。

心土层：30~80 cm，灰棕色，黏土，块状，土体紧，根系少，少量铁锈斑纹，石灰反应强烈，pH 8.1。

底土层：80~120 cm，灰棕色，黏土，块状，土体紧，根系无，大量铁锈斑纹，石灰反应强烈，pH 8.1。

底土层：120~150 cm，灰黄色，轻壤，块状，土体紧，石灰反应强烈，pH 8.2。

剖面理化性质详见表9-187。

表9-187 壤质体黏轻度硫酸盐盐化潮土剖面理化性质

层次	深度（cm）	pH	碳酸钙（%）	有机质（%）	全氮（%）	碱解碳（mg/kg）	全磷（%）	有效磷（mg/kg）	全钾（%）	速效钾（mg/kg）	代换量（me/100g 土）	容重（g/cm³）
耕层	0~20	8.3		1.009	0.056		0.138				8.77	1.49
犁底层	20~30	8.1		0.738	0.049		0.138				8.1	
心土层	30~80	8.1		0.738	0.049		0.138				8.1	
底土层	80~120	8.1		0.738	0.049		0.138				8.1	
	120~150	8.2		0.313	0.020		0.136				8.2	

4. 土壤生产性能

耕层为壤质，疏松易耕，适耕期较长，下部黏土，保肥、保水性强，发小苗，亦发老苗，是较理想的土体构型之一。适宜各种农作物生长，但淋洗脱盐困难。在改良利用上应以排涝工程为主，注意排灌结合，管理上要加强中耕等。

（十一）壤质底黏轻度硫酸盐盐化潮土

代号：11f02-11

1. 归属与分布

该土种属潮土土类、盐化潮土亚类、硫酸盐盐化潮土土属，是在黄河泛滥缓流壤质沉积母质上发育而成的土种，土体50 cm以上为壤质，50 cm以下出现厚黏土层，耕层以硫酸盐为主的盐分积累达 0.2%~0.4%。在新乡市主要分布在延津、封丘、长垣 3 县的低洼平地上，面积 22 777.51 亩，占全市土壤总面积的 0.232%，其中耕地面积 19 779.56 亩，占该土种面积的 86.84%（表 9-188）。

表 9-188　壤质底黏轻度硫酸盐盐化潮土土壤面积分布
单位：亩

项目	长垣	延津	获嘉	合计
土地面积	16 444.22	2 920.58	3 412.71	22 777.51
耕地面积	14 736.27	1 979.71	3 063.58	19 779.56

2. 理化性质

（1）剖面性态特征　剖面发生层次为 4 层。50 cm 以下为黏质土，50 cm 以上为壤质土，心土层中有明显的铁锈斑纹，通体石灰反应强烈，pH 8.5 左右，冬、春土壤表面出现薄"白盐霜"。

（2）耕层养分状况　据农化样点统计分析：有机质含量平均值 0.727%，标准差 0.380%，变异系数 52.5%；全氮含量平均值 0.062%，标准差 0.018%，变异系数 29.0%；有效磷含量平均值 14.3 mg/kg，标准差 7.8 mg/kg，变异系数 55.0%；速效钾含量平均值 165 mg/kg，标准差 57 mg/kg，变异系数 34.5%；碳氮比 6.80（表 9-189）。

表 9-189　壤质底黏轻度硫酸盐盐化潮土耕层养分状况

项目	有机质（%）	全氮（%）	碱解氮（mg/kg）	有效磷（mg/kg）	速效钾（mg/kg）	碳氮比
样本数	8	8	5	5	10	
平均值	0.727	0.062	41.03	14.3	165	6.80
标准差	0.380	0.018	30.31	7.8	57	
变异系数（%）	52.5	29.0	74.0	55.0	34.5	

3. 典型剖面

以采自延津县僧谷乡曹乡固村 3-134 号剖面为例。

剖面性态特征如下。

耕层：0~23 cm，暗灰色，轻壤，碎块状，土体松，根系多，石灰反应强烈，pH 9.2。

犁底层：23~33 cm，暗灰色，中壤，块状，土体紧，根系较多，石灰反应强烈，pH 9.1。

心土层：33~63 cm，暗灰色，中壤，块状，土体较紧，根系少，石灰反应强烈，pH 9.1，有铁锈斑纹。

心土层：63~80 cm，黄褐色，黏土，块状，土体极紧，根系少，石灰反应强烈，pH 9.0。

底土层：80~90 cm，黄棕色，黏土，块状，土体紧，根系无，石灰反应强烈，

pH 9.0。

底土层：90~100 cm，浅黄色，砂壤，碎粒状，石灰反应强烈，pH 9.1。

剖面理化性质详见表 9-190、表 9-191。

表 9-190　壤质底黏轻度硫酸盐盐化潮土剖面理化性质

层次	深度（cm）	pH	碳酸钙（%）	有机质（%）	全氮（%）	碱解碳（mg/kg）	全磷（%）	有效磷（mg/kg）	全钾（%）	速效钾（mg/kg）	代换量（me/100g 土）	容重（g/cm³）
耕层	0~23	9.2		0.875	0.058		0.136					1.495
犁底层	23~33	9.1		0.501	0.047		0.128					1.692
心土层	33~63	9.1		0.501	0.047		0.128					1.692
	63~80	9.0		0.698	0.055		0.082					
底土层	80~90	9.0		0.698	0.055		0.082					
	90~100	9.1		0.383	0.036		0.098					

表 9-191　壤质底黏轻度硫酸盐盐化潮土盐分组成

深度（cm）	全盐（%）	阴离子（me/100g 土）				阳离子（me/100g 土）		
		HCO_3^-	CO_3^{2-}	Cl^-	SO_4^{2-}	Ca^{2+}	Mg^{2+}	$K^+ + Na^+$
0~10	0.153	0.038	0.002	0.009	0.063	0.008	0.004	0.035
40~50	0.209	0.052	0.002	0.017	0.081	0.006	0.007	0.046
75~85	0.288	0.025	0.003	0.015	0.063	0.003	0.002	0.046
90~100	0.093	0.016	0.003	0.061	0.061	0.003	0.003	0.059
0~10 加权平均	0.153	0.038	0.002	0.009	0.063	0.008	0.004	0.035

4. 土壤生产性能

耕层为壤质，疏松易耕，适耕期较长，但因耕层轻微含盐，土壤表面易板结，通透性较差，水、肥、气、热状况不大协调，缺苗 1~2 成。由于土体中底位有黏土层，保肥、保水性能较好，适宜小麦、玉米、棉花等粮经作物生长，不发小苗发老苗。改良利用上用同壤质体黏轻度硫酸盐盐化潮土。

（十二）壤质中度硫酸盐盐化潮土

代号：11f02-12

1. 归属与分布

该土种属潮土土类、盐化潮土亚类、硫酸盐盐化潮土土属，是在黄河泛滥缓流壤质沉积质上发育而成的土种，通体壤质，耕层以硫酸盐为主的盐分积累达 0.4%~0.5%。在新乡市主要分布在封丘、长垣、延津、原阳、获嘉 5 县沿黄河低洼平原起伏的二坡地上，面积 15 843.84 亩，占全市土壤总面积的 0.161%，其中耕地面积 13 880.48 亩，占该土种面积的 87.6%（表 9-192）。

表 9-192 壤质中度硫酸盐盐化潮土土壤面积分布　　　　　单位：亩

项目	获嘉	原阳	延津	封丘	长垣
土壤面积	4 265.89	1 327.5	2 190.44	6 033.77	2 025.74
耕地面积	3 829.49	1 025.01	1 404.78	5 725.67	1 815.34

2. 理化性质

（1）剖面性态特征　该土种通体壤质，耕层以硫酸盐为主的盐分积累达 0.4%～0.5%，心土层中有明显的铁锈斑纹，通体石灰反应强烈，根系上多下少，pH 9.0 左右，土壤表面板结形成结壳层，结壳表面有白色粉末，结壳下面有蜂窝状空隙。

（2）耕层养分状况　据农化样点统计分析：有机质含量平均值 0.743%，标准差 0.380%，变异系数 51.1%；全氮含量平均值 0.049%，标准差 0.013%，变异系数 26.9%；有效磷含量平均值 4.4 mg/kg，标准差 3.2 mg/kg，变异系数 70.6%，速效钾含量平均值 155 mg/kg，标准差 40 mg/kg，变异系数 25.5%；碳氮比 8.80（表 9-193）。

表 9-193 壤质中度硫酸盐盐化潮土耕层养分状况

项目	有机质（%）	全氮（%）	碱解氮（mg/kg）	有效磷（mg/kg）	速效钾（mg/kg）	碳氮比
样本数	15	12	5	13	15	
平均值	0.743	0.049	47.78	4.4	155	8.80
标准差	0.380	0.013	19.93	3.2	40	
变异系数（%）	51.1	26.9	42.0	70.6	25.5	

3. 典型剖面

以采自封丘县王村乡前赵寨村 2-105 号剖面为例。

剖面性态特征如下。

耕层：0～20 cm，灰黄色，中壤，团粒状，土体松，根系多，石灰反应强烈，pH 8.3。

犁底层：20～30 cm，灰黄色，中壤，块状，土体较紧，根系较多，石灰反应强烈，pH 8.3。

心土层：30～80 cm，灰黄色，轻壤，块状，土体较松，根系少，有铁锈斑纹，石灰反应强烈，pH 8.8。

底土层：80～100 cm，灰黄色，轻壤，块状，土体较松，石灰反应强烈，pH 8.8。

剖面理化性质详见表 9-194、表 9-195。

表9-194 壤质中度硫酸盐盐化潮土剖面理化性质

层次	深度 （cm）	pH	碳酸钙 （%）	有机质 （%）	全氮 （%）	碱解碳 （mg/kg）	全磷 （%）	有效磷 （mg/kg）	全钾 （%）	速效钾 （mg/kg）	代换量 （me/100g土）	容重 （g/cm³）
耕层	0~20	8.3		0.806	0.054		0.101				9.9	1.116
犁底层	20~30	8.3		0.778	0.053		0.140				9.7	
心土层	30~80	8.8		0.778	0.053		0.140				9.7	
底土层	80~100	8.8		0.273	0.022		0.125				5.8	

表9-195 壤质中度硫酸盐盐化潮土盐分组成

深度 （cm）	全盐 （%）	阴离子（me/100g土）				阳离子（me/100g土）		
		HCO_3^-	CO_3^{2-}	Cl^-	SO_4^{2-}	Ca^{2+}	Mg^{2+}	$K^+ + Na^+$
0~5	0.530							
5~10	0.565							
10~20	0.375							
20~52								
52~100	0.444							
0~20 加权平均	0.461							

4. 土壤生产性能

耕层为壤质，疏松易耕，适耕期稍短，地表易板结，通透性很差，捉苗不易，缺苗3~5成，保肥、保水性能较好。但水、肥、气、热状况不协调，供肥、供水性能差，假墒严重，土壤性状十分恶化，仅有高粱、棉花等抗盐耐碱作物可以生长，产量水平很低。改良利用应平整土地，减小高差，以排为主，排灌结合，增施有机肥和磷肥，发展绿肥，推广秸秆还田、秸秆覆盖等新农业技术，以提高产量水平。

（十三）壤质腰砂中度硫酸盐盐化潮土

代号：11f02-13

1. 归属与分布

该土种属潮土土类、盐化潮土亚类、硫酸盐盐化潮土土属，是在黄河泛滥缓流壤质沉积母质上发育而成的土种，耕层为壤质，以硫酸盐为主的盐分积累达0.4%~0.5%，土体中位出现大于20 cm的砂层。主要分布在获嘉县背河洼地的二坡地上，面积455.03亩，占全市土壤总面积的0.005%，全部为非耕地。

2. 理化性质

（1）剖面性态特征 剖面发生层次为3层。表层20 cm，质地为壤质；心土层60 cm，心土层中出现大于20 cm以上的砂层，砂层上下为壤质土，有明显的铁锈斑纹；底土层20 cm以上为壤质土，根系上多下少，通体石灰反应强烈，pH 8.5左右。冬、春旱季土壤表面出现较厚"白盐霜"，表层以硫酸盐为主的盐分含量达0.4%~0.5%。

（2）表层养分状况 据分析：有机质含量0.750%，全氮含量0.048%，全磷含量0.131%，碳氮比9.06。

3. 典型剖面

以采自获嘉县太山乡程遇村北 600 m 的 13-5 号剖面为例。

剖面性态特征如下。

表层：0~24 cm，灰棕色，中壤，碎粒状，土体松，根系较多，石灰反应强烈，土壤表面盐结皮，pH 8.3。

犁底层：24~36 cm，淡黄色，中壤，块状，土体稍紧，根系少，石灰反应强烈，pH 8.3。

心土层：36~80 cm，棕黄色，砂壤，碎粒状，土体松，石灰反应强烈，有铁锈斑纹，pH 8.5。

底土层：80~100 cm，浅黄棕色，中壤，片状，土体紧实，石灰反应强烈，pH 8.3。

剖面理化性质详见表 9-196、表 9-197。

表 9-196　壤质腰砂中度硫酸盐盐化潮土剖面理化性质

层次	深度（cm）	pH	碳酸钙（%）	有机质（%）	全氮（%）	碱解氮（mg/kg）	全磷（%）	有效磷（mg/kg）	全钾（%）	速效钾（mg/kg）	代换量（me/100g 土）	容重（g/cm³）
耕层	0~24	8.3		0.750	0.048		0.131				9.0	
犁底层	24~36	8.3		0.620	0.043		0.131				9.2	1.47
心土层	36~80	8.5		0.300	0.024		0.111				6.0	
底土层	80~100	8.3		0.600	0.041		0.127				8.5	

层次	深度（cm）	机械组成（卡庆斯基制,%）							质地
		0.25~1 mm	0.05~0.25 mm	0.01~0.05 mm	0.005~0.01 mm	0.001~0.005 mm	<0.001 mm	<0.01 mm	
耕层	0~24		10.02	53.17	10.23	23.51	3.07	36.81	中壤
犁底层	24~36		10.86	50.21	12.29	24.59	2.05	38.93	中壤
心土层	36~80		9.55	75.21	9.14	4.07	2.03	15.24	砂壤
底土层	80~100		8.90	55.28	9.21	24.56	2.05	35.82	中壤

表 9-197　壤质腰砂中度硫酸盐盐化潮土盐分组成

深度（cm）	全盐（%）	阴离子（me/100g 土）				阳离子（me/100g 土）		
		HCO_3^-	CO_3^{2-}	Cl^-	SO_4^{2-}	Ca^{2+}	Mg^{2+}	$K^+ + Na^+$
0~5	0.41	0.44		1.04	3.58	1.90	2.21	0.95
5~10	0.34	0.44		0.93	5.17	1.90	2.62	2.02
10~20	0.46	0.48		0.90	5.32	2.10	2.70	1.81
24~36	0.61	0.35		0.82	4.91	3.59	2.00	0.49
36~80	0.37	0.32		0.99	4.19	1.54	1.18	2.78
80~100	0.68	0.38		0.79	6.22	3.95	2.88	0.57
0~20 加权平均	0.42	0.46		0.94	4.85	2.00	2.58	1.65

4. 土壤生产性能

该土种保肥、保水性能次于壤质中度硫酸盐盐化潮土，群众称之为"漏风地"，其他与之基本相同。

（十四）壤质体砂中度硫酸盐盐化潮土

代号：11f02-14

1. 归属与分布

该土种属潮土土类、盐化潮土亚类、硫酸盐盐化潮土土属，是在黄河泛滥缓流壤质沉积母质上发育而成的土种，耕层为壤质，以硫酸盐为主的盐分积累达 0.4%～0.5%，耕层以下出现大于 50 cm 的砂层。在新乡市主要分布在原阳、获嘉 2 县背河洼地的二坡地上，面积 512.01 亩，占全市土壤总面积的 0.005%，全部为非耕地。

2. 剖面性态特征

剖面发生层为 3 层，表层 20 cm 左右，心土层 60 cm 左右，底土层在 80 cm 以下。表层为壤质，以下各层为砂质，心土层中有明显的铁锈斑纹，通体石灰反应强烈，土壤表面有较厚白色盐结皮（硬结壳）。

3. 土壤生产性能

表层为壤质，疏松，宜耕，但土壤表面板结，通透性差，水、肥、气、热状况不协调。表土以下为砂质，漏肥、漏水，不发老苗和小苗，捉苗困难，仅有棉花、高粱等作物可以生长，产量水平很低。在改良利用上应平整土地，以水改为主，辅以其他综合措施。

（十五）壤质底黏中度硫酸盐盐化潮土

代号：11f02-15

1. 归属与分布

该土种属潮土土类、盐化潮土亚类、硫酸盐盐化潮土土属，是在黄河泛滥缓流壤质沉积母质上发育而成的土种，耕层为壤质，以硫酸盐为主的盐分积累达 0.4%～0.5%，土种 50 cm 以下出现厚黏土层。在新乡市主要分布在获嘉县背河洼地起伏的二坡地上，面积 277.51 亩，占全市土壤总面积的 0.002%，基本为非耕地。

2. 理化性质

土体 50 cm 以上为壤质，50 cm 以下出现厚黏土层，心土层中有明显的铁锈斑纹，通体石灰反应强烈，根系上多下少，pH 8.5 左右，土壤表面有较厚盐结皮（硬结壳）。

3. 土壤生产性能

该土种保肥、保水性能优于壤质中度硫酸盐盐化潮土，脱盐较困难，其他与之基本相同。

（十六）壤质腰黏重度硫酸盐盐化潮土

代号：11f02-16

1. 归属与分布

该土种属潮土土类、盐化潮土亚类、硫酸盐盐化潮土土属，是黄河泛滥缓流壤质沉积母质上发育而成的土种，耕层为壤质，以硫酸盐为主的盐分积累达 0.5%～1.0%，土体中位出现大于 20 cm 的黏土层。在新乡市主要分布在获嘉县背河洼地起伏的顶部，季节性积水，面积 284.39 亩，占全市土壤总面积的 0.003%，大部分为非耕地。

2. 剖面性态特征

土体中位出现大于 20 cm 的黏土层，其上、下层皆为壤质土。心土层中有明显的铁锈斑纹，通体石灰反应中等，pH 9.0 左右，冬、春季土壤表面有较厚盐结皮（硬结壳 1~2 cm）。

3. 典型剖面

以采自获嘉县徐营乡西浮庄村北 100 m 的剖面为例。

剖面性态特征如下。

耕层：0~20 cm，灰棕色，轻壤，碎块状，土体松，根系较多，石灰反应中等，pH 9.3。

犁底层：20~30 cm，棕色，轻壤，块状，土体紧，根系较少，石灰反应中等，pH 9.2。

心土层：30~48 cm，棕色，轻壤，块状，土体较紧，根系少，石灰反应中等，pH 9.2。

心土层：48~80 cm，棕红色，黏土，大块状，土体紧，石灰反应弱，pH 9.0。

底土层：80~100 cm，灰黄色，轻壤，块状，土体较紧，石灰反应中等，pH 8.8。

剖面理化性质详见表 9-198、表 9-199。

表 9-198　壤质腰黏重度硫酸盐盐化潮土剖面理化性质

层次	深度（cm）	pH	碳酸钙（%）	有机质（%）	全氮（%）	碱解氮（mg/kg）	全磷（%）	有效磷（mg/kg）	全钾（%）	速效钾（mg/kg）	代换量（me/100g 土）	容重（g/cm³）
耕层	0~20	9.3										
犁底层	20~30	9.2										
心土层	30~48	9.2										
	48~80	9.0										
底土层	80~100	8.8										

表 9-199　壤质腰黏重度硫酸盐盐化潮土盐分组成

深度（cm）	全盐（%）	阴离子（me/100g 土）				阳离子（me/100g 土）		
		HCO₃⁻	CO₃²⁻	Cl⁻	SO₄²⁻	Ca²⁺	Mg²⁺	K⁺+Na⁺
0~5	0.89	0.79		0.56	0.79	0.15	0.49	1.50
5~10	0.11	0.93		0.54	0.73	0.15	0.41	1.64
10~20	0.16	1.39	0.10	0.87	1.25	0.10	0.41	3.10
20~48	0.18	1.05	0.25	1.26	1.43	0.12	0.41	3.46
48~80	0.13	0.89	0.19	0.74	0.62	0.08	0.29	2.07
80~100	0.10	0.80		0.50	0.53	0.12	0.29	1.42
0~20 加权平均	0.13	1.25		0.71	1.01	0.13	0.44	2.34

4. 土壤生产性能

耕层为壤质，疏松易耕，适耕期短，耕层以硫酸盐为主的盐分含量达 0.5% ~ 1.0%，作物很难正常生长。通常土壤表面板结，通透性极差，水、肥、气、热状况很不协调，一般多为荒地，在改良利用上应以稻改为主，注意排灌配套。

（十七）壤质体黏重度硫酸盐盐化潮土

代号：11f02-17

1. 归属与分布

该土种属潮土土类、盐化潮土亚类、硫酸盐盐化潮土土属，是在黄河泛滥缓流壤质沉积母质上发育而成的土种，耕层为壤质，以硫酸盐为主的盐分积累达 0.5% ~ 1.0%，耕层以下出现大于 50 cm 的黏土层。在新乡市主要分布在获嘉县背河洼地起伏的顶部，呈斑状分布，面积 568.97 亩，占全市土壤总面积的 0.006%，基本为非耕地。

2. 剖面性态特征

耕层为壤质，其下出现大于 50 cm 黏土层，心土层中有明显的铁锈斑纹，通体石灰反应弱，pH 9.0 以上，根系上多下少，冬、春土壤表面有白色盐结皮（硬结壳 1 ~ 2 cm）。

3. 典型剖面

以采自获嘉县徐营乡坑西村堤西 25 m、窑北 70 m 的 9-180 号剖面为例。

剖面性态特征如下。

耕层：0 ~ 20 cm，灰棕色，中壤，粒块状，土体松，石灰反应弱，根系较多，pH 9.2。

犁底层：20 ~ 30 cm，淡棕色，轻壤，块状，土体稍紧，石灰反应弱，根系较少，pH 9.4。

心土层：30 ~ 48 cm，淡棕色，轻壤，块状，土体稍紧，根系少，少量铁锈斑纹，pH 9.4。

心土层：48 ~ 80 cm，红棕色，胶泥，大块状，土体紧，石灰反应弱，大量铁锈斑纹，pH 9.4。

底土层：80 ~ 100 cm，红棕色，胶泥，大块状，土体紧，石灰反应弱，pH 8.9。

剖面理化性质详见表 9-200、表 9-201。

表 9-200 壤质体黏重度硫酸盐盐化潮土剖面本理化性质

层次	深度（cm）	pH	碳酸钙（%）	有机质（%）	全氮（%）	碱解氮（mg/kg）	全磷（%）	有效磷（mg/kg）	全钾（%）	速效钾（mg/kg）	代换量（me/100g 土）	容重（g/cm³）
耕层	0~20	9.2										
犁底层	20~30	9.4										
心土层	30~48	9.4										
	48~80	9.4										
底土层	80~100	8.9										

表 9-201　壤质体黏重度硫酸盐盐化潮土盐分组成

深度 (cm)	全盐 (%)	阴离子 (me/100g 土)				阳离子 (me/100g 土)		
		HCO_3^-	CO_3^{2-}	Cl^-	SO_4^{2-}	Ca^{2+}	Mg^{2+}	$K^+ + Na^+$
0~5	0.10	0.75		0.37	0.75	0.10	0.49	1.28
5~10	0.09	1.03		0.37	0.80	0.20	0.41	1.60
10~20	0.12	0.98		0.28	1.04	0.15	0.40	1.75
20~48	0.12	1.05	0.38	0.47	1.67	0.20	0.121	2.10
48~100	0.04	1.91	0.20	0.75	1.51	0.16	0.56	3.65
0~20 加权平均	0.11	0.94		0.33	0.93	0.15	0.42	1.60

4. 土壤生产性能

耕层为壤质，砂黏适中，宜于耕作，适耕期短，但含盐量高，土壤表面易板结，通透性差，水、肥、气、热状况不协调，作物出苗、生长困难。耕层以下为黏质土，保肥、保水性强，是理想的土体构型，群众称之为"蒙金地"。但由于地势低洼，耕层含盐量高，许多作物难以生长，该土种不发小苗，发老苗，所以群众说：碱地捉住苗，敢和淤地熬。淋洗脱盐十分困难，在改良利用上应注意在排涝情况下实行稻改。

（十八）壤质底砂重度硫酸盐盐化潮土

代号：11f02-18

1. 归属与分布

该土种属潮土土类、盐化潮土亚类、硫酸盐盐化潮土土属，是在黄河泛滥缓流壤质沉积母质上发育而成的土种，耕层为壤质，以硫酸盐为主的盐分积累达 0.5%～1.0%，土体 50 cm 以下出现厚砂层。在新乡市主要分布在获嘉、延津 2 县背河洼地起伏的顶部，呈斑状分布，面积 2 689.15 亩，占全市土壤总面积的 0.027%，其中耕地面积 2 360.52 亩，占该土种面积的 87.78%。

2. 理化性质

（1）剖面性态特征　土体 50 cm 以上为壤质，50 cm 以下出现厚砂层，耕层以硫酸盐为主的盐分积累达 0.5%～1.0%，心土层中有明显的铁锈斑纹，通体石灰反应强烈，pH 9.0 左右，根系上多下少。冬春旱季土壤表面有白色盐结皮（硬结壳 1~2 cm）。

（2）耕层养分状况　据分析：有机质含量 0.560%，全氮含量 0.036%，有效磷含量 3.7 mg/kg，速效钾含量 127 mg/kg，碳氮比 9.02（表 9-202）。

表 9-202　壤质底砂重度硫酸盐盐化潮土耕层养分状况

项目	有机质 (%)	全氮 (%)	碱解氮 (mg/kg)	有效磷 (mg/kg)	速效钾 (mg/kg)	碳氮比
样本数	1	1	1	1	1	1
含量	0.560	0.036	32.00	3.7	127	9.02

3. 典型剖面

以采自获嘉县太山乡郑庄村胡家坟地 13-36 号剖面为例。

剖面性态特征如下。

耕层：0~20 cm，棕灰色，轻壤，碎块状，土体松，根系多，石灰反应强烈，pH 8.7。

犁底层：20~26 cm，棕灰色，轻壤，碎块状，土体紧，根系较多，石灰反应强烈，pH 8.7。

心土层：26~52 cm，棕色，轻壤，块状，土体松，根系少，石灰反应强烈，有铁锈斑纹，pH 8.6。

心土层：52~80 cm，灰黄色，砂壤，粒状，土体松，根系少，少量铁锈斑纹，石灰反应弱，pH 8.8。

底土层：80~100 cm，灰黄色，砂壤，粒状，土体松，根系无，石灰反应弱，pH 8.8。

剖面理化性质详见表 9-203、表 9-204。

表 9-203 壤质底砂重度硫酸盐盐化潮土剖面理化性质

层次	深度（cm）	pH	碳酸钙（%）	有机质（%）	全氮（%）	碱解氮（mg/kg）	全磷（%）	有效磷（mg/kg）	全钾（%）	速效钾（mg/kg）	代换量（me/100g 土）	容重（g/cm³）
耕层	0~20	8.7		0.52	0.031		0.127				6.7	
犁底层	20~26	8.7		0.52	0.031		0.127				6.7	
心土层	26~52	8.6		0.41	0.032		0.126				6.5	1.57
	52~80	8.8		0.19	0.019		0.126				4.4	
底土层	80~100	8.8		0.19	0.019		0.126				4.4	

层次	深度（cm）	机械组成（卡庆斯基制,%）							质地
		0.25~1 mm	0.05~0.25 mm	0.01~0.05 mm	0.005~0.01 mm	0.001~0.005 mm	<0.001 mm	<0.01 mm	
耕层	0~20		19.39	52.04	4.08	16.33	8.16	28.57	轻壤
犁底层	20~26		19.39	54.04	4.08	16.33	8.16	28.57	轻壤
心土层	26~52		21.51	51.99	4.07	17.33	5.10	26.50	轻壤
	52~80		24.17	63.70	2.07	6.05	4.01	12.13	砂壤
底土层	80~100		24.17	63.70	2.07	6.05	4.01	12.13	砂壤

表 9-204　壤质底砂重度硫酸盐盐化潮土盐分组成

深度 （cm）	全盐 （%）	阴离子（me/100g 土）				阳离子（me/100g 土）		
		HCO_3^-	CO_3^{2-}	Cl^-	SO_4^{2-}	Ca^{2+}	Mg^{2+}	K^++Na^+
0~5	0.69	0.43		2.06	5.10	1.95	2.46	3.13
5~10	0.73	0.44		2.08	4.96	1.80	2.38	3.30
10~20	0.69	0.43		1.49	4.29	1.45	2.38	2.38
26~52	0.60	0.29		0.79	4.96	2.01	1.69	2.40
52~100	0.25	0.36		0.61	2.26	0.61	0.03	2.30
0~20 加权平均	0.70	0.43		1.78	4.66	1.66	2.40	2.80

4. 土壤生产性能

耕层为壤质，适宜耕作，适耕期短，土壤表面严重板结，通透性差，水、肥、气、热状况不协调，由于含盐量高，许多作物难以生长，出苗困难，一般缺 5 成以上，不发小苗和老苗，仅有高粱、棉花等抗盐耐碱作物可以生长，改良利用上以改种水稻最为有效。

（十九）黏质底壤轻度硫酸盐盐化潮土

代号：11f02-19

1. 归属与分布

该土种属潮土土类、盐化潮土亚类、硫酸盐盐化潮土土属，是在黄河泛滥漫流黏质沉积母质上发育而成的土种。土体 50 cm 以下出现大于 50 cm 壤质土层，耕层以硫酸盐为主的盐分积累达 0.2%~0.4%。在新乡市主要分布在汲县宠寨低洼平地上，面积 3 582.52 亩，占全市土壤总面积的 0.036%，其中耕地面积 2 686.65 亩，占该土种面积的 74.94%。

2. 理化性质

（1）剖面性态特征　剖面 50 cm 以上为黏质土，50 cm 以下出现大于 50 cm 壤质土层，心土层中有明显的铁锈斑纹，通体石灰反应强烈，pH 8.5 左右，根系上多下少，土层上松下紧，冬、春旱季土壤表面有薄"白盐霜"。

（2）耕层养分状况　据分析：有机质含量 0.762%，全氮含量 0.049%，有效磷含量 2.0 mg/kg，速效钾含量 127 mg/kg，碳氮比 9.02。

3. 典型剖面

以采自汲县庞寨乡庞寨村 12-113 号剖面为例。

剖面性态特征如下。

耕层：0~20 cm，褐色，重壤，块状，土体较紧，根系多，石灰反应强烈，pH 8.3。

犁底层：20~30 cm，褐色，重壤，块状，土体紧，根系较多，石灰反应强烈，pH 8.3。

心土层：30~80 cm，褐色，重壤，块状，土体紧，根系少，石灰反应强烈，pH

8.3，有铁锈斑纹。

底土层：80～90 cm，褐色，重壤，块状，土体紧，根系无，石灰反应强烈，pH 8.3。

底土层：90～150 cm，灰黄色，中壤，块状，根系无，大量铁锈斑纹，石灰反应强烈，pH 8.1。

剖面理化性质详见表9-205。

表9-205 黏质底壤轻度硫酸盐盐化潮土剖面理化性质

层次	深度（cm）	pH	碳酸钙（%）	有机质（%）	全氮（%）	碱解氮（mg/kg）	全磷（%）	有效磷（mg/kg）	全钾（%）	速效钾（mg/kg）	代换量（me/100g 土）	容重（g/cm³）
耕层	0～20	8.3		0.842	0.061		0.102				11.42	1.59
犁底层	20～30	8.3		0.629	0.053		0.103				10.02	
心土层	30～80	8.3		0.629	0.053		0.103				10.02	
底土层	80～90	8.3		0.629	0.053		0.105				10.02	
	90～150	8.1										

4. 土壤生产性能

耕层为重壤，不宜耕作，适耕期短，群众称之为"三蛋地"。由于机械组成以物理性黏粒为主，吸附性强，故保肥、保水性能好，但供肥、供水性能差。雨后土壤表面易板结，通透性差，水、肥、气、热状况不协调，不发小苗，发老苗，捉苗不易，适宜小麦、棉花、玉米等多种农作物生长。改良利用应以排涝为主，排灌结合，增施有机肥，科学施用氮、磷肥，或因地制宜发展水稻生产。

（二十）黏质中度硫酸盐盐化潮土

代号：11f02-20

1. 归属与分布

该土种属潮土土类、盐化潮土亚类、硫酸盐盐化潮土土属，是在黄河泛滥漫流黏质沉积母质上发育而成的土种，通体黏质，耕层以硫酸盐为主的盐分积累达0.4%～0.5%。在新乡市主要分布在获嘉县狮子营一带低洼平地起伏的二坡地上，面积5 232.82亩，占全市土壤总面积的0.053%，其中耕地面积4 697.48亩，占该土种面积的89.77%。

2. 理化性质

（1）剖面性态特征 通体黏质，耕层以硫酸盐为主的盐分积累达0.4%～0.5%，耕层以下出现质地仅差一级的异质土壤，心土层中有铁锈斑纹，通体块状结构，石灰反应强烈，根系上多下少，pH 8.5左右，冬、春季土壤表面有白色盐结皮。

（2）耕层养分状况 据农化样点统计分析：有机质含量平均值1.150%；全氮含量平均值0.073%，标准差0.007，变异系数9.7%；有效磷含量平均值1.9 mg/kg；速效钾含量平均值162 mg/kg，标准差29 mg/kg，变异系数18.0%；碳氮比9.14（表9-206）。

表 9-206　黏质中度硫酸盐盐化潮土耕层养分状况

项目	有机质（%）	全氮（%）	碱解氮（mg/kg）	有效磷（mg/kg）	速效钾（mg/kg）	碳氮比
样本数	3	3	3	3	2	
平均值	1.150	0.073	76.20	1.9	162	9.14
标准差		0.007	4.81		29	
变异系数（%）		9.7	0.1		18.0	

3. 典型剖面

以采自获嘉县狮子营乡孙庄村西 400 m 的 4-71 号剖面为例。

剖面性态特征如下。

耕层：0~23 cm，暗棕色，重壤，块状，土体松，根系多，石灰反应强烈，pH 8.2。

犁底层：23~33 cm，棕色，重壤，块状，土体紧，少量盐晶，根系较多，石灰反应强烈，pH 8.2。

心土层：33~53 cm，棕色，重壤，块状，土体紧，根系少，石灰反应强烈，有铁锈斑纹，pH 8.2。

心土层：53~75 cm，棕黄色，中壤，块状，土体紧，根系极少，石灰反应中等，pH 8.4。

底土层：75~100 cm，棕黄色，中壤，块状，土体紧，石灰反应中等，pH 8.4。

剖面理化性质详见表 9-207、表 9-208。

表 9-207　黏质中度硫酸盐盐化潮土剖面理化性质

层次	深度（cm）	pH	碳酸钙（%）	有机质（%）	全氮（%）	碱解氮（mg/kg）	全磷（%）	有效磷（mg/kg）	全钾（%）	速效钾（mg/kg）	代换量（me/100g 土）	容重（g/cm³）
耕层	0~23	8.2		0.92	0.053		0.095				12.7	
犁底层	23~33	8.2		0.54	0.033		0.104				11.8	1.61
心土层	33~53	8.2		0.54	0.033		0.104				11.8	1.61
	53~75	8.4		0.46	0.032		0.095				9.4	
底土层	75~100	8.4		0.46	0.032		0.095				9.4	

层次	深度（cm）	机械组成（卡庆斯基制,%）							质地
		0.25~1 mm	0.05~0.25 mm	0.01~0.05 mm	0.005~0.01 mm	0.001~0.005 mm	<0.001 mm	<0.01 mm	
耕层	0~23		3.53	46.63	12.43	29.13	8.28	49.84	重壤
犁底层	23~33		4.22	48.41	12.35	26.78	8.24	47.37	重壤
心土层	33~53		4.22	48.41	12.35	26.78	8.24	47.37	重壤
	53~75		6.67	54.36	12.30	18.46	8.21	38.97	中壤
底土层	75~100		6.67	54.36	12.30	18.46	8.21	38.97	中壤

表 9-208　黏质中度硫酸盐盐化潮土盐分组成

深度 （cm）	全盐 （%）	阴离子（me/100g 土）				阳离子（me/100g 土）		
		HCO$_3^-$	CO$_3^{2-}$	Cl$^-$	SO$_4^{2-}$	Ca^{2+}	Mg^{2+}	K$^+$+Na$^+$
0~5	0.33	0.39		0.78	2.35	1.65	1.66	0.08
5~10	0.29	0.41		0.42	2.81	1.05	1.39	1.20
10~20	0.76	0.36		0.7	5.46	2.65	2.50	1.17
20~53	0.51	0.39		1.42	4.66	2.89	2.10	1.48
53~75	0.20	0.38		0.77	2.99	1.06	1.10	1.97
0~20 加权平均	0.54	0.38		0.58	4.02	2.00	2.11	0.95

4. 土壤生产性能

耕层黏质，不易耕作，适耕期短，湿时一团糟，干时一把刀，群众称之为"三蛋地"。表土层易板结，通透性差，水、肥、气、热状况不协调，捉苗困难，不发小苗，发老苗。保肥、保水性能好，供肥、供水性能差，脱盐困难。适宜棉花、高粱等抗盐耐碱作物生产，改良利用应注意平整土地，适时耕作，增施有机肥，在注意排灌的基础上，以改种水稻最能发挥其优势。

（二十一）黏质体砂重度硫酸盐盐化潮土

代号：11f02-21

1. 归属与分布

该土种属潮土土类、盐化潮土亚类、硫酸盐盐化潮土土属，是在黄河泛滥漫流黏质沉积母质上发育而成的土种，耕层黏质，以硫酸盐为主的盐分积累达 0.5%~1.0%，耕层以下出现大于 50 cm 砂层。在新乡市主要分布在获嘉县背河洼地起伏的最高部位，呈斑状分布，面积 170.64 亩，占全市土壤总面积的 0.002%，全部为非耕地。

2. 剖面性态特征

表层（或耕层）为黏质土，表层以下出现大于 50 cm 砂层，心土层中有明显的铁锈斑纹，通体石灰反应强烈，pH 9.0 以下。土壤表面有白色盐结皮（或硬结壳层），表层以硫酸盐为主的盐分积累达 0.5%~1.0%，地下水矿化度高。

3. 土壤生产性能

表层重黏，不易耕作，适耕期短，湿时沾犁沾耙，干时顶犁顶耙，不易破碎，群众称之为"三蛋地"。土壤表面往往有 1~2 cm 极硬盐壳，影响土壤透气透水，水、肥、气、热状况不协调。表层以下砂壤，漏肥、漏水，不发小苗和老苗，俗称"漏风地"，但有利于淋洗脱盐。在改良利用上应增施有机肥，可深翻改土，翻砂压淤并注意以除涝工程为主，条件具备者可淤灌稻改。

（二十二）黏质腰壤重度硫酸盐盐化潮土

代号：11f02-22

1. 归属与分布

该土种属潮土土类、盐化潮土亚类、硫酸盐盐化潮土土属，是在黄河泛滥漫流黏质沉积母质上发育而成的土种，耕层黏质，以硫酸盐为主的盐分积累达 0.5%~1.0%，土体中位出现大于 20 cm 的壤质土层。在新乡市主要分布在获嘉县徐营乡背河洼地起伏的顶部，呈斑状分布，面积 170.54 亩，占全市土壤总面积的 0.002%，基本为非耕地。

2. 剖面性态特征

土体中位出现 20~50 cm 壤质土层，其上下为黏质土层，心土层中有明显的铁锈斑纹，通体石灰反应上中下弱，pH 9.0 左右，土壤表面有厚盐结皮。

3. 典型剖面

以采自获嘉县徐营乡徐营村东南 9-171 号剖面为例。

剖面性态特征如下。

耕层（或表层）：0~25 cm，暗棕色，重壤，块状，土体较松，根系较多，石灰反应中等，pH 9.9。

心土层：25~46 cm，棕色，轻壤，碎块状，土体较紧，根系少，石灰反应中等，pH 9.0。

心土层：46~88 cm，棕色，重壤，块状，土体紧，根系极少，石灰反应中等，pH 9.0，有铁锈斑纹。

底土层：88~100 cm，灰黄色，砂壤，粒状，土体松，有铁锈斑纹，石灰反应弱，pH 9.0。

底土层：100~120 cm，红棕色，胶泥，大块状，土体紧，石灰反应弱，pH 8.6。

剖面理化性质详见表 9-209。

表 9-209　黏质腰壤重度硫酸盐盐化潮土盐分组成

深度（cm）	全盐（%）	阴离子（me/100g 土）				阳离子（me/100g 土）		
		HCO_3^-	CO_3^{2-}	Cl^-	SO_4^{2-}	Ca^{2+}	Mg^{2+}	$K^+ + Na^+$
0~5	0.12	1.39	0.08	0.51	1.10	0.15	0.41	2.52
5~10	0.10	1.13	0.08	1.97	1.08	0.30	0.41	3.47
10~20	0.13	1.21	0.10	0.65	0.92	0.20	0.41	2.27
20~46	0.08	0.92	0.19	0.61	1.63	0.24	0.49	2.62
46~88	0.09	0.93	0.10	0.59	1.54	0.23	0.66	2.27
88~100	0.07	0.63		0.58	0.79	0.32	0.71	0.97
0~20加权平均	0.12	1.23	0.09	0.95	1.01	0.21	0.04	2.61

4. 土壤生产性能

耕层黏质，不易耕作，适耕期短，群众称之为"三蛋地"。土壤表面雨后易板结，通透性差，水、肥、气、热状况不协调，易旱涝，淋洗脱盐困难，保肥、保水性能好，供肥、供水性能差。不发小苗，较发老苗，提苗困难，适宜棉花、高粱等抗盐耐碱作物生长，在改良利用上以平整土地、改种水稻为主。

第十章 砂姜黑土土类

砂姜黑土土类在新乡市只有1个石灰性砂姜黑土亚类，且只有1个洪积石灰性砂姜黑土土属，包括3个土种：浅位洪积壤质石灰性砂姜黑土、深位洪积壤质石灰性砂姜黑土、深位洪积黏质石灰性砂姜黑土。

（一）浅位洪积壤质石灰性砂姜黑土

代号：12b04-1

1. 归属与分布

浅位洪积壤质石灰性砂姜黑土属砂姜黑土土类、石灰性砂姜黑土亚类、洪积石灰性砂姜黑土土属。分布在地势较低的洼地。新乡市分布面积 24 912.53 亩，占全市土壤总面积的 0.254%，其中耕地面积 20 089.34 亩，占该土种面积的 80.640%。分布在辉县西南部的吴村、赵固等乡。

2. 理化性状

（1）剖面性态特征 浅位洪积壤质石灰性砂姜黑土发育在较低部位的洪积湖泊沉积物母质上。剖面发生型为 A-B-C 型。主要特征：表层是小于 30 cm 的壤质土层，其下边是暗灰或灰色的黑土层，质地黏重，再往下有砂姜，有的有铁锈斑纹。通体有石灰反应。

（2）耕层养分状况 据农化样点统计分析：有机质含量平均值 1.260%，标准差 0.350%，变异系数 27.80；全氮含量平均值 0.070%，标准差 0.020%，变异系数 23.50%；碱解氮含量平均值 68.90 mg/kg，标准差 13.70 mg/kg，变异系数 14.80%；有效磷含量平均值 6.9 mg/kg，标准差 4.0 mg/kg，变异系数 57.10%；速效钾含量平均值 88 mg/kg，标准差 25 mg/kg，变异系数 28.20%；碳氮比 10.44（表10-1）。

表10-1 浅位洪积壤质石灰性砂姜黑土耕层养分状况

项目	有机质（%）	全氮（%）	全磷（%）	碱解氮（mg/kg）	有效磷（mg/kg）	速效钾（mg/kg）	碳氮比
样本数	13	9		13	13	13	
平均值	1.260	0.070		68.90	6.9	88	10.44
标准差	0.350	0.020		13.70	4.0	25	
变异系数（%）	27.80	23.50		14.80	57.10	28.20	

3. 典型剖面

以采自辉县赵固乡张庄村 21-89 号剖面为例：母质为洪积冲积物、湖泊沉积物，植被为小麦。采样日期：1984 年 11 月 29 日。

剖面性态特征如下。

表土层（A）：0~21 cm，黄褐色，中壤，碎块状结构，土体疏松，根系多，石灰反应中等，pH 8.2。

淀积层（B_1）：21~30 cm，灰黄色，中壤，块状结构，土体较紧，根系较多，石灰反应中等，pH 8.2。

淀积层（B_2）：30~72 cm，褐灰色，轻黏，棱块状结构，土体紧实，根系少，石灰反应弱，有少量砂姜和铁锈斑纹，pH 8.3。

淀积层（B_3）：72~100 cm，灰黑色，轻黏，棱块状结构，土体极紧，根系少，石灰反应强烈，有大量砂姜和铁锈斑纹，pH 8.3。

剖面理化性质详见表10-2。

表 10-2　浅位洪积壤质石灰性砂姜黑土剖面理化性质

层次	深度（cm）	pH	碳酸钙（%）	有机质（%）	全氮（%）	碱解氮（mg/kg）	全磷（%）	有效磷（mg/kg）	全钾（%）	速效钾（mg/kg）	代换量（me/100g 土）	容重（g/cm³）
A	0~21	8.2		1.319	0.086		0.140				12.7	1.52
B_1	21~30	8.2		1.232	0.080		0.140				18.9	1.61
B_2	30~72	8.3		1.141	0.078		0.133				29.8	
B_3	72~100	8.3		0.995	0.069		0.120				29.3	

层次	深度（cm）	机械组成（卡庆斯基制，%）							质地
		0.25~1 mm	0.05~0.25 mm	0.01~0.05 mm	0.005~0.01 mm	0.001~0.005 mm	<0.001 mm	<0.01 mm	
A	0~21	36		26	10	12	16	38	中壤
B_1	21~30	28		28	11	15	18	44	中壤
B_2	30~72	8		20	20	18	34	72	轻黏
B_3	72~100	8		18	20	22	32	74	轻黏

4. 土壤生产性能

浅位洪积壤质石灰性砂姜黑土，表层有厚度小于30 cm的壤质土层，其下是黑土层，质地较黏重。这类土壤既保水、保肥，耕性又好，有机质含量高，代换量大，供肥能力强；土性暖，既发小苗，又发老苗，作物后期不易脱肥，攻籽饱满。适种作物广泛，有灌溉水源，是较理想的土壤类型，只要农业生产措施合理，产量水平就能提高。

（二）深位洪积壤质石灰性砂姜黑土

代号：12b04-2

1. 归属与分布

深位洪积壤质石灰性砂姜黑土，属砂姜黑土土类、石灰性砂姜黑土亚类、洪积石灰性砂姜黑土土属。分布在地势较低的低洼地。新乡市分布面积43 151.30亩，占全市土壤总面积的0.431%，其中耕地面积34 151.87亩，占该土种面积的80.693%。主要分布在辉县西南部的吴村、北云门等乡。

2. 理化性状

（1）剖面性态特征　深位洪积壤质石灰性砂姜黑土发育在较低部位的洪积冲积湖泊沉积物母质上，剖面发生型为A-B-C型。主要特征：黑土层出现在剖面的下部，其上面覆盖一层 30~80 cm 的壤质土层。黑土层的质地较黏重，其下部有砂姜、铁锈斑纹及胶膜，通体有石灰反应，但石灰反应在黑土层较弱。

（2）耕层养分状况　据农化样点统计分析：有机质含量平均值 1.220%，标准差 0.350%，变异系数 29.01%；全氮含量平均值 0.030%，标准差 0.010%，变异系数 33.33%；碱解氮含量平均值 71.20 mg/kg，标准差 16.10 mg/kg，变异系数 22.60%；有效磷含量平均值 4.1 mg/kg，标准差 4.3 mg/kg，变异系数 103.00%；速效钾含量平均值 116 mg/kg，标准差 47 mg/kg，变异系数 40.30%；碳氮比 8.84（表 10-3）。

表 10-3　深位洪积壤质石灰性砂姜黑土耕层养分状况

项目	有机质（%）	全氮（%）	全磷（%）	碱解氮（mg/kg）	有效磷（mg/kg）	速效钾（mg/kg）	碳氮比
样本数	11	3		11	11	11	
平均值	1.220	0.030		71.20	4.1	116	8.84
标准差	0.350	0.010		16.10	4.3	47	
变异系数（%）	29.01	33.33		22.60	103.00	40.30	

3. 典型剖面

以采自辉县冀屯乡小麻村 19-94 号剖面为例：母质为湖泊沉积物，植被为小麦。采样日期：1984 年 11 月 19 日。

剖面性态特征如下。

表土层（A）：0~35 cm，黄褐色，中壤，碎块状结构，土体疏松，根系和大孔隙多，石灰反应强烈，pH 8.3。

淀积层（B_1）：35~80 cm，浅灰褐色，轻黏，棱块状结构，土体紧实，根系较少，石灰反应强烈，有少量铁锈斑纹，pH 8.2。

淀积层（B_2）：80~100 cm，灰黑色，中黏，棱块状结构，土体极紧，根系少，石灰反应中等，有胶膜、砂姜、铁锈斑纹和水螺残壳，pH 8.2。

剖面理化性质详见表 10-4。

表 10-4　深位洪积壤质石灰性砂姜黑土剖面理化性质

层次	深度（cm）	pH	碳酸钙（%）	有机质（%）	全氮（%）	碱解氮（mg/kg）	全磷（%）	有效磷（mg/kg）	全钾（%）	速效钾（mg/kg）	代换量（me/100g 土）	容重（g/cm³）
A	0~35	8.3		1.583	0.101		0.148				19.2	1.70
B_1	35~80	8.2		1.407	0.089		0.125				29.1	1.61
B_2	80~100	8.2		1.176	0.078		0.120				32.8	

层次	深度（cm）	机械组成（卡庆斯基制,%）							质地
		0.25~1 mm	0.05~0.25 mm	0.01~0.05 mm	0.005~0.01 mm	0.001~0.005 mm	<0.001 mm	<0.01 mm	
A	0~35	16		37	9	18	20	47	中壤
B_1	35~80	12		16	19	23	30	72	轻黏
B_2	80~100	6		18	19	23	34	76	中黏

4. 土壤生产性能

深位洪积壤质石灰性砂姜黑土，剖面上部有 30~80 cm 的壤质土层，下面是质地黏重的黑土。保水、保肥能力好，耕性良好，适耕期较长，有机质含量高，代换量大，供肥能力强，适种作物广泛，是较理想的土壤类型。只要农业生产措施科学合理，产量水平就能再提高。

（三）深位洪积黏质石灰性砂姜黑土

代号：12b04-3

1. 归属与分布

深位洪积黏质石灰性砂姜黑土，属砂姜黑土土类、石灰性砂姜黑土亚类、洪积石灰性砂姜黑土土属。分布在地势较低的洼地。新乡市分布面积 19 930.03 亩，占全市土壤总面积的 0.203%，其中耕地面积 16 071.47 亩，占该土种面积的 80.639%。分布在辉县占城、吴村、北云门等乡。

2. 理化性状

（1）剖面性态特征　深位洪积黏质石灰性砂姜黑土发育在较低部位的低洼地湖泊沉积物母质上，剖面发生型为 A-B-C 型。主要特征：在剖面中下部出现黑土层，上边覆盖一层 30~80 cm 的黏土层，剖面下部出现砂姜和铁锈斑纹。表土层质地为重壤，土色由上层的黄褐色变到下层的灰黑色，逐渐变黑。通体有石灰反应，但在黑土层反应较弱。

（2）耕层养分状况　据农化样点统计分析：有机质含量平均值 1.860%，标准差 0.700%，变异系数 37.50%；全氮含量平均值 0.100%，标准差 0.020%，变异系数 23.80%；碱解氮含量平均值 86.00 mg/kg，标准差 28.70 mg/kg，变异系数 33.00%；有效磷含量平均值 6.2 mg/kg，标准差 2.8 mg/kg，变异系数 45.70%；速效钾含量平均值 153 mg/kg，标准差 16 mg/kg，变异系数 10.20%；碳氮比 10.78（表 10-5）。

表 10-5　深位洪积黏质石灰性砂姜黑土耕层养分状况

项目	有机质（%）	全氮（%）	全磷（%）	碱解氮（mg/kg）	有效磷（mg/kg）	速效钾（mg/kg）	碳氮比
样本数	5	5		5	5	5	
平均值	1.860	0.100		86.00	6.2	153	10.78
标准差	0.700	0.020		28.70	2.8	16	
变异系数（%）	37.50	23.80		33.00	45.70	10.20	

3. 典型剖面

以采自辉县占城乡蔡启营村 20-50 号剖面为例：母质为湖泊沉积物，植被为农作物。采样日期：1984 年 11 月 23 日。

剖面性态特征如下。

表土层（A）：0~17 cm，灰褐色，重壤，块状结构，土体较松，植物根系多，石灰反应强烈，pH 8.1。

淀积层（B₁）：17~33 cm，黄褐色，轻壤，块状结构，土体较松，根系少，石灰反应强烈, 有蚯蚓粪, pH 8.4。

淀积层 (B₂): 33~81 cm, 暗灰色, 轻黏, 棱块状结构, 土体紧实, 植物根系少, 石灰反应强烈, pH 8.2。

淀积层 (B₃): 81~100 cm, 灰黑色, 轻黏, 棱块状结构, 土体极紧, 无根系, 石灰反应中等, 有砂姜和铁锈斑纹, pH 8.1。

剖面理化性质详见表10-6。

表10-6 深位洪积黏质石灰性砂姜黑土剖面理化性质

层次	深度 (cm)	pH	碳酸钙 (%)	有机质 (%)	全氮 (%)	碱解氮 (mg/kg)	全磷 (%)	有效磷 (mg/kg)	全钾 (%)	速效钾 (mg/kg)	代换量 (me/100g 土)	容重 (g/cm³)
A	0~17	8.1	18.13	1.419	0.089		0.133				21.0	1.47
B₁	17~33	8.4	43.50	1.019	0.079		0.130				9.5	1.70
B₂	33~81	8.2	20.75	1.019	0.066		0.130				27.5	
B₃	81~100	8.1	14.00	0.100	0.064		0.120				30.0	

层次	深度 (cm)	机械组成 (卡庆斯基制,%)							质地
		0.25~1 mm	0.05~0.25 mm	0.01~0.05 mm	0.005~0.01 mm	0.001~0.005 mm	<0.001 mm	<0.01 mm	
A	0~17	14		32	11	17	26	54	重壤
B₁	17~33	36		38	7	8	11	26	轻壤
B₂	33~81	4		25	14	34	23	71	轻黏
B₃	81~100	10		18	11	33	28	72	轻黏

4. 土壤生产性能

深位洪积黏质石灰性砂姜黑土表土层为重壤, 一般厚度为30 cm。耕性不良, 通透性差, 适耕期短, 属于"上午黏、中午硬、到了下午弄不动"的紧三晌地。但是, 它的保水、保肥性能好, 有机质含量高, 代换量大, 供肥性强, 作物后期不易脱肥, 攻籽饱满。适种作物广泛, 小麦、玉米、棉花、大豆等都能生长。只要掌握好适耕期, 整好地, 发展灌溉, 产量水平就能提高, 增产潜力也很大。

第十一章 盐土土类

盐土土类在新乡市只有 1 个草甸盐土亚类，且只有 1 个硫酸盐草甸盐土土属，其包括 2 个土种：壤质硫酸盐草甸盐土和黏质硫酸盐草甸盐土。

（一）壤质硫酸盐草甸盐土

代号：14a02-1

1. 归属与分布

该土种属盐土土类、草甸盐土亚类、硫酸盐草甸土土属，是在黄河泛滥缓流壤质沉积母质上发育而成的土种，以硫酸盐为主的盐分积累量大于 1.0%，多为盐荒地。在新乡市主要分布在获嘉县东南部背河槽形洼地和西北山前扇缘交接洼地，面积 3 924.26 亩，占新乡市土壤总面积的 0.04%，其中耕地面积 3 523.12 亩，占该土种面积的 89.77%，标志植物有盐蓬棵、柽柳等。

2. 理化性质

（1）剖面性态特征 通体壤质，剖面发生层次为 4 层。耕层 0～20 cm，全盐含量 1.0%以上，地下水位平均 1.6 m，矿化度 10 g/L 以上。冬、春旱季土壤表面硫酸盐类聚集，呈白色盐结皮，使地表处于蓬松状态，人走留脚印，风吹起"白烟"，故群众称之为"白盐土"。心土层中有大量铁锈斑纹，通体石灰反应强烈，pH 9.0 左右，底土层中大量积盐，有时可见到盐分结晶。

（2）耕层养分状况 据分析：有机质含量 0.770%，全氮含量 0.046%，有效磷含量 6.1 mg/kg，速效钾含量 145 mg/kg，碳氮比 9.71（表 11-1）。

表 11-1 壤质硫酸盐草甸盐土耕层养分状况

项目	有机质（%）	全氮（%）	碱解氮（mg/kg）	有效磷（mg/kg）	速效钾（mg/kg）	碳氮比
样本数	1	1	1	1	1	
含量	0.770	0.046	33.50	6.1	145	9.71

3. 典型剖面

以采自获嘉县丁村乡丁村北六斗排东 65 m 县农场七号地 14-18 号剖面为例。

剖面性态特征如下。

耕层：0～20 cm，淡棕色，中壤，碎块状，土体松，表土 0～5 cm 蓬松，有白色盐结皮，根系多，石灰反应强烈，pH 8.5。

犁底层：20～30 cm，灰黄色，轻壤，块状，土体较紧，有大量铁锈斑纹，根系较多，石灰反应强烈，pH 9.1。

心土层：30~70 cm，灰黄色，轻壤，块状，土体较松，有大量铁锈斑纹，根系少，石灰反应强烈，pH 9.1。

心土层：70~80 cm，棕色，轻壤，块状，土体较松，根系少，有盐粒存在，石灰反应强烈，pH 8.8。

底土层：80~100 cm，棕色，轻壤，块状，土体较松，根系无，有盐粒存在，石灰反应强烈，pH 8.8。

4. 土壤生产性能

耕层为壤质，易于耕作，但适耕期较短，表土板结，通透性差，地温低，水、肥、气、热状况不协调，保肥、保水性较好，供肥、供水性能差，假墒重，许多作物难以生长，改良利用应以稻改为好。

（二）黏质硫酸盐草甸盐土

代号：14a02-2

1. 归属与分布

该土种属盐土土类、草甸盐土亚类、硫酸盐草甸盐土土属，是在黄河泛滥静水黏质沉积母质上发育而成的土种，以硫酸盐为主的盐分积累达 1.0% 以上，在新乡市主要分布在获嘉县背河槽形洼地和西北山扇缘交接洼地，面积 770.64 亩，全部为非耕地。

2. 剖面性态特征

通体黏质土，土壤表面有白色盐结皮，表层含盐量 1.0% 以上，心土层有大量铁锈斑纹，通体石灰反应强烈，pH 9.0 左右，土体中下位有盐粒。

3. 土壤生产性能

耕层为黏质，不易耕作，湿沾犁耙，土壤表面板结，通透性极差。水、肥、气、热不协调，理化性状恶劣，捉苗极难，农作物难以适生。多为光板荒地，改良利用以水改种稻为主。

第十二章　水稻土土类

水稻土土类在新乡市有淹育型水稻土和潜育型水稻土 2 个亚类。

第一节　淹育型水稻土亚类

淹育型水稻土亚类在新乡市只有 1 个潮土性淹育型水稻土土属，其只包含 1 个土种：壤质潮土性淹育型水稻土土种。

壤质潮土性淹育型水稻土

代号：15a03-1

1. 归属与分布

壤质潮土性淹育型水稻土，属水稻土土类、淹育型水稻土亚类、潮土性淹育型水稻土土属。分布在地势较高的洼地，新乡市分布面积 4 076.60 亩，占全市土壤总面积的 0.004%，其中耕地面积 3 287.35 亩，占该土种面积的 80.640%。分布在辉县西南部薄壁乡东部到百泉乡南部一带。

2. 理化性状

（1）剖面性态特征　壤质潮土性淹育型水稻土发育在潮土母质上，经过人工水耕熟化而形成的土种，剖面发生型为 A-AP-G 型。主要特征：耕作层松软，犁底层明显，是幼年型水稻土；在全剖面中，铁锰新生体分布均匀，无明显的转移和淀积，即通体有铁锈斑纹，通体有石灰反应。淹水时，耕层呈还原态，以下呈氧化态。

（2）耕层养分状况　据分析：有机质含量 0.999%、全氮含量 0.062%，全磷含量 0.093%，碳氮比 9.32（表 12-1）。

表 12-1　壤质潮土性淹育型水稻土耕层养分状况

项目	有机质（%）	全氮（%）	全磷（%）	有效磷（mg/kg）	速效钾（mg/kg）	碳氮比
样本数						
含　量	0.999	0.062	0.093			9.32

3. 典型剖面

以采自辉县薄壁乡大海村 14-200 号剖面为例：母质为潮土，植被为水稻茬小麦。采样日期：1984 年 12 月 5 日。

剖面性态特征如下。

表土层（A）：0～25 cm，灰褐色，重壤，块状结构，土体较松，大孔隙和根系多，石灰反应强烈，湿润，有铁锈斑纹，pH 8.0。

犁底层（AP）：25～40 cm，黄褐色，重壤，扁平的棱块状结构，土体紧实，根系少，石灰反应中等，湿润，有铁锈斑纹，pH 8.2。

潜育层（G_1）：40～70 cm，灰褐色，轻黏，块状结构，土体较紧，根系少，石灰反应弱，湿润，有铁锈斑纹，pH 8.0。

潜育层（G_2）：70～100 cm，黄褐色，重壤，块状结构，土体较紧，根系少，石灰反应弱，有铁锈斑纹，pH 8.1。

剖面理化性质详见表12-2。

表12-2　壤质潮土性淹育型水稻土剖面理化性质

层次	深度 (cm)	pH	碳酸钙 (%)	有机质 (%)	全氮 (%)	碱解氮 (mg/kg)	全磷 (%)	有效磷 (mg/kg)	全钾 (%)	速效钾 (mg/kg)	代换量 (me/100g 土)	容重 (g/cm³)
A	0～25	8.0		0.999	0.062		0.093				19.7	1.42
AP	25～40	8.2		2.595	0.125		0.125				22.5	
G_1	40～70	8.0		1.852	0.120		0.130				23.2	
G_2	70～100	8.1		0.879	0.054		0.125				19.5	

层次	深度 (cm)	机械组成（卡庆斯基制,%）							质地
		0.25～1 mm	0.05～0.25 mm	0.01～0.05 mm	0.005～0.01 mm	0.001～0.005 mm	<0.001 mm	<0.01 mm	
A	0～25	17	33	10	16	24		50	重壤
AP	25～40	12	33	15	24	16		55	重壤
G_1	40～70	12	22	12	20	34		66	轻黏
G_2	70～100	11	40	15	14	20		49	重壤

4. 土壤生产性能

壤质潮土性淹育型水稻土，其表土层为重壤，水耕熟化程度低。分布地形部位较高，地下水位较低，排水条件良好。耕层松软，犁底层致密，保水保肥，是秋种麦、夏栽稻的高产土壤。今后应采用科学种田的手段来培肥地力，提高产量水平。

第二节　潜育型水稻土亚类

潜育型水稻土亚类在新乡市只有1个潮土性潜育型水稻土土属，包括3个土种：浅位厚层潮土性潜育型水稻土、深位薄层潮土性潜育型水稻土、深位厚层潮土性潜育型水稻土。

（一）浅位厚层潮土性潜育型水稻土

代号：15c03-1

1. 归属与分布

浅位厚层潮土性潜育型水稻土，属水稻土土类、潜育型水稻土亚类、潮土性潜育型水稻土土属，分布在地势较低的洼地。新乡市分布面积为 26 282.86 亩，占全市土壤总面积的 0.268%，其中耕地面积 28 462.95 亩，占该土种面积的 77.857%。分布在辉县西南部薄壁、百泉等乡 18 118.20 亩，新乡县西北部大块乡 8 164.68 亩。

2. 理化性状

（1）剖面性态特征　浅位厚层潮土性潜育型水稻土发育在潮土母质上，剖面发生型为 A-AP-G 型。主要特征：在距地表 50 cm 以内出现土粒分散、泥糊状、温度低、还原物质多、呈黑色或灰色的潜育层，其厚度大于 20 cm，通体有石灰反应。剖面上半部有铁锈斑纹，耕层松软，犁底层明显。

（2）耕层养分状况　据农化样点统计分析：有机质含量平均值 1.840%，标准差 0.570%，变异系数 31.50%；全氮含量平均值 0.120%，标准差 0.040%，变异系数 32.70%；碱解氮含量平均值 103.40 mg/kg，标准差 54.00 mg/kg，变异系数 52.00%；有效磷含量平均值 5.8 mg/kg，标准差 3.0 mg/kg，变异系数 52.80%；速效钾含量平均值 122 mg/kg，标准差 34 mg/kg，变异系数 28.20%；碳氮比 8.89（表 12-3）。

表 12-3　浅位厚层潮土性潜育型水稻土耕层养分状况

项目	有机质（%）	全氮（%）	全磷（%）	碱解氮（mg/kg）	有效磷（mg/kg）	速效钾（mg/kg）	碳氮比
样本数	15	11		15	15	15	
平均值	1.840	0.120		103.40	5.8	122	8.89
标准差	0.570	0.040		54.00	3.0	34	
变异系数（%）	31.50	32.70		52.00	52.80	28.20	

3. 典型剖面

以采自辉县胡桥乡八十亩地村 24-66 号剖面为例：母质为潮土母质，植被为水稻。采样日期：1984 年 12 月 7 日。

剖面性态特征如下。

表土层（A）：0～20 cm，黄灰色，重壤，碎块状结构，土体较松，孔隙和根系多，石灰反应中等，湿润，有铁锈斑纹，pH 8.2。

犁底层（AP）：20～35 cm，黄灰褐色，轻黏，片状结构，土体紧实，根系少，石灰反应中等，湿润，有铁锈斑纹，pH 8.2。

潜育层（G_1）：35～85 cm，浅灰色，轻黏，块状结构，土体紧实，根系无，石灰反应弱，湿润，有铁锈斑纹，有贝壳和水螺壳，pH 8.0。

潜育层（G_2）：85～100 cm，灰黑色，重壤，块状结构，土体紧实，根系无，石灰反应弱，湿润，pH 8.3。

剖面理化性质详见表 12-4。

4. 土壤生产性能

浅位厚层潮土性潜育型水稻土是水耕熟化程度较高的一种水稻土土壤类型。耕作性能和土壤肥力都较好，缺点是地下水位高，排水不良，地温低，还原物质多，对水稻生长有不良影响。在生产上要注意合理用水，采取省水灌溉，降低地下水位，改变其地温低、还原物质多的不良性状；还可以采用水旱轮作、麦稻两熟制种植，进一步改良土壤性状，提高产量水平。

表 12-4 浅位厚层潮土性潜育型水稻土剖面理化性质

层次	深度 （cm）	pH	碳酸钙 （%）	有机质 （%）	全氮 （%）	碱解氮 （mg/kg）	全磷 （%）	有效磷 （mg/kg）	全钾 （%）	速效钾 （mg/kg）	代换量 （me/100g 土）	容重 （g/cm³）
A	0~20	8.2		2.579	0.165		0.165				23.7	1.53
AP	20~35	8.2		1.699	0.112		0.115				25.0	
G₁	35~85	8.0		1.435	0.093		0.115				25.9	
G₂	85~100	8.3		1.162	0.076		0.103				23.5	

层次	深度 （cm）	机械组成（卡庆斯基制,%）							质地
		0.25~1 mm	0.05~0.25 mm	0.01~0.05 mm	0.005~0.01 mm	0.001~0.005 mm	<0.001 mm	<0.01 mm	
A	0~20	8		34	14	22	22	58	重壤
AP	20~35	4		34	16	22	24	62	轻黏
G₁	35~85	6		30	14	22	28	64	轻黏
G₂	85~100	0		42	15	25	18	58	重壤

（二）深位薄层潮土性潜育型水稻土

代号：15c03-2

1. 归属与分布

深位薄层潮土性潜育型水稻土属水稻土土类、潜育型水稻土亚类、潮土性潜育型水稻土土属。分布在地势较低的洼地。新乡市分布面积为 136.08 亩，占全市土壤总面积的 0.001%，其中耕地面积 97.54 亩，占该土种面积的 71.678%。该土种是新乡市面积最小的土种，分布在新乡县西北部大块乡。

2. 理化性状

（1）剖面性态特征 深位薄层潮土性潜育型水稻土发育在潮土母质上，剖面发生型为 A-AP-G 型。主要特征：在距地表 50 cm 以下出现土粒分散、泥糊状、温度低、还原物质多、呈黑色或灰色的潜育层，其厚度小于 20 cm。耕层松软，犁底层明显。

（2）耕层养分状况 据分析：有机质含量 2.500%，全氮含量 0.144%，全磷含量 0.149%，碳氮比 10.07（表 12-5）。

表 12-5 深位薄层潮土性潜育型水稻土耕层养分状况

项目	有机质 （%）	全氮 （%）	全磷 （%）	碱解氮 （mg/kg）	有效磷 （mg/kg）	速效钾 （mg/kg）	碳氮比
样本数	1	1	1				
含 量	2.500	0.144	0.149				10.07

3. 典型剖面

以采自新乡县大块乡石庄村 1-31 号剖面为例：母质为潮土母质，植被是水稻茬小麦。采样日期：1983 年 11 月 21 日。

剖面性态特征如下。

表土层（A）：0～18 cm，暗黄棕色，轻黏，土体松散，块状结构，根系多，有少量铁锈斑纹，石灰反应强烈，pH 8.1。

犁底层（AP）：18～32 cm，淡黄棕色，轻黏，片状结构，土体紧实，根系较多，石灰反应中等，pH 8.2。

渗育层（P）：32～85 cm，暗棕色，中黏，块状结构，土体紧实，根系少，石灰反应弱，pH 8.4。

潜育层（G）：85～100 cm，灰棕色，轻黏，块状结构，土体紧实，根系极少，有少量砂姜，石灰反应中等，pH 8.4。

剖面理化性质详见表 12-6。

表 12-6　深位薄层潮土性潜育型水稻土剖面理化性质

层次	深度（cm）	pH	碳酸钙（%）	有机质（%）	全氮（%）	碱解氮（mg/kg）	全磷（%）	有效磷（mg/kg）	全钾（%）	速效钾（mg/kg）	代换量（me/100g 土）	容重（g/cm³）
A	0～18	8.1		2.50	0.144		0.149				18.1	1.48
AP	18～32	8.2		1.50	0.093		0.128				17.1	1.56
P	32～85	8.4		1.24	0.073		0.100				22.7	
G	85～100	8.4		0.07	0.042		0.092				24.2	

层次	深度（cm）	机械组成（卡庆斯基制,%）							质地
		0.25～1 mm	0.05～0.25 mm	0.01～0.05 mm	0.005～0.01 mm	0.001～0.005 mm	<0.001 mm	<0.01 mm	
A	0～18	4.04	0.82	28.96	18.61	26.89	20.68	66.18	轻黏
AP	18～32	0.99		28.54	18.66	26.94	24.87	70.47	轻黏
P	32～85	0.94		23.98	16.69	43.79	14.60	75.08	中黏
G	85～100	5.56		31.48	8.40	31.47	23.09	62.96	轻黏

4. 土壤生产性能

深位薄层潮土性潜育型水稻土是水耕熟化程度较高的一种水稻土类型，耕作性能和土壤肥力都较好。潜育层较深，对水稻生长的不良影响较小。在生产上要注意合理用水，采取省水灌溉，施肥也要少量多次，减少渗漏损失，还可以采用水旱轮作、稻麦两熟制种植。实行科学种田，提高产量水平。

（三）深位厚层潮土性潜育型水稻土

代号：15c03-3

1. 归属与分布

深位厚层潮土性潜育型水稻土属水稻土土类、潜育水稻土亚类、潮土性潜育型水稻土土属，分布在地势较低的洼地。新乡市分布面积 27 177.31 亩，占全市土壤总面积的 0.277%，其中耕地面积 21 915.64 亩，占该土种面积的 80.639%。分布在辉县西南部薄壁、北云门、百泉等乡。

2. 理化性状

（1）剖面性态特征　深位厚层潮土性潜育型水稻土，发育在潮土母质上，剖面发生型为 A-AP-P-G 型。主要特征：在距地表 50 cm 以下出现大于 20 cm 的还原态黑色或灰色潜育层。表土层黏重。通体有石灰反应和铁锈斑纹。耕层松软，犁底层明显，犁底层下边有渗育层。

（2）耕层养分状况　据农化样点统计分析：有机质含量平均值 2.470%，标准差 0.490%，变异系数 19.70%；全氮含量平均值 0.140%，标准差 0.030%，变异系数 21.00%；碱解氮含量平均值 120.00 mg/kg，标准差 40.60 mg/kg，变异系数 33.80%；有效磷含量平均值 9.6 mg/kg，标准差 7.2 mg/kg，变异系数 74.10%；速效钾含量平均值 119 mg/kg，标准差 36 mg/kg，变异系数 30.20%；碳氮比 10.23（表 12-7）。

表 12-7　深位厚层潮土性潜育型水稻土耕层养分状况

项目	有机质（%）	全氮（%）	全磷（%）	碱解氮（mg/kg）	有效磷（mg/kg）	速效钾（mg/kg）	碳氮比
样本数	12	11		12	12	12	
平均值	2.470	0.140		120.00	9.6	119	10.23
标准差	0.490	0.030		40.60	7.2	36	
变异系数（%）	19.70	21.00		33.80	74.10	30.20	

3. 典型剖面

以采自辉县胡桥乡南关营村 24-18 号剖面为例：母质为潮土母质，植被是水稻茬小麦。采样日期：1984 年 12 月 13 日。

剖面性态特征如下。

表土层（A）：0~15 cm，棕褐色，轻黏，碎块状结构，土体较松，孔隙和根系多，石灰反应中等，湿润，有铁锈斑纹，pH 8.0。

犁底层（AP）：15~30 cm，褐色，轻黏，碎块状结构，土体紧实，根系多，石灰反应中等，湿润，有铁锈斑纹和螺壳，pH 8.2。

渗育层（P）：30~56 cm，棕灰色，轻黏，块状结构，土体紧实，根系少，石灰反应中等，湿润，有大量铁锈斑纹，有水螺壳，pH 8.2。

潜育层（G_1）：56~79 cm，灰褐色，轻黏，块状结构，土体松软，根系少，石灰反应中等，有铁锈斑纹和水螺壳，pH 8.3。

潜育层（G_2）：79~110 cm，灰黑色，轻黏，块状结构，土体较紧，根系无，石灰反应弱，湿润，有铁锈斑纹和水螺残壳，pH 8.2。

母质层（C）：110~130 cm，灰白色，砂壤，粒状结构，土体较松，根系无，石灰反应弱，湿润，有铁锈斑纹，pH 8.3。

剖面理化性质详见表 12-8。

表 12-8　深位厚层潮土性潜育型水稻土剖面理化性质

层次	深度 （cm）	pH	碳酸钙 （%）	有机质 （%）	全氮 （%）	碱解氮 （mg/kg）	全磷 （%）	有效磷 （mg/kg）	全钾 （%）	速效钾 （mg/kg）	代换量 （me/100g 土）	容重 （g/cm³）
A	0~15	8.0		2.419	0.151		0.163				24.1	1.55
AP	15~30	8.2		1.569	0.116		0.133				25.0	
P	30~56	8.2		1.385	0.093		0.133				28.8	
G₁	56~79	8.3		1.139	0.072		0.120				28.6	
G₂	79~110	8.2		0.100	0.066		0.110				20.4	
C	110~130	8.3		0.430	0.287		0.067				3.4	

层次	深度 （cm）	机械组成（卡庆斯基制,%）							质地
		0.25~1 mm	0.05~0.25 mm	0.01~0.05 mm	0.005~0.01 mm	0.001~0.005 mm	<0.001 mm	<0.01 mm	
A	0~15	6	31	14	27	22	63	轻黏
AP	15~30	4	32	16	22	26	64	轻黏
P	30~56	3	29	16	22	30	68	轻黏
G₁	56~79	8	25	17	22	28	67	轻黏
G₂	79~110	22	28	10	12	28	50	轻黏
C	110~130	62	24	2	6	6	14	砂壤

4. 土壤生产性能

深位厚层潮土性潜育型水稻土的潜育层出现在剖面下部，对水稻生长影响不大，是水耕熟化程度较高的水稻土类型。耕性良好，土壤肥力高，地势低，地下水位高，排水不良。应采取合理用水、省水灌溉、水旱轮作、稻麦两熟制等措施。该土种有渗育层，在干旱时漏水、漏肥，浇水施肥时要少量多次，以减少渗漏损失。

参考文献

郭青峰，1992. 新乡土壤［M］. 北京：海洋出版社.

河南省土壤肥料工作站，河南省土壤普查办公室，1995. 河南土种志［M］. 北京：中国农业出版社.

河南省土壤普查办公室，2004. 河南土壤［M］. 北京：中国农业出版社.

刘巽浩，1994. 耕作学［M］. 北京：中国农业出版社.

魏克循，1995. 河南土壤地理［M］. 郑州：河南科学技术出版社.

中国科学院南京土壤研究所，1978. 土壤理化分析［M］. 上海：上海科学技术出版社.

中国科学院南京土壤研究所，1978. 中国土壤学［M］. 北京：科学出版社.

中华人民共和国国家质量监督检验检疫总局，中国国家标准化管理委员会，2009. 中国土壤分类与代码：GB/T 17296—2009［S］. 北京：中国标准出版社.

朱祖祥，1983. 土壤学（上册）［M］. 北京：农业出版社.

朱祖祥，1983. 土壤学（下册）［M］. 北京：农业出版社.